舌尖上的安全

郑大生 题

舌尖上的安全

◎ 黄　赫
◎ 王利兵

编著

中南大学出版社
www.csupress.com.cn

长沙

林时九

图书在版编目（CIP）数据

舌尖上的安全 / 黄赫，王利兵编著. —长沙：中
南大学出版社，2021.6
  ISBN 978-7-5487-3430-7

Ⅰ. ①舌… Ⅱ. ①黄… ②王… Ⅲ. ①食品安全－普
及读物 Ⅳ. ①TS201.6-49

中国版本图书馆 CIP 数据核字（2018）第 219571 号

舌尖上的安全
SHEJIAN SHANG DE ANQUAN

黄 赫 王利兵 编著

□责任编辑	彭达升		
□责任印制	唐 曦		
□出版发行	中南大学出版社		
	社址：长沙市麓山南路		邮编：410083
	发行科电话：0731-88876770		传真：0731-88710482
□印　　装	长沙雅鑫印务有限公司		

□开　　本	787 mm×1092 mm 1/16	□印张 22.5	□字数 356 千字
□版　　次	2021 年 6 月第 1 版	□印次 2021 年 6 月第 1 次印刷
□书　　号	ISBN 978-7-5487-3430-7		
□定　　价	68.00 元		

图书出现印装问题，请与经销商调换

序

  为了全面贯彻实施国务院《全民科学素质行动计划纲要》，提高老百姓的食品安全意识，让科学、文明、健康、向上的生活理念、行为方式，走进社区、融入家庭，由从事食品安全、化学品安全科学研究工作的著名专家、博士生导师王利兵与湖南省大众医卫科普作家、副主任医师黄赫，联袂打造了食品安全与检验检疫安全系列科普简易读本，《舌尖上的安全》是其中的一本。

  《舌尖上的安全》分主食、蔬菜、水果、肉、鸡蛋、大豆、坚果、食用油、调味品、饮用水、咖啡、牛奶、豆浆、酒等章节，从食品营养与卫生学、食品安全检测学等多学科、多个角度来阐述饮食与健康的内在联系，让老百姓学会科学选择和鉴别健康安全的食品，培养科学合理饮食习惯，提高老百姓的食品安全意识。

  我们希望这本推崇科学饮食的书能指导老百姓选择健康安全的营养食品，培养科学合理饮食习惯，为提高全民科学素质、构建和谐社会，为深入推进湖南省各市、州创建国家食品安全示范城市贡献一份绵薄之力。

湖南省检验检疫科学技术研究院

前　言

民以食为天，食以安为先，食品是人类生存的最基本、最重要的元素。我国食品安全状况持续稳中向好，抽检合格率自2014年以来总体不断上升，近三年平均达到97.6%。但食品安全的问题仍不可忽视，如吃素的怕毒素（农药残留）、吃荤的怕抗生素（兽药残留）、喝饮料怕色素（违规添加），以及质量指标不符合标准等问题。

其实，食品安全的风险无处不在、无时不在，任何国家在食品安全方面都不存在"零风险"。所以，加强政府的监督，老百姓学会科学选择和鉴别健康安全的食品，培养科学合理的饮食习惯，让老百姓吃什么心理都有数，这才是我们所需要重视的。

本书详细地介绍了人们喜欢的各种食品，从食品营养与卫生学、食品安全检测学等多学科、多个角度来阐述饮食与健康的内在联系，是一本难得的、实用的饮食安全攻略参考书。

特别感谢湖南省人大常委会原主任、湖南省政协原主席刘夫生先生（90岁）为本书题词，著名书画家林时九先生（87岁）为本书封面题签。

感谢长沙海关技术中心主任、研究员肖家勇总策划，感谢丁利、朱忠武、朱金国、翟艳伟、邓大为等从事食品安全检测、监测的专家提出的宝贵意见和建议。由于作者水平有限，资料不尽完善，不妥之处在所难免，敬请指正。

王利兵　黄赫

目录

第四章 肉类 ·· 83

第十一章　调味品之食醋 ……………………193

第十六章 牛奶 ·····································269

第一章　主　食

常言说得好："人是铁，饭是钢，一餐不吃饿得慌。"改革开放后，我们的膳食结构发生了很大的变化，吃米饭、吃蔬菜的人越来越少，好喝酒、好吃肉的人越来越多。研究表明，抛弃了中国传统饮食结构，追逐西方化的饮食，导致了肥胖症人数增加，糖尿病的患病率大幅度攀升，也是结直肠癌快速增长的原因之一。

看来"饭"不该淡出我们的餐桌，"饭"作为主食，不仅不能少吃，而且要科学地吃，安全地吃。

第一节　主食的营养价值

一、民以食为天，食以粮为先

粮食，古时行道曰粮，止居曰食。后亦通称供食用的谷类、豆类和薯类等原粮和成品粮。

为什么说"民以食为天，食以粮为先"呢？我们老祖宗创造的文字，"精""氣"（气的繁体字）都含米字，意思是精、气皆资于米。人以谷气为主，是以得谷者昌，绝谷者亡。有精气后才有"神"。中国的"福"字，展示了有房、有人丁、有田地的图案，寓意是田地上种出许多的谷物、薯类、杂豆等农作物，才是最幸福的。

对粮食作用的认同，今人已做出了透彻的研究，人体热能的 55% ~ 65% 来自谷物类加工的主食。一个成年人每天摄入的粮食（谷物、薯类及杂豆）要有 250 ~ 400 克，摄入的水要有 1 500 ~ 1 700 毫升，这是膳食结构中最基础的东西。

所以我们务必记住，粮食才是一切食物的基础，是人体能量的主要来源。

二、认识膳食宝塔，中国人膳食结构亟须调整

2016 年中国营养学会制订的"中国居民平衡膳食宝塔"共分五层，明确标明了每个人每天应摄入的主要食物种类。膳食宝塔利用各层位置和面积的不同，客观反映了各类食物在膳食中的地位和应占的比例。

当然，我们不要拘泥于这些数据，日常生活不必每天都样样照膳食宝塔推荐剂量来吃。例如，烧鱼比较麻烦，不一定每天都吃 40 ~ 75 克，可改为每周吃 2 ~ 3 次，每次 100 ~ 150 克就较为切实可行。重要的是一定要经常遵循膳食宝塔各层各类食物的大体比例，保持饮食均衡就行了。

膳食宝塔提出 6 条核心推荐（适合于 6 岁以上的正常人群）：

1. 食物多样，谷类为主；　　2. 吃动平衡，健康体重；
3. 多吃蔬果、奶类、大豆；　4. 适量吃鱼、禽、蛋、瘦肉；
5. 少盐少油，控糖限酒；　　6. 杜绝浪费，兴新食尚。

然而改革开放后，富裕起来的中国人吃风大长，大口吃肉，大口喝酒，何其快哉！可主食却在锐减。最近《中国居民营养与慢性病状况报告》指出，我国居民脂肪摄入超标，平均膳食脂肪供能比超过世界卫生组织推荐的30％的上限。全国18岁及以上成人超重率为30.1％，肥胖率为11.9％。

中国的营养状况在恶化，居民肥胖、糖尿病和心脑血管病的发病率不断增加，其重要的原因是中国人的膳食结构不合理，所以中国人的膳食结构亟须调整。

第二节　主食分类及食疗药效

一、粮食按形态分为谷物类、薯类、杂豆类

（一）谷物类粮食

谷物类粮食主要是指禾本科植物的种子。它包括稻谷、小麦、玉米、小米、黑米、荞麦、燕麦、薏仁米、高粱。

谷物类粮食作为中国人的传统饮食，几千年来一直是人们餐桌上不可缺少的主要食物，在中国人的膳食中占有重要的地位。

谷物类粮食通过加工成为主食后，能给人类提供 $55\% \sim 65\%$ 的热能、$40\% \sim 70\%$ 的蛋白质、60% 以上的维生素 B_1。

谷物类粮食因种类、品种、产地、生长条件和加工方法的不同，其营养素的含量有很大的差别。

（二）薯类粮食

薯类粮食又称根茎类粮食，主要有红薯、山药、马铃薯等。

薯类粮食的营养特点是：含有丰富的淀粉、膳食纤维、胡萝卜素、维生素 C、较多的矿物质及某些特殊的营养保健成分。

（三）杂豆类粮食

杂豆类粮食是指除大豆之外其他豆类的总称，包括绿豆、蚕豆、豌豆、红豆、豇豆、刀豆、扁豆等。

杂豆类粮食的蛋白质含量一般都在 20% 以上，其蛋白质的质量较好，富含赖氨酸，但是蛋氨酸不足，因此可以很好地与谷物类粮食发挥营养互补作用。杂豆类粮食淀粉含量高达 $55\% \sim 60\%$，而脂肪含量却低于 2%。杂豆类粮食的 B 族维生素和矿物质含量也比较高，与大豆相当。

民间自古就有"每天吃豆三钱，何需服药连年"的谚语。

二、粮食按加工成品分为细粮、粗粮

（一）细粮营养特点

细粮通常指谷物类粮食（如稻谷、小麦等）加工后去除糠层和胚芽，仅保留胚乳而做成的精白米、精白面粉、白面包，其他产品还有馒头、面条、米线、米粉等。

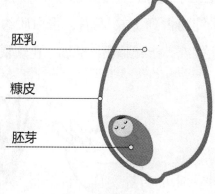

胚乳

糠皮

胚芽

小麦构造图

全谷物种子，由糠皮、胚乳及胚芽等三部分组成。稻谷、小麦主要的生物活性和营养素有 65% 存在于胚芽和糠层中。

（二）粗粮营养特点

粗粮是相对于精米、白面等细粮而言的称呼，如全谷物类食物保留有胚乳、胚芽及麸皮或糠层，如燕麦、大麦、小麦、稻谷等；各种豆类有黑豆、绿豆、红豆、芸豆、蚕豆等；薯类有红薯、山药、马铃薯等。

粗粮富含膳食纤维、维生素和微量元素，另外粗粮的饱腹感强、血糖指数低。尽管粗粮吃起来不像细粮那样顺口，却是难得的保健食品。

三、谷物类食物的食疗药效

（一）心之谷——小麦

小麦，从河西走廊传入中原，经过了 4 000 多年的本土化历程。小麦含碳水化合物约占 75%，蛋白质约占 10%。

小麦，味甘、性微寒。有益肾、养肠胃、生津止渴之功效，又因小麦秋种夏收，得四时之气，因而善补心气，遂有心之谷之称。

（二）肺之谷——大米

五谷杂粮，米为首。我国种植稻谷历史有 7 000 多年，有独特的稻米文化。由稻谷脱粒而得的大米淀粉占到 77% 左右，蛋白质约 7%。

稻为水中之物，性偏凉，能补肺阴、益肠，止烦渴，利小便，有补中益气、生肌的功能。

（三）黄金作物——玉米

玉米，俗称棒子、苞谷等。玉米是世界公认的黄金作物。新玉米蛋白质达到4%，干玉米蛋白质达到8%以上，并含有丰富的不饱和脂肪酸。

玉米味甘、性平，有调中开胃、益肺宁心、清湿热、利肝胆之功效。玉米须有利尿、消肿作用。

不同的玉米品种的营养特点：糯玉米蛋白质含量稍高些，且富含维生素A、维生素B_1等；甜玉米富含水溶性多糖，含糖量达到了8%；老玉米粗纤维含量较高，可溶性糖含量低；紫黑色玉米花青素多；黄色玉米富含胡萝卜素。

（四）脾之谷——小米

小米又称粟米，原产于中国北方黄河流域。小米含淀粉72%，蛋白质9.2%~14.7%，脂肪3.0%~4.6%，含有丰富的胡萝卜素，维生素B_1、B_2、钾和铁的含量均为大米的4倍以上。

小米性温，补益脾胃。"人食五谷而化精"，靠的就是脾胃。

（五）白色食品——燕麦

燕麦又称莜麦，2000多年前我国就开始栽培。燕麦蛋白质高达15.6%，同时含有极其丰富的膳食纤维和亚油酸、皂苷。

燕麦，性平，味甘，有补益脾胃、润肠止汗、止血之功效。

四、薯类食物的食疗药效

（一）第二面包——红薯

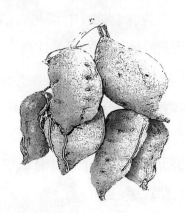

红薯又称地瓜，有第二面包之美誉。红薯可加工成粉丝、粉皮、红薯糕、红薯片、红薯果脯、红薯果酱等，还可用来制酒精、葡萄糖等。红薯的吃法众多，蒸、煮、煎、炸、熘均可。

红薯性平、味甘，有益气力补虚乏、健脾胃、强肾阴、通便之功效。

（二）隐藏的宝贝——马铃薯

马铃薯又称土豆、山药蛋等，它与稻、麦、玉米、高粱一起称为全球五大作物。人们既把它当粮食吃，也把它当蔬菜吃。

马铃薯性微寒，味甘，有利水消肿、和中养胃之功效。

（三）中国人参——山药

山药又名薯蓣、山芋，中药材称其为怀山。山药可当主粮，又可作蔬菜，还可以制成糖葫芦之类的小吃。

山药味甘、性平，具有健脾补肺、益胃补肾、固肾益精、聪耳明目、助五脏、强筋骨、长志安神、延年益寿的功效。

五、杂豆类食物的食疗药效

杂豆是除大豆之外其他豆科栽培植物的可食种子，包括绿豆、豌豆、蚕豆、红豆等各种豆子。之所以叫杂豆，是因为与水稻、小麦、玉米、大豆等农作物相比产量不大之故。

（一）绿豆

绿豆因其颜色青绿而得名，在我国已经有两千余年的栽培史。绿豆既是粮食，也是蔬菜，还具有绿肥和医药等用途。

绿豆性味甘凉，有清热、消暑、利水、解毒之功效。在炎炎夏日，绿豆汤更是人们最喜欢的消暑饮料。

（二）芸豆

芸豆，原产于美洲的墨西哥和阿根廷，我国在16世纪末才开始引种栽培。芸豆的种类主要有大白芸豆、大黑花芸豆、黄芸豆、红芸豆等。

芸豆，味甘性平，具有温中下气、利肠胃、止呃逆、益肾补元等功用。

（三）蚕豆

蚕豆的豆荚形状和蚕相似，所以将其命名为蚕豆。蚕豆为粮食、蔬菜和饲料、绿肥兼用作物。

蚕豆味甘、性平，有补中益气、健脾益胃、清热利湿、止血降压、涩精止带之功效。

（四）豌豆

豌豆又名荷兰豆，在我国已有两千多年的栽培历史。豌豆在食用豆中属品质较好的作物，其产品有鲜嫩豌豆、豌豆、豌豆面和豌豆淀粉等。

豌豆性平、味甘，有补中益气、利湿解毒之功效。

（五）红豆

红豆又名赤豆，古称小菽、赤菽。红豆在中国栽培较广。

红豆，性平，味甘、酸。能健脾利湿，利尿，解毒。

须注意：红豆与相思豆二者外形相似，均有红豆之别名。相思豆有毒，不能食用。

第三节 主食的选购和保存

一、面粉简便鉴别

面粉（小麦粉）是一种由小麦磨成的粉末。按面粉中蛋白质含量的多少，可以分为高筋面粉、低筋面粉及无筋面粉。

（一）辨别面粉色泽优劣和麸星多少

新鲜优质面粉，略显微黄色，无明显麸星和黑点，粉质柔细有光泽。

陈旧劣质面粉，色泽灰暗无光泽，麸星较多，麸片大，加工精度低。

加增白剂（次硫酸钠甲醛，又名吊白块）的面粉不宜食用。

（二）闻面粉气味辨别新鲜程度

新鲜面粉具有清香味，无异味。

陈旧面粉则有霉味、酸味，甚至哈喇味。

（三）口尝面粉尝口味和含砂感觉

新鲜面粉味淡略带甜味，无砂粒感觉。

劣质陈面则有苦味、酸味，有砂粒声音者尤劣。

（四）手攥面粉看水分大小

优质面粉，手攥不成团，易散落，耐储存，不易生虫、变质，和面时吃水量大。

劣质陈面，手攥成团，不易散落，不易储存，容易变质生虫。

（五）手捻面粉看是否掺假

优质纯面粉，手感绵软，粉质细腻，无明显颗粒。

劣质掺假面粉，手感过分光滑时，可能掺有滑石粉或大白粉；用紫外灯照射可见有荧光，可能掺有增白剂；和面时面团松懈，难成形。

二、食用安全大米选购与保存

（一）大米的选购

1.米色与米形

品质好的大米，表面光亮，有些透明，且整齐均匀。

品质差的大米，颜色发暗，米粒瘦小，碎米多，米粒表面裂纹多。

2.闻香、尝味

新大米，柔软清香，口感好。

陈米，味道较新米差，口感较粗糙。

劣质大米，则有异味，如霉味、油味、酸味、苦味等。

天然香米，有淡淡的清香；加了香精的大米，香味强烈，用手一摸，还会留下强烈的香味。

3.出生地非常重要

大米是一种不太容易残留大量农药的食品，但受环境污染的影响，往往有"高铅米""高镉米"的发生。

另外，价格高未必营养高，散装米未必比袋装米好，免淘米未必能免淘。

（二）大米的保存

1.大米可采用低温法保存，但要避免高温、光照。如果购买的是隔氧包装大米，开袋后要尽快食用。

2.米缸（桶）装米，容器一定要干燥、清洁，并消毒容器，装米后马上密封。梅雨季节还要防止大米受潮霉变生虫。如果米有部分霉变生虫，应立马清除。

三、简便识别抛光陈米、假黑米

（一）识别抛光陈米

为了让失去光泽的陈米或发霉大米重新鲜亮起来更像新米，造假者往往在米中掺油，再经过抛光处理。

简便识别方法：把手插入大米中，手上的白色粉末不容易被吹掉，并且在搓手之后，有油泥现象，就有可能是掺油、抛光的陈米。

（二）识别假黑米

黑米和紫米都是稻米中的珍贵品种，属于糯米类。黑米营养价值高是因为有花青素，花青素遇酸发生化学反应会变成紫红色。

简便识别方法：把黑米随机抽样取出 8~10 粒摆在盘子里，再分别在每粒米上滴一滴食用白醋，过一会儿，如果黑米渗出紫红色的是好米，如果没变色或者变黑色是假黑米。

四、玉米、小米选购与保存

（一）玉米、小米的选购

1. 玉米的选购

（1）玉米新鲜度。尽量选择新鲜玉米，其次可以考虑冷冻玉米。玉米一旦过了保存期限，很容易受潮发霉而产生毒素。

（2）玉米成熟度。挑选七八成熟的玉米为好，太嫩，水分太多；太老，其中的淀粉增加蛋白质减少，口感也欠佳。但是老玉米对于减肥人群、糖尿病人群是非常好的选择。

（3）玉米粉的选择。好的玉米粉呈现自然香味，颜色不是太过鲜艳，还有点暗，口感还有点粗糙。如果蒸煮的玉米粉越香、越好看、越精细，这样的玉米粉不一定安全。

2. 新小米的选购

（1）颜色。呈天然黄色，有光泽，用温水清洗时，水色不黄为新小米。

（2）抓握。将手直接插进小米当中，手指处会沾有细碎米糠为新小米。

（3）品尝。没有异味有微甜味道的为新小米。

（二）小米、玉米的保存

1.保存小米

（1）通常将小米放在阴凉、干燥、通风较好的地方保存。

（2）保存前应去除糠杂。保存后若发现吸湿脱糠、发热时，要及时出风过筛，除糠降温，以防霉变。

（3）小米易遭蛾类幼虫等危害，发现后可将上面生虫部分排出单独处理。

2.保存玉米

（1）新鲜玉米的保存。新鲜玉米应先剥去玉米外层的厚皮，只留下两三层内皮，不必摘去玉米须，不用清洗，直接放入保鲜袋或塑料袋中，封好口，放入冰箱冷冻室里保存即可。食用前，把玉米从冰箱里拿出，用清水冲洗干净即可。

（2）保存玉米粉。玉米粉富含脂肪，极易发热霉变，酸败变苦，不易久存。所以玉米粉贮藏之地要干燥、阴凉，具有低温贮藏特点。玉米粉自身也要干燥，含水量在14%以下，如发现有结块现象，应及时揉松。

五、燕麦片选购和生与熟燕麦片的食用特征

（一）燕麦片的选购

1.认购正规品牌燕麦片

目前市场上的燕麦片产品良莠不齐，尽量选择经过认证认可的正规品牌燕麦片。

2.辨别燕麦片的形状

纯燕麦片是燕麦粒轧制而成，呈扁平状，直径相当于黄豆粒大小，形状完整。

3.注意燕麦片的营养成分

燕麦含量在30%以上的产品才能叫燕麦片。燕麦片中最好不要添加任何成分，如砂糖、奶精、麦芽糊精、香精等。

（二）生与熟燕麦片的食用特征

燕麦片种类繁多，有生的，有熟的。

生燕麦片是原汁原味的燕麦粒轧制而成，无添加物，营养损失少。

快熟燕麦片的燕麦粒没经打碎，而是压片，再经过烘烤。快熟燕麦片营

养也会损失一些，一般没有添加物，比免煮的健康一些。

免煮燕麦片是将燕麦经过烘烤等工序以后，打碎成小片，可直接用开水冲泡喝。免煮燕麦片营养成分会打折，如可溶性膳食纤维会减少，另外还添加了砂糖、奶精等。

六、红薯、马铃薯、山药选购与保存

（一）红薯、马铃薯、山药的选购

1. 选购红薯

（1）通常要求红薯表面看起来光滑，没有破损，表皮无黑色或褐色斑点，闻起来没有霉味。优先挑选纺锤形状的红薯，而不是外形看起来圆滚滚的红薯。

（2）发芽的红薯可以吃，但是发芽的同时表皮呈褐色或黑色斑点，这是因为受黑斑病菌污染所致，就不能再吃了。

2. 选购马铃薯

（1）选择表皮光滑、个体大小一致、圆圆的马铃薯。马铃薯有黄肉和白肉两种。黄肉较粉，白肉稍甜。若肉色变成灰色或呈黑斑，水分收缩，应该弃之。

（2）千万不要选择有绿芽、变青或者冻伤、腐烂的马铃薯。抽绿芽、变青或者腐烂后的马铃薯会产生大量的龙葵素，食用后会出现恶心、呕吐、腹泻或头晕等症状，严重时甚至导致死亡。

3. 选购山药

（1）外观。外观完整，表面无异常斑点，无腐烂败坏。同一品种的山药，须毛越多的越好。

（2）重量。同样大小的山药，以较重的为佳。

（3）横切面。掰开山药看，横切面肉质应呈雪白色，且带黏液。黏液多，水分就少，表明质量不错。若呈黄色似铁锈的切勿购买。

（二）红薯、马铃薯、山药的保存

1. 保存红薯

红薯最适合的储藏温度在 $9 \sim 15 ℃$ ，空气相对湿度一般在 $85\% \sim 95\%$ 。热了它会长芽，冷了就会被冻伤。太干燥，水分会很快流失；太潮湿，又会受到病菌的侵扰，很容易腐烂。

需要说明的是，红薯耐储藏，过冬的红薯可能表面干一点，只要不发霉就可放心吃，营养价值无太大的损失，而且红薯的糖分会上升口感更佳。

2. 保存马铃薯

马铃薯喜欢阴冷的环境，适宜贮藏温度为 $2 \sim 4℃$，湿度为 $85\% \sim 90\%$。马铃薯易受病菌感染而腐烂，很容易抽绿芽、变青或者腐烂，再加上一定的温度，便会产生大量的一种叫龙葵素的有毒物质。

所以马铃薯不要多买，买来以后宜放在冰箱里，或者放在阴凉低温的地方，让它不见光。

3. 保存山药

山药放置在通风、阴凉处即可。通常山药在 $37℃$ 的温度下，生的可以保存 10 天左右，熟的半天。也可将山药去皮切块后，根据每次的食用量以塑料袋分装，并立即放入冰箱冷冻。

七、杂豆选购与保存

（一）杂豆的选购

1. 总论

（1）看。优质杂豆颗粒饱满、均匀，很少破碎，无虫，不含杂质，且鲜艳有光泽。

（2）闻。向豆子哈一口气，然后立即闻，优质杂豆味清香，无霉味。

（3）咬。咬一咬豆子，声音清脆且易碎的较干燥，不易变质。

2. 个论

（1）绿豆外皮有蜡质，籽粒饱满且有股清香气味。

（2）红豆颗粒饱满、大小比例一致、颜色较鲜艳。

（3）豌豆外形呈现扁圆形，表示成熟度最佳。若荚果正圆形就表示已经过老，筋凹陷也表示过老。手握豌豆若咔嚓作响，表示很新鲜。

（4）芸豆豆荚饱满匀称，表皮平滑无虫痕。皮老多皱纹、变黄或呈乳白色、多筋者表示豆子老，不易煮烂。

（5）蚕豆呈扁平状，且有一点点向内凹陷。成熟后表面会呈现黄色，颜色太浅说明成熟度不够。

（二）杂豆的保存

1. 干杂豆保存

干杂豆非常容易生虫，在储存前最好将杂豆放到太阳下晒一下，再放进冰箱冷藏。

2. 鲜杂豆保存

对于新鲜、刚剥出来的豌豆、蚕豆等杂豆，买回来后可放进冰箱冷藏。

第四节　安全科学吃主食

一、五谷为养，主食是膳食的基础

一颗小小的谷物种子埋在土里，第二年春天它可以发芽，成长、壮大，说明种子里面具备旺盛的生命力、丰富的营养，所以 2 400 多年前的中医典籍《黄帝内经·素问》就提出"五谷为养"。

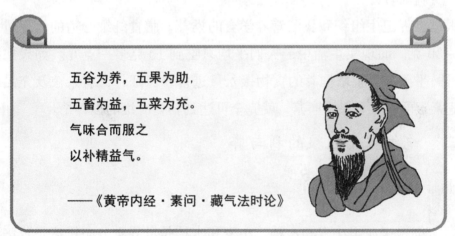

五谷为养，五果为助，
五畜为益，五菜为充。
气味合而服之
以补精益气。

——《黄帝内经·素问·藏气法时论》

中国居民平衡膳食宝塔推荐的食物摄入量，每天膳食应包括谷薯类、蔬菜水果类、畜禽鱼蛋奶类、大豆坚果类等。主食是膳食的基础，要求每人每天应该吃 250～400 克的谷薯类主食。

在吃饭时还须注意以下几点：

每天摄入谷薯类食物 250～400 克，其中全谷物和杂豆类 50～150 克，薯类 50～100 克。

古训告诫我们："欲得身心安，三分饥与寒。"这句话的意思是吃饭不宜过饱，七八分饱最好。

当然我们不能拘泥于这些数据，如果您是重体力劳动者或运动员等，饭量还可以增加。

二、主食需要"杂一点、粗一点、土一点"

孔子吃饭很讲究，有几种情况不吃："鱼馁而肉败不食、色恶不食、臭恶不食、失饪不食、不时不食"。这些讲究很符合现在人们对食品安全的要求。但还可以"杂一点、粗一点、土一点"。

确实，吃饭需要"杂一点、粗一点、土一点"好。中南大学湘雅医院老年胃肠外科主任吴畏教授指出，现代人由于生活节奏加快，饮食结构不合理，成天进食的是太过精细、高热量的食品，普遍面临身体素质下降的尴尬境地。粗粮中含有大量的纤维素，纤维素本身会对大肠产生机械性刺激，促进肠蠕动，使大便变软畅通。这些作用，对于预防肠癌和由于血脂过高而导致的心脑血管疾病都有好处。

根据世界卫生组织和我国营养学会的推荐，膳食纤维合适的食用量是每天 25~30 克。而现实生活中，人们平均只吃到 10 克多一点儿。如果您按照中国居民平衡膳食宝塔推荐的食物摄入量进食，保证每天有杂粮及充足的水果、蔬菜，再来点坚果或磨菇，就完全可达到膳食纤维的推荐量。

三、吃细粮与粗粮的利与弊

（一）吃细粮的利与弊

1.利

（1）细粮来源于小麦和水稻，小麦和水稻是世界上分布最广、栽培面积最大的粮食作物之一，其生产量分别排世界第一、第三位。

（2）细粮中含有大量可被人吸收的淀粉，而淀粉与白糖、红糖、冰糖、蜂蜜、巧克力一样，属高热量食物，容易吸收，容易消化。

2.弊

（1）细粮中的稻米、小麦及其制品，成分很单纯，主要是淀粉，约占80％，而植物蛋白仅占 7％~10％，缺少膳食纤维、维生素和微量元素等。

（2）细粮中的淀粉极易被人体吸收，易导致血糖波动大，对糖尿病患者不适合。

（二）吃粗粮的利与弊

1. 利

（1）粗粮多种植在高海拔、无污染地区，极少使用农药、化肥，是公认的具有特殊食疗食补作用的天然绿色食品。

（2）粗粮的膳食纤维、维生素和微量元素均高于细粮，而膳食纤维作为一种营养素，有助于改善肠道功能、降血脂。另外，粗粮饱腹感强，粗粮吃一碗很饱，很长时间不感到饿。

2. 弊

（1）粗粮不容易消化，口感差，人体对粗粮内营养吸收率偏低。

（2）纯素食，且长期、大量进食粗粮者，会影响人体对钙、铁、锌及其他营养的吸收，降低人体免疫抗病能力。

四、怎样粗粮细吃，细粮粗吃

（一）粗粮细吃

粗粮要精细制作后再吃。如吃炒的黄豆、杂豆，人体对其蛋白质的吸收消化率最低，煮的次之，而把黄豆、杂豆加工成豆腐后，吸收率马上急剧升高。

粗粮普遍存在感官性不好及吸收较差的劣势，可以把粗粮熬粥再进食。粥应该是清汤型的，不是黏糊糊的状态。如果粗粮熬成软烂、黏糊的粥，那么其中的淀粉会充分糊化，其血糖指数也会变得很高。

（二）细粮粗吃

小麦加工成的全麦面粉，大米加工成糙米，这是细粮粗吃的典型。

（三）粗粮间的搭配

玉米、小米、大豆、杂豆，单独食用不如将它们按一定比例混合食用，营养价值会更高，因为这样营养可互补协调。日常生活中常见的腊八粥、八宝粥、素什锦等，就是这种吃法。

（四）粗细搭配

一日三餐最好粗细粮一起掺着吃，如红薯饭、蚕豆饭等，这样能起到营养互补的作用，而将粗粮凑到一顿吃，则容易引起消化不良。

（五）粗粮与副食搭配

粗粮的赖氨基酸含量较少，可与牛奶等副食搭配以补其不足。

五、什么人适合多吃细粮，什么人适合多吃粗粮

一般来说，健康成年人主食中，细粮的摄入量为2/3，粗粮为1/3。但我们还要注意以下情况：

患有胃肠溃疡、急性胃肠炎的病人的食物要求细软，尽量避免吃粗粮。

患有慢性胰腺炎、慢性胃肠炎的病人应多吃细粮，少吃粗粮。

高血压、高血脂、高血糖及便秘患者以及长期伏案工作、应酬饭较多的人则要多吃粗粮。

运动员、体力劳动者由于要求尽快提供能量，应多吃细粮，适当地吃粗粮，并且要做到粗粮细吃。

对于平时以肉食为主的人来说，为了帮助肠道适应，在增加粗粮的进食量时，应该循序渐进，不可操之过急。

注意：许多人认为儿童正是长身体时，需要多吃容易消化的细粮，限制粗粮，其实这是不科学的。美国的膳食指南建议居民吃一半全谷类食品，并立法规定，在校儿童午餐，粮食类食品当中必须一半以上为全谷类。适当搭配粗粮，这样反而对儿童生长更好。

六、吃饭时不能"狼吞虎咽"

走路快、做事快、撒尿快，说明您是一个能干、身体还倍儿棒的人。但是您在吃饭时千万不能逞能——狼吞虎咽地吃饭。南宋张杲《医说》云："食不欲急，急则损脾，法当熟嚼令细。"现代医学研究表明，狼吞虎咽吃饭的人对于肠胃的正常工作有很大影响，时间长了会引起消化道疾病，而且会导致人肥胖。如果进食时做到细嚼慢咽使口腔唾液大量分泌，唾液中淀粉酶可助消化，溶菌酶和分泌性抗体可杀菌解毒。

一般来说，一口饭在口中最少要咀嚼20次左右，每次吃饭时间在30分钟以上。

七、安全科学吃面食

面食是指主要以面粉制成的食物。世界各地均有不同种类的面食，中国主要有面条、馒头、拉条子、麻什、烧饼、饺子、包子等，西方有面包、蛋糕及各种烤饼等。

（一）面条

面条是一种制作简单、食用方便、营养丰富，既可作主食又可当快餐的健康保健食品。它起源于中国，在中国东汉年间已有记载，至今超过 1 900 年。

面条制作方法是用小麦面粉加水和成面团，之后或者压或擀制成片再切或压，或者使用搓、拉、捏等手段，制成条状（或窄或宽，或扁或圆）或小片状，最后经煮、炒、烩、炸而成的一种食品。特别是 1958 年日本人安藤百福发明了方便面后，面食食用量有了一个飞跃。

煮面条有学问：

面和水的比例：1∶4 或 1∶5；

切面开水下锅，挂面温水下锅；

先大火，后中火，一次煮熟；

看颜色识别生熟：白色为不熟，由白色转为暗色表明面条熟了。

（二）馒头

馒头是一种把面粉加水、糖等调匀，发酵后蒸熟而成的食品，成品外形为半球形或长条。如果馒头在制作时加入肉、菜、豆蓉等馅料的叫作包子。馒头是中国最早用蒸汽烹饪的食品，可以说馒头就是中国的面包。中国人吃馒头的历史，至少可追溯到战国时期。

注意事项：

馒头是细粮，血糖生成指数高，糖尿病患者要控制食用量。

一些不法商贩通过添加日落黄等色素，生产所谓玉米馒头、黑米馒头，在市场上卖高价。长期吃这种染色剂馒头，对身体危害大。一般染色的馒头颜色深，没有细小碎玉米颗粒等。

（三）面包

面包是一种用五谷（一般是麦类）磨粉制作并加热而制成的食品。它一般是以小麦粉为主要原料，以酵母、鸡蛋、油脂、果仁等为辅料，加水调制成面团，经过发酵、整形、成形、焙烤、冷却等过程加工而成的焙烤食品。在公元前3000年前后，古埃及人最先掌握了制作发酵面包的技术。

1.面包的分类

面包按原料可以分为白面包、全麦面包和杂粮面包三类。

（1）白面包是用白面粉做的，质地柔软细腻，容易消化吸收，膳食纤维含量极低，是高热量食品，也俗称"软面包"。

（2）全麦面包是指用没有去掉外面麸皮和麦胚的全麦面粉制作的面包。全麦面包更有利于身体健康，因为它富含纤维素、B族维生素。全麦面包口感有点粗，且充满嚼劲，所以有"硬面包"之称。

（3）杂粮面包是指含各种杂粮配料的面包，如燕麦面包、黑麦面包、豆粉面包等，都可以提供不少的膳食纤维。

2.吃面包注意事项

（1）首选全麦面包、杂粮面包。如果配料表排在第一位的是面包粉，全麦粉排在后面，这不是真正的全麦面包。而丹麦面包，它又称起酥起层面包，如同萝卜酥一样，外皮是酥状的。其制作过程一般要加入20%～30%的黄油或起酥油。

（2）面包烤着吃，能让它的香气散发，表面酥脆。一般只要烤1～2分钟，看到面包微微发黄就可以吃了，如果颜色发褐变黑就不能再吃了。

（3）面包冷藏后容易变干、变硬、掉渣儿，营养和口感还不如常温下保存的好。一项研究表明，21～35℃是最适合面包的保存温度。

（四）蛋糕

蛋糕是一种古老的西点，用鸡蛋、白糖、小麦粉为主要原料，以牛奶、果汁、奶粉、香粉、色拉油、水、起酥油（牛油或人造牛油）、泡打粉为辅料，经过酵母或者发酵粉发酵，搅拌、调制、烘烤后制成的一种像海绵的点心。

很多孩子和不少成年人都喜欢吃蛋糕。其实，蛋糕营养价值并不高，只是一种提供口感享受的食品。质地越细腻、越漂亮的蛋糕可能含有更多的反式脂肪、色素、香精、乳化剂等各种添加剂，反而粗、硬、素颜的蛋糕更卫生、更有营养。

所以我们要尽量控制吃蛋糕的次数和数量，最好每周不要超过 2 两，特别是学龄前儿童要限量。

（五）饼干

饼干的词源是"烤过两次的面包"，是从法语的 bis（再来一次）和 cuit（烤）中来的。饼干的主要原料是小麦面粉，再添加糖类、油脂、蛋品、乳品等辅料，不放酵母而烤出来的。初期作为旅行、航海、登山时的储存食品，现今主要作为零食吃。

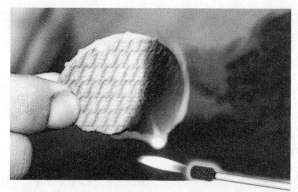

燃烧的饼干只因含油脂极高

虽然饼干类食品口感酥脆香甜，但大多数饼干却蕴藏了高热量，含糖量和油脂量极高，有的饼干油脂量可高达 50%，且存在反式脂肪酸过多的风险。

吃饼干注意事项：

选购饼干时尽量选择低脂、低糖和低热量的低温烘烤和全麦饼干。选择时只要留意包装的营养标签，不要选择脂肪高、糖分高和热量高的品种就可以了。高纤维的粗粮类谷物饼干，纤维含量应大于 5%。

饼干是"烤过两次的面包"，虽容易保存，但水分极少，所以吃饼干时要多喝水。

八、安全科学吃大米饭

香喷喷的大米饭历来是中国人必不可少的主食，一味米饭，与五味调配，几乎可以供给全身所需营养。

（一）籼米、粳米和糯米食用特点

籼米也称为长粒米，泰国香米就属于这一类。它颗粒细而长，呈长椭圆形或细长形。

籼米的吸水性最大，胀性较大，而黏性较小，煮熟之后米粒颗颗松散。适合用来制作炒饭。籼米消化快，吃后比较容易产生饥饿感。

粳米属于短粒米，颗粒阔而短，较厚，呈椭圆形或卵圆形。

粳米籽粒强度大，耐压性能好，加工时不易产生碎米，出米率较高，米饭胀性较小，而黏性较大。它适合用来煮饭或煮粥。

糯米颗粒可以是长圆形或长形，分别称为"粳糯"或"籼糯"。米粒均呈蜡白色，不透明或半透明。

糯米吸水性最小，黏性特别大。通常用来制作粽子、米糕、汤圆之类的食品。

（二）糙米、胚芽米、精米食用特点

大米在加工过程中会损失营养素，导致营养成分改变。

糙米是水稻种子去外壳，保留米糠和一些外层组织而加工出来的。不仅含有丰富的淀粉、蛋白质，还保留有各种纤维素、维生素、矿物质。糙米口感较粗，煮起来费时，很少有人吃了。

胚芽米是糙米加工后去除糠层保留胚芽、胚乳，留下了七成半比例的产物，是糙米和精米的中间产物。

碾米去糠，筛选碎米，再刷米、抛光、晾米，便成为我们食用的精米。它只是水稻种子的胚乳部分，仅有淀粉和蛋白质。精米不仅看起来雪白细腻，而且吃起来也柔软爽口。

糙米　　　　　　　胚芽米　　　　　　　精米

（三）大米淘洗和蒸煮

大米不宜过多淘洗，1~2次就足够了。米多淘洗几次，大米的口感会更好，但同时会损失许多营养物质，特别是水溶性维生素 B 族物质。

米饭加热过久会丢失维生素，所以，蒸煮大米时应尽量缩短加热时间，煮前可将米浸泡半小时左右，让米饭饱满晶莹；也可用开水煮，既能让自来水中的氯气挥发掉，减少对维生素 B_1 的破坏，也能煮得更快。

蒸饭的营养素和风味物质的损失最小。米饭蒸煮时不要加碱，碱会破坏维生素。捞蒸饭的维生素营养也基本消耗殆尽。

稀粥 350 克水 / 两，稠粥 250 克水 / 两，中途不能加水。先开大火将水烧开，后改用小火煮 5 分钟，每半分钟搅拌锅底 1 次，一共 10 次。

九、安全科学吃大米制品

大米一般用来做米饭、米粉或米线等主食，也可制成发糕、糍粑、粽子、汤圆、米豆腐等传统小吃。

兹简单介绍如何科学吃大米制品：

（一）米粉

米粉是我国历史悠久的传统食品，已有两千多年的历史。米粉是以大米为原料，经水洗、浸泡、粉碎或磨浆、糊化、挤丝或切条和烘干等一系列工序所制成的细丝状或扁宽状的米制品。

米粉质地柔韧，富有弹性，水煮不糊汤，干炒不易断，配以各种菜码或汤料进行汤煮或干炒，爽滑入味，深受广大消费者的喜爱。

如今，米粉在不同的地域有不同的名称。在湖南、湖北、江西、广西、福建等地被称为米粉或米丝，在云南、贵州、四川称为米线，在江苏、浙江、上海一带叫作米面，在广东叫扁宽状的米粉为沙河粉。

注意事项：

纯大米做出来的米线肯定雪白，如果颜色深，可能掺了土豆粉，这样吃起来有筋道。

如果米粉特别筋道，或煮不烂，就得小心了，很可能含有工业明胶。为了增加米线的光滑感，还有人往里面添加滑石粉，一样得小心。

要吃新鲜的现做米粉，因为很多干米线都是经过化学制剂处理后，才能保存几个月甚至半年的。

（二）发糕

发糕是糯米或粳米泡水后磨成米浆，加入适量的糖和发粉（酵母）搅拌后倒入碗中，放入蒸笼蒸熟之后形成的，所以也可称之为米糕。现代往往也掺入少量面粉以改善成品外形。

发糕在闽南语里称之为发粿，客家话称之为钵粄、发粄或碗粄。英语翻译是 rice cake，意思是米做的蛋糕，很贴切。发糕在华南地区、港澳及台湾，是传统民俗过年的食品。

古代即流传过年吃发糕以求好兆头。发糕谐音发财、高升，外形发得越大，裂痕越深，即象征新的一年的运势越来越好。

发糕口感细腻、米香醇厚，且发糕加工制作方便，耐贮藏，食用方式多样，所以很受人们欢迎。

（三）糍粑、粽子、汤圆

1. 糍粑

糍粑在中国作为贺年食品，一般会在腊月制作。在农村，一般整个家族都会在一起打糍粑，以庆祝即将到来的新年。糍粑是用黏性大的熟糯米放到石槽里用石锤或木棍捣成泥状物后制成的饼。

糍粑广泛分布于南方地区，通常放在通风干燥的地方晾干。在日本、朝鲜等地也有类似的食品。糍粑待要食用时，可以油炸、水煮或直接用火烤熟。

2. 粽子

粽子又称角黍、筒粽，是端午节汉族的传统节日食品，由粽叶包裹糯米蒸制而成。据说，屈原于五月初五自投汨罗江，死后为蛟龙所困，世人悲之，每年于此日投五色丝粽子于水中，以驱蛟龙。所以，粽子成了中国历史上文化积淀最深厚的传统食品。

粽子有荤粽、素粽、咸粽、甜粽之分。

3. 汤圆

汤圆是中国的代表小吃之一，历史十分悠久。据传，汤圆起源于宋朝。当时各地兴起吃一种新奇食品，即用各种果饵做馅，外面用糯米粉搓成球，煮熟后，吃起来香甜可口，饶有风趣。

因为这种糯米球煮在锅里又浮又沉，所以它最早叫作浮元子，后来有的地区把浮元子改称元宵。

注意事项：

（1）糍粑、粽子、汤圆都是用黏性大的糯米制作的，对于那些胃酸少、消化能力差、胃寒的人来说，糯米是非常好的食品。但是加热的糯米食品，可引起餐后血糖指标非常高。

（2）汤圆的馅含糖量高，还含有油脂，4个汤圆相当于一小碗米饭的能量，吃9个汤圆就能抵得上一天的油脂摄入量了，所以一定要控制食用量。

虽说糍粑、粽子、汤圆是中国传统小吃，但它们毕竟属于粮食，应当主食吃，吃时一定要相应减少米饭、馒头、面条等主食的量。

十、安全科学吃玉米、燕麦片、小米

（一）安全科学吃玉米

（1）吃玉米时应把玉米粒的胚尖全部吃进去，因为玉米的许多营养都集中在这里。

（2）玉米熟吃更安全、更科学，烹调尽管使玉米损失了部分维生素C，却获得了更有营养价值的抗氧化剂。

（3）玉米洗净煮食时最好连汤也喝。若连同玉米须和两层绿叶同煮，则降血压等保健效果更为显著。

（4）玉米面加上大豆粉，按3∶1的比例混合食用，还是世界卫生组织推荐的一种粗粮细吃、提高营养价值的方法。

（5）把玉米爆成花，它跟玉米一样也还是很好的粗粮。但是商业化生产爆米花，通常是用油加热来引爆，并加用其他调料，这样就成了高油脂、高盐、高热能、低纤维的垃圾食品。

（二）安全科学吃燕麦片

1.吃煮的生燕麦片

生燕麦片是原汁原味的燕麦粒轧制而成，营养损失少且最丰富，口感也最好。

2.避免长时间高温煮

燕麦片煮的时间越长，其营养损失就越大。生麦片只需要煮20～30分钟；熟麦片则需要5分钟；熟麦片与牛奶一起煮只需要3分钟，中间最好搅拌一次。

（三）安全科学吃小米

1.小米熬粥

小米熬粥营养丰富，有"代参汤"之美称。小米粥上层的米油是最精华的部分，因此，熬小米粥千万不要溢锅。我们也可将小米和糯米掺在一起，并放上一些红枣或山药一起熬，这样营养更丰富。

2.小米和大米放在一起蒸成干饭

这样可以将小米和大米的营养搭配在一起，有利于人们对营养的综合吸收。还可将小米磨成面粉，和在小麦面粉或玉米面粉中，做成面食或糕点食用。

十一、安全科学吃红薯、马铃薯、山药

（一）安全科学吃红薯

1.吃红薯的量

红薯含有氧化酶和粗纤维，在人的胃肠内会产生大量二氧化碳气体；又因红薯含糖量较高，吃多了会产生胃酸，引起腹胀、胃灼热等症状。当然刚做完胃肠道手术、消化功能不好、有胃肠疾病的人就不要吃红薯了。

故吃红薯应与米、面搭配食用，既可平衡营养，也可减少胃酸产生和防止出现胀气等症状。通常每次吃200克（4两）左右的红薯是不会有排气尴尬现象的。

2.红薯生吃与熟吃

红薯生吃：红薯没有发霉，表皮没有黑色或褐色斑点，可以生吃。新鲜的生红薯打成汁后有生津止渴、解酒作用。

红薯熟吃：不管是煮还是烤还是蒸，一定要熟透，熟透后才有利于营养素的转化。我们喜欢吃烤红薯，这是因为红薯里面的糖在高温下被浓缩，加热到140℃以上时发生焦糖化反应可产生诱人的香甜气息。

3. 怎么安全烤红薯

一般用电烤箱或红外烤箱，设定温度和时间来烤红薯是最为安全的。如用家用微波炉烤半斤一个的红薯，高火加热10分钟左右，可让其内部热透，便可以吃了。如果你想让红薯再香一点，可将红薯转入烤箱，140℃烤20分钟，再100℃烤20分钟，关火后在烤箱中自然冷到室温即可。

（二）安全科学吃马铃薯

马铃薯又叫土豆，吃法多种多样，蒸、煮、焯、炒、焖、烧、烤、炸均可，也可做成饼、汤、泥、丝吃。

1. 烹调时加点醋

马铃薯可以当主食吃，尽量吃新鲜的，不要吃青绿、发黑、发芽、萎蔫的马铃薯。如果你还不放心，吃时还可削皮，因为马铃薯的皮含龙葵素较高。烹调时最好加点醋，既改善口味，又保证安全。

2. 不宜油炸

马铃薯既可蒸煮，也可炒丝，但不宜焙烤和油炸食用。马铃薯经过焙烤和油煎、油炸后会失去"本色"，变成高脂肪、高热量的不健康食品。

研究表明，淀粉经120℃以上高温加热后，就会产生丙烯酰胺。丙烯酰胺对人和动物都有神经毒性，对动物具有致癌性。食物体形越薄，它在油炸时接受的温度就越高；温度越高，产生的有害物质就越多。比如油炸薯片的丙烯酰胺含量就比油炸薯条高许多。

3. 不宜生吃

土豆不适合用来做凉拌菜。如果生吃的话，其所含的淀粉粒不会破裂，人体是无法消化吸收的。

坐在沙发上，吃着薯条、喝着可乐、看着电视，这种"可乐、沙发、土豆文化"确实要引起我们的高度重视。

（三）安全科学吃山药

（1）山药能清炒、炖汤、拔丝等，是个全能型食材。蒸、煮、焯、炒山药，营养价值保存高。如鲜山药 100~200 克（2~4 两），粳米 100 克（2 两），煮山药粥吃，治脾胃虚弱效果好。而大众喜欢吃的拔丝山药，经油炸、加糖后，口味虽好，但热量高，营养价值也损失不少。

（2）山药中含有黏蛋白、黏多糖、氨基酸、维生素 C 等多种保健物质，因此，煮出来的汤汁营养丰富，饭前喝一碗是不错的选择。

（3）山药不宜生吃，生山药对胃有一定刺激。另外，发芽的山药不能吃，因为发芽的山药有毒，且营养成分也大大降低。

十二、安全科学吃杂豆

（一）杂豆煮前先浸泡

"每天吃豆三钱，何需服药连年。"多吃豆类可以预防疾病，而且搭配五谷类一起吃对身体更好。

通常状态下，用豆浆机将各种谷类、豆类混合，打成豆浆；或提前将豆子、大米分别洗净浸泡，连豆带水一起煮成粥，也是吃杂豆的好办法。

南方用芸豆，北方用绿豆制成凉粉，可成为一道美味的小吃。而绿豆糕等杂豆凉糕，则可成为一种美味的零食。红豆煮熟、去皮、洗沙后可制成可口的豆沙。

注意：杂豆煮前先浸泡。

豆米混合的红豆饭、糙米饭、八宝粥之类营养主食，就一定要考虑提前浸泡这些耐煮的原料。

紫米、糙米之类只需要浸泡 3～4 小时即可，而黄豆、黑豆要浸泡 8 个小时。红豆表皮最致密，浸泡时间应在 12 小时以上，最好是 24 小时。

（二）杂豆不宜直接加碱

如果煮或熬杂豆粥时加点碱，这样杂豆烂得快、味道好，但是会破坏水溶性维生素（维生素 C、维生素 B 等）。同样道理，对米、面、蔬菜也是这样。相反，煮或熬杂豆粥时加点醋或酸性水果柠檬、山楂是不错的选择。

当然，也有例外，如熬玉米粥时放点碱，可使玉米大量游离烟酸从结合型中释放出来，被机体吸收利用。

（三）杂豆皮不宜弃之不用

杂豆皮含有大量抗氧化成分花青素、类黄酮等，都能在一定程度上减少患癌症和心脏病的风险，如果弃之则非常可惜。所以有带皮的豆馅好过去皮的豆沙之说。

另外，绿豆皮，其清热解毒功效也比绿豆肉要强许多。

第五节 小常识

一、吃杂豆不能等同于吃大豆

《中国居民膳食指南》把杂豆及其制品作为粮食类来推荐，而不是作为豆制品来推荐。大豆与杂豆的营养成分有很大区别。干杂豆更接近于粮食，主要成分为碳水化合物，达到 55% ~ 60%；脂肪很少，1% 左右；蛋白质含量为 20% 左右，还不到大豆蛋白的一半，而且氨基酸构成也比不上大豆，富含赖氨酸，但是蛋氨酸不足，不属于优质蛋白。

杂豆虽替代不了大豆，但也不要忽视杂豆的营养功能。杂豆蛋白质不论含量还是质量都要明显高于谷物及薯类作物，可以与谷类食物搭配发挥营养互补作用。另外，其钙含量也普遍超过谷物类作物。

二、一味地多吃粗粮防癌、防便秘不可靠

1. 多吃粗粮防癌不可靠

流行病学调查证明，一味地食用精白细软的细粮，会加大结肠癌和直肠癌的发生风险。另有研究表明，一味地食用粗硬坚韧的粗粮，同样也会加大胃癌和食道癌的发病风险。所以说粗粮与细粮要搭配着吃。

2. 有些便秘的人反倒要少吃粗粮

当你一周排便少于 3 次，同时伴有粪便干硬、排便困难，说明你便秘了。粗纤维食物如五谷杂粮，可刺激肠壁，使肠蠕动加快，缓解便秘。然而，有些便秘患者，吃五谷杂粮吃得特别多、特别勤，反倒便秘加重了。如对使用泻剂过量，饮用浓茶、咖啡和酒或吸烟过多，引起交感神经亢进，导致肠壁痉挛引发的便秘，应选择粗纤维少、低渣的食品。肠道疾病所致的梗阻性便秘，应选择无粗纤维、低渣的食品。

另外，吃粗粮时要多喝水。粗粮中的纤维素需要有充足的水分做后盾，才能保障肠道的正常工作。一般多吃 1 倍纤维素，就要多喝 1 倍水。

所以，发生便秘要综合治疗，不要以为多吃粗粮就可解决一切问题。

三、方便面是应急食物，而非垃圾食品

大多数方便面是油炸面，含油脂高，在16%~18%；而非油炸方便面并非无油，它只是采用微膨化与热内干燥工艺替代油炸，相对而言，脂肪含量低。另外，一包调味粉中的含盐量在6~8克，含盐量极高。

所以，方便面只是作为一种应急食物，如同压缩饼干，长途旅行、深山野外、救灾中均可应急。

须说明，很多人认为，方便面是垃圾食品，完全不能吃，其实不然。

方便面经高温油炸，微生物基本被灭活，其水分含量也很低，方便面不需加防腐剂防腐了；另外，方便面经高温油炸，会产生致癌物丙烯酰胺，但平均含量只有15~80微克/千克，不用担心致癌。

总之，方便面不宜天天吃，吃方便面的时候，少放些调味粉，放1/3便可，还要搭配些蔬菜、水果等含维生素丰富的食物。

四、香脆酥软的膨化食品少来一点

膨化食品是20世纪60年代末出现的一种新型食品，它是一种以谷物、薯类或豆类为主要原料，经焙烤、油炸、微波加热、加压等方式膨化而制成的食品。常见的有雪米饼、薯片、虾条、虾球、爆米花等小零食。

膨化食品有优点，口感好、营养素损失少、易消化吸收、易储存。它的酥软感往往来自富含饱和脂肪酸的氢化植物油，达到了15%~30%的油脂；甜美香脆感来自超量的盐、糖、味精。所以膨化食品缺点也很多，属于高脂肪、高热、高盐、高糖、低粗纤维的食品，只能作为方便快餐食品或应急食品偶尔食之。

注意：选购膨化食品时要细看包装，注意厂名、厂址、生产日期和保质期及标注有充装氮气的字样。

五、味道好的全谷类食品有点乱

美国谷物化学家协会将全谷物食品定义为：完整、碾碎、破碎或压片的颖果。然而，一份最新研究报告称，不少全谷物食品可能并非像消费者认为的那么健康。因为，全谷物食品含有大量粗纤维素，口感较差，厂家为弥补口感，会在全谷物食品中（面包、麦片、饼干、燕麦棒、薯片），大量添加

脂肪、糖、盐，这样总热量会非常高。所以，美国心脏病协会要求碳水化合物不能高于纤维素10倍（即10∶1）。这些食品所含的糖分、盐和脂肪要比其他食品低。例如，一片含20克碳水化合物和2克以上纤维素的面包就符合10∶1的标准。

六、筋道、煮不烂的粉条有问题

粉条是以杂豆、薯类为原料加工制成的丝状或条状干燥淀粉制品。粉条加工在我国有千余年的历史，各地均有生产，呈灰白色、黄色或黄褐色，为干制品。

传统的粉条生产方法中一般都要添加明矾，它的作用是使粉丝不粘连，不断条，不浑汤，且筋道、煮不烂。明矾中含有大量的铝离子，含铝食品添加剂与老年痴呆有关系；孕妇食用过量，影响胎儿的正常发育。

我国规定，2014年7月1日起面粉类食品停止使用含铝泡打粉。不再允许膨化食品使用含铝食品添加剂，小麦粉及其制品〔除油炸面制品、面糊（如用于鱼和禽肉的拖面糊）、裹粉、煎炸粉外〕生产中不得使用硫酸铝钾和硫酸铝铵。

一般来说，明矾含量较多的粉条，颜色发绿，非常筋道，不容易被泡软。而健康的粉条，如红薯粉呈现褐色，放入锅中很快变软、断条。

七、馒头添加剂知多少

也许我们都知道，被称之为垃圾食品的方便面、饼干、薯片含有许多添加剂，但你并不一定知道，我们每天都要吃的主食面条、米粉、馒头中添加剂也不少。

比如，馒头是我国的传统主食。为了增加馒头的体积，改善馒头口感，延长馒头的货架期，提高馒头的营养价值，在馒头生产中添加了膨松剂、抗氧化剂、营养强化剂和防腐剂等等。

如果你看到一个馒头，有这么多添加剂是否就不敢吃了呢？长沙理工大学化学与食品工程学院的丁利研究员指出，现代工业社会中，几乎所有的加工食品均含有或多或少的食品添加剂。目前，我国食品添加剂有2 000多个品种。食品添加剂，让食品不容易变质，口感更好，花样变多。只要食品添剂是国家规定的品种，而不是非食用物质，加入量符合规定，那么，食品质量就是合格的，不会危害身体健康。

当然，对食品选择自然的最好，食品添加剂能少就少，或选择天然的、低热量的安全添加剂。

等值谷薯类交换表

食物	重量（克）	食物	重量（克）
大米、小米、糯米	25	绿豆、红豆、芸豆、干豌豆	25
高粱米、玉米渣、薏米	25	干粉条、干莲子	25
面粉、米粉、玉米粉	25	烧饼、烙饼、馒头	35
混合粉、燕麦片	25	咸面包、窝头、切面	35
莜麦面、荞麦面、苦荞	25	土豆	100
各种挂面、通心粉	25	湿粉皮、凉粉	150
油条、油饼、苏打饼干	25	鲜玉米（中等大，含棒心）	200

* 每交换份＝热量约 377 千焦＋蛋白质 2 克＋碳水化合物 20 克

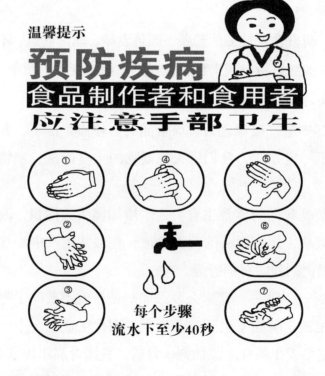

第二章　蔬　菜

"青菜萝卜糙米饭，瓦壶天水菊花茶"，郑板桥一副养生对联道出了养生者追求的最高境界。

萝卜青菜，为人所爱，要想健康就要多吃蔬菜。蔬菜的营养知多少，蔬菜的好处有哪些，蔬菜里的残留农药怎么去除，还得慢慢说来。

第一节　蔬菜的营养价值

一、三天不吃青，两眼冒金星

有句谚语说："三天不吃青，两眼冒金星。"这里的"青"泛指蔬菜。这句谚语是在告诉人们，蔬菜在满足营养需求、维护身体健康中的作用实在是太重要了。其实，蔬菜的"蔬"字的下半部分是疏通的"疏"字，寓意多吃蔬菜，胃肠道就会疏通。

确实，蔬菜是日常饮食中必不可少的食物之一，是人类食物中矿物质、维生素、生物活性物质和膳食纤维的重要来源，在维护健康、保证膳食平衡中发挥着不可替代的作用。

二、维生素药片不能替代蔬菜

研究证实，富含维生素 C 的蔬菜，有抗氧化、减少患癌风险的作用，但单独服用维生素 C 药片对抗癌却没有任何作用。这可能是因为，蔬菜中的维生素是按照一定比例存在的天然成分，还有一些虽然不是维生素但对人体的作用却与维生素类似的天然物质，如生物类黄酮、叶绿素等。另外，蔬菜中还含有大量的矿物质、纤维素等，这对健康的作用更全面。

如果，您消化不良影响膳食中的维生素摄入不够或者特殊情况下妊娠、哺乳等，导致维生素需要量增加等，在这些情况下，可在医生指导下适当补充维生素药片。

注意：如果过多地补充维生素药片，补药也会变成毒药。天然维生素与普通维生素药片药效一样。

第二节　蔬菜的分类及食疗药效

一、蔬菜的分类

（一）按农业生物学特性和栽培特点分类

根据蔬菜的农业生物学特性和栽培特点，将蔬菜分为芽类蔬菜、绿叶类蔬菜、果实类蔬菜、根类蔬菜、白菜类蔬菜、甘蓝类蔬菜、豆荚类蔬菜、葱蒜类蔬菜、食用菌、野生蔬菜、海藻类蔬菜等。

有些蔬菜可当粮食吃，也有些蔬菜可当水果吃，还有些蔬菜可做调味品。可以说，蔬菜是食谱中绝对不可缺少的。中医有药食同源的观点，有些蔬菜就有食疗药效，后面文中会介绍部分蔬菜的食疗药效。

（二）按种植标准分类

蔬菜按种植标准可分为有机蔬菜、绿色蔬菜、无公害蔬菜。

有机蔬菜，无污染、低能耗和高质量，食用安全。

绿色蔬菜，安全、优质、营养。

无公害蔬菜，食用后对人体健康不造成危害。

有机蔬菜与无公害蔬菜和绿色蔬菜的区别

分类	化学农药	化肥	生长调节剂	转基因技术
有机蔬菜	禁止使用	禁止使用	禁止使用	禁止使用
绿色蔬菜	限制使用	限制使用	限制使用	不限制使用
无公害蔬菜	限制使用	限制使用	不限制使用	不限制使用

二、白菜类蔬菜的食疗药效

白菜属十字花科芸薹属，一年或二年生作物，主要包括结球白菜（大白菜）、不结球白菜（小白菜）、菜心和红菜薹等。白菜原产中国，是我国劳动人民培育出来的具有代表性、创造性的中国蔬菜，其特点是具有较多的叶子，且叶面蒸发量大。

（一）大白菜

大白菜又名包心白菜、白菜、黄芽菜，原产于我国北方。朝鲜泡菜的主要原料就是由中国传到朝鲜的大白菜。大白菜含有丰富的维生素 B_1、维生素 B_2、维生素 C、烟酸、胡萝卜素、钙、磷、铁、蛋白质、脂肪、粗纤维等成分。

大白菜性微寒、味甘，有清热利水、养胃、解毒之功效。

（二）小白菜

小白菜与大白菜是近亲，是不结球白菜，也叫胶菜、瓢儿菜、瓢儿白，南方叫青菜，北方叫油菜。

小白菜所含营养成分与大白菜相近似，其中钙的含量较高，是大白菜的 2 倍多，胡萝卜素的含量也大大高于大白菜。

（三）菜心

菜心又称之为菜尖、菜花，是由易抽薹白菜长期选择和栽培驯化而来，并形成了不同的类型和品种。

菜心口感非常嫩，营养价值也高，钙的含量高于大白菜。

（四）红菜薹

红菜薹又名紫菜薹、红油菜薹，它与菜心属于同一品种。因色泽艳丽，质地脆嫩，为佐餐之佳品。

红菜薹钙的含量高，在白菜中维生素 A、维生素 C 含量最丰富。

三、绿叶类蔬菜的食疗药效

绿叶菜是一类主要以鲜嫩的绿叶、叶柄和嫩茎为食材的速生蔬菜。绿叶菜种类多，形态品种多样，如莴苣、菠菜、芹菜、荠菜、苋菜、茼蒿等。

（一）莴苣（莴笋、生菜）

莴苣又名莴菜、春菜，是菊科莴苣属一年生或二年生蔬菜，原产地中海沿岸。莴苣可分为叶用和茎用两类。长叶莴苣又称生菜，茎用莴苣又称莴笋。

莴苣中碳水化合物的含量较低，而矿物质、维生素的含量则较丰富，尤其是含有较多的烟酸。

莴苣味苦，性凉，有利尿、通乳、清热解毒之功效。

注意：生吃莴苣要仔细清洗，底部容易藏污泥和蜗牛，蜗牛身上可能有广东血线虫，一旦感染就可能寄生脑部。

（二）菠菜

菠菜是藜科一年二年生草本植物，原产波斯，2 000 年前已有栽培。古代阿拉伯人也称它为"蔬菜之王"。

菠菜含有丰富的维生素 A、维生素 B、维生素 C、维生素 D、胡萝卜素、草酸等。

菠菜味甘辛、性凉，有止渴润肠、滋阴平肝、助消化之功效。

注意：菠菜含有草酸，在吃菠菜前，可先用开水烫一下或用水煮一下，然后再凉拌、炒食或做汤，这样既可保全菠菜的营养成分，又除掉了大部分草酸。

（三）空心菜

空心菜学名蕹菜，为旋花科一年生或多年生蔓生植物。空心菜原产我国和东南亚，但目前主要分布于长江以南温热带地区。空心菜口感清脆润滑，炒食、凉拌和煮汤均可。

空心菜含有丰富的粗纤维和钙、钾矿物质，其中钙的含量达到 100 毫克 / 公斤。

空心菜味甘性平，有清热凉血、解毒、利尿之功效。

（四）芹菜

芹菜自古以来就是人们喜爱的蔬菜，有水芹、旱芹、西芹三种，功能相近，药用以旱芹为佳。旱芹香气较浓，又名香芹，亦称药芹。

芹菜含有丰富的膳食纤维以及芫荽甙、甘露醇、烟酸、挥发油等营养物质。

芹菜味甘辛、性凉，有清热除烦、平肝、利水消肿、凉血止血之功效。

四、甘蓝类蔬菜的食疗药效

甘蓝类蔬菜，是十字花科芸薹属甘蓝种中的一、二年生蔬菜的统称，包括结球甘蓝、皱叶甘蓝、红甘蓝、抱子甘蓝、羽衣甘蓝、球茎甘蓝、花菜和芥蓝等。

（一）卷心菜

卷心菜又名圆白菜，在我国北方叫洋白菜，南方叫包菜，即甘蓝的栽培变种结球甘蓝，属十字花科芸薹属植物。卷心菜原产欧洲，现为全球主要蔬菜之一，在德国被誉为"菜中之王"。

卷心菜所含的维生素和无机盐的种类多，量也大，还含有丰富的"抗溃疡因子"——维生素U。

卷心菜味甘、性平，有健胃益肾、通络壮骨、利五脏、调六腑、补骨髓之功效。

注意：卷心菜含少量致甲状腺肿的物质，会干扰甲状腺对碘的利用，在缺碘的内陆地区，可能导致甲状腺变大，应少食或不食。

（二）花菜

花菜，为十字花科芸薹属甘蓝的一个变种，原产地中海沿岸，19 世纪传入中国。花菜分白色的花椰菜和绿色的西兰花两种。

花菜含丰富的维生素 C、胡萝卜素、叶黄素及钙、钾等矿物质。西兰花所含的异硫氰酸酯有抑制幽门螺旋杆菌生长之功效。

花菜味甘、性平或凉，有助消化、增食欲、生津止渴之功效。

须注意：

（1）花菜冲洗后，用剪刀从花簇的根部连接处剪下一个个花簇，或者用手直接掰下，这样能得到完整的花簇。这样的花菜营养损失最小。

（2）非有机的花菜易残留农药，还容易藏有菜虫。在吃之前，将其放在盐水里浸泡几分钟，可去菜虫、去除部分残留农药。

（3）烹调西兰花及花椰菜时适合蒸、炒等，不宜煮，因水煮熟后西兰花的营养大大减弱。最好的方法是，将其隔水蒸 5 分钟，当西兰花变成亮绿色时就好了。

（三）芥蓝

芥蓝又名芥兰（广东）、盖菜，为十字花科芸薹属一年生草本植物，栽培历史悠久，是中国的特产蔬菜之一。苏东坡还曾写诗赞美它："芥蓝如菌蕈，脆美牙颊响。"

芥蓝的胡萝卜素、维生素 C 含量很高，其丰富的硫代葡萄糖苷有软化血管的作用。

芥蓝味甘、辛，性凉。有利水化痰、解毒祛风、除邪热、解劳乏、清心明目等功效。

五、果实类蔬菜的食疗药效

果实类蔬菜是以嫩果实或成熟的果实为食材的蔬菜，如茄果类蔬菜，西红柿、茄子等；瓜果类蔬菜，黄瓜、苦瓜、南瓜、冬瓜等。

（一）西红柿

西红柿为茄科一年生草本植物西红柿的果实，也称番茄。法国人甚至把它誉为“绿色的红宝石”。

西红柿富含番茄红素，还含有维生素C、钾、叶酸等物质。

西红柿，味甘、酸，性微寒。可养阴生津、健脾养胃、平肝清热。

注意：不成熟的青西红柿含龙葵素，多吃会中毒。

小西红柿又名圣女果、樱桃番茄，属非转基因食品。最原始的番茄品种是小个的西红柿，而大西红柿是后来人们为了追求果实的大个头而杂交选育出来的品种。

（二）茄子

茄子又名落苏、茄瓜，是茄科茄属一年生草本植物，热带为多年生。茄子最早产于印度，公元4～5世纪传入中国，南北朝栽培的茄子为圆形，与野生形状相似。

茄子含维生素以及钙、磷等多种营养成分，特别是维生素P的含量很高。

茄子味甘、性凉，有清热止血、消肿止痛之功效。

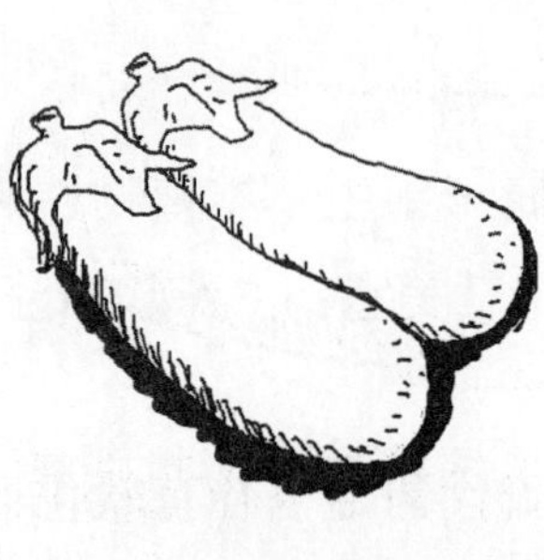

注意：

（1）茄子富含维生素P，表皮和茄肉相连的地方，含量最丰富；茄皮含有多种有益人体健康的化合物，烹调时，不建议去皮。

（2）茄子食用方法多样，炒、烧、煎、蒸、拌、炝皆可，但茄子吸油性强，需少放油，不建议常吃油炸或油煎茄子。

（三） 黄瓜

黄瓜为葫芦科植物黄瓜的果实，最初叫胡瓜，这是因为它是西汉时从西域引进的。黄瓜酱腌、拌、炒均可，当水果生吃也可。

黄瓜含水量最多，为低热量食品，含有较多的矿物质、果胶质及丰富的维生素。

黄瓜味甘、性寒，有清热解毒、利水消肿、补脾止泻之功效。

（四） 苦瓜

苦瓜以味得名，苦字不好听，广东人又唤作凉瓜。苦瓜形如瘤状突起，又称癞瓜；瓜面起皱纹，似荔枝，所以又称"锦荔枝"。苦瓜原产于印度东部，大约在明代初传入我国南方。

苦瓜属低热量、高膳食纤维食品，所含的苦瓜甙和苦味素能增进食欲。

苦瓜味苦、性寒，有清热消暑、养血益气、补肾健脾、滋肝明目之功效。

注意：有人认为苦瓜含有类似胰岛素的物质，有降糖作用，是糖尿病人理想的食品。事实上，类似胰岛素的物质和胰岛素是不同的概念，类似胰岛素的物质并不能降血糖。

（五） 南瓜

南瓜是葫芦科南瓜属的植物，原产于中、南美洲，普通栽培的南瓜有三个种，即南瓜（中国南瓜）、笋瓜（印度南瓜）和西葫芦（美洲南瓜）。

南瓜含丰富的果胶，微量元素钴含量很高。钴参与人体内维生素 B_{12} 的合成。

南瓜味甘、性温，有补中益气、消炎止痛、化痰排脓、解毒杀虫之功效。

注意：南瓜甘甜，含糖量在 3%~15%。有人认为南瓜是糖尿病人的理想食品，其实南瓜并没有降糖活性成分。

（六） 冬瓜

冬瓜外形如枕，又叫枕瓜，产于夏季。

冬瓜含维生素 C 较多，且钾盐含量高，钠盐含量较低。

冬瓜味甘、淡，性凉，有润肺生津、化痰止渴、利尿消肿、清热祛暑、解毒排脓之功效。

六、根类蔬菜的食疗药效

根类蔬菜是以肉质根或块根为食材的蔬菜，如萝卜、胡萝卜、大头菜（根用芥菜）、芜菁、芜菁甘蓝和根用甜菜等。

（一）萝卜

萝卜为十字花科草本植物，民间有"十月萝卜小人参"之说。

萝卜中的芥子油能促进胃肠蠕动，木质素能提高巨噬细胞的活力，多种酶能分解致癌的亚硝酸胺。

萝卜味甘辛、性凉，有清热生津、凉血止血、化痰止咳、利小便、解毒的功效；熟者偏于益脾和胃，消食。

注意：萝卜皮含钙丰富，吃萝卜时最好不削皮。中医认为萝卜解中药，食用时最好与服中药间隔2小时以上。

（二）胡萝卜

胡萝卜为伞形科植物胡萝卜的根，又名红萝卜、黄萝卜、番萝卜、丁香萝卜。

胡萝卜，味微苦甘辛、性微寒，有下气补中、补肝益肺、健脾利尿、驱风寒之功效。胡萝卜含有大量胡萝卜素及丰富的膳食纤维。

注意：胡萝卜素是脂溶性物质，最好是油炒肉炖，以便于人体吸收。但加热时间不宜过长，以免破坏胡萝卜素；加工时，也不要放醋，以免胡萝卜素损失。

七、多年生蔬菜的食疗药效

多年生蔬菜是指一次播种或栽植、连续生长和采收在两年以上的蔬菜。多年生草本蔬菜的地上部每年冬季枯死，地下部的根、根状茎或鳞茎等器官宿存于土壤中，以休眠状态度过不利生长的时期（严寒、低温、干旱、酷暑等），待气候环境适宜时重新萌芽、生长、发育，如此多年生长。

多年生草本蔬菜有黄花菜、百合，木本蔬菜有竹笋、香椿、枸杞等。

（一）竹笋

竹笋，是竹的幼芽，也称为笋。竹为多年生常绿木本植物，食用部分为初生、嫩肥、短壮的芽或鞭。

竹笋有低脂肪、低糖、多纤维的营养特点，所以有"吃一餐笋如刮三天油"之说。

竹笋味甘、性微寒，有清热化痰、益气和胃、治消渴、利水道之功效。

注意：新鲜竹笋含有天然毒素——氰甙，必须熟食。竹笋草酸含量高，因而患有严重胃溃疡、泌尿系统结石者，应慎食。

（二）黄花菜

黄花菜又称金针菜、萱草等，是百合科多年生草本植物的花蕾。

黄花菜含有丰富的花粉、维生素 C、胡萝卜素、钙等物质，其所含的胡萝卜素超过西红柿。

黄花菜，性平，味甘，有小毒。有止血、消炎、利尿、消肿、安神之功效。

注意：鲜黄花菜含有一种叫秋水仙碱的物质，必须熟食。

八、水生蔬菜的食疗药效

水生蔬菜是一群生活在水中环境或生活在非常潮湿乃至 100% 饱和水的土壤里的植物。我国水生蔬菜包括莲藕、茭白、慈姑、水芹、菱角、荸荠、芡实、蒲菜、莼菜、豆瓣菜、水芋和水蕹菜等 12 个品种。

水生蔬菜是长在水里的美味素食，给人们带来一种清淡的气息，好似自然天成。水生蔬菜具有独特的口味、丰富的营养和保健功能。

（一）莲藕

莲藕为睡莲科植物。莲藕的肥大根茎，又名藕、莲、荷梗、灵根。莲藕原产于印度，在南北朝时期，莲藕的种植就已相当普遍了。

莲藕主要成分是淀粉，同时含有丰富的膳食纤维和维生素 C。其中一种特殊的成分丹宁酸有止血功效。

莲藕性凉，味甘涩。生食清热生津，凉血止血。熟食补益脾胃，益血生肌。

注意：清洗莲藕不要剥皮，不要选择藕眼有泥或藕眼发黑的莲藕。

（二）荸荠

荸荠原产于我国南部和印度，有 2 000 多年的栽培历史，现在我国江南一带有栽种。荸荠可果可蔬、可粮可药。

荸荠味甘、性微寒，有温中益气、清热开胃、消食化痰之功效。

荸荠含有丰富的营养成分，如淀粉、膳食纤维和多种维生素。荸荠中还含有一种叫荸荠英的物质，对金黄色葡萄球菌、大肠杆菌等有抑制作用。

安全食用须注意：荸荠常年生长在水田中，能聚集有害有毒的生物排泄物和化学物质；其表皮易生长姜片虫幼虫，这种幼虫为肠道寄生虫。遂生吃荸荠时一定要把芽眼和外皮彻底清除，或水煮荸荠，比较卫生。特别提醒，不要用牙齿啃皮。

九、野生蔬菜的食疗药效

野生蔬菜，俗称野菜。野菜，采集天地灵气，吸取日月精华，是大自然的精髓之一。野菜富含胡萝卜素、核黄素、抗坏血酸及叶酸等维生素，且蛋白质含量均高于一般蔬菜。

目前市面上常见的野菜有：马齿苋、藜蒿、地米菜、鱼腥草、蕨菜、香菜、枸杞芽、蒲公英和车前草等，其中绝大部分都是野生的，只有藜蒿和香菜人工栽培得较多。

（一）蕨菜

蕨菜属蕨类植物凤尾蕨科植物蕨的嫩叶，全国各地均有。蕨菜又名蕨儿菜、龙头菜，又因蕨菜产自深山，素有"山菜之王"的美称。蕨菜味甘、性寒，起清热润肠、降气化痰、利尿安神的作用。但脾胃虚寒者慎食。

（二）马齿苋

马齿苋是马齿苋科草本植物马齿苋的茎叶或全草，又称五行草。

马齿苋味甘、酸，性寒，具有清热解毒、散血消肿之功效。

（三）鱼腥草

鱼腥草为三白草科多年生草本植物，又名蕺菜、蕺儿根、摘儿根等，因其茎叶搓碎后有鱼腥味，故名鱼腥草。

鱼腥草味辛、性寒凉，有利尿、解毒、消炎、排毒、祛痰的作用。

注意：不要认为野菜就是有机的、绿色的、无公害的，水或土壤污染地方生长的野菜不要采摘。另外，蕨菜中含有的原蕨苷和鱼腥草中含有的马兜铃内酰胺物质，不利于人的机体健康。

十、食用菌的食疗药效

食用菌因其煮熟时产生的独特香味、完美的口感以及相当低的脂肪、相当低的热量，且富含矿物质和维生素等特征，故有"上帝食品"之美誉。

中国广泛栽培的食用菌类有香菇、黑木耳、金耳、银耳、草菇、金针菇、猴头菌、竹荪、口蘑等。药店常见的药用菇类有茯苓、冬虫夏草、灵芝等。

（一）世界菇——双孢蘑菇

双孢蘑菇又名蘑菇、白蘑菇、西洋蘑菇，属草腐菌、中低温性菇类。双孢蘑菇是世界上栽培地域最广、生产规模最大、产量最大的一种著名的食用菌，有"世界菇"之称。

双孢蘑菇味甘、性平，有宣肺解表、益气安神等功效。

（二）植物皇后——香菇

香菇是世界第二大食用菌，也是我国特产之一。香菇味道鲜美，香气沁人，营养丰富，素有"植物皇后"之美誉。

香菇味甘、性凉，有补肝肾、健脾胃、益气血、益智安神、美容养颜之功效。

注意：香菇是高嘌呤食物，痛风患者不宜多食。另外，市场上买来的干香菇，都是用机器烘干的，维生素 D 的含量较少，所以可放在外面晒一晒，可增加香菇维生素 D 的含量。

（三）天花菜——平菇

平菇属木腐菌，也可利用稻草、废棉子壳种植。平菇为我国栽培面积最广的食用菌品种之一。

平菇常见品种有糙皮侧耳（北风菌）、美味侧耳（小平菇）、环柄侧耳（凤尾菇）、金顶侧耳（榆黄菇）、台湾平菇（鲍鱼菇）。

平菇，味甘、性温，具有追风散寒、舒筋活络的功效。

（四）黑菜之首——黑木耳

黑木耳生长在阔叶树的腐木上，单生或群生，因形似人耳而得名。我国栽培黑木耳已有 2 000 多年的历史。

黑木耳，性凉、味甘，有凉血、活血、止血、益胃、润燥之功效。

注意：

（1）黑木耳有活血抗凝等食疗作用，但不能替代阿司匹林药疗作用。

（2）新鲜的黑木耳含有一种可引起日光性皮炎的叫卟啉的特殊物质，故鲜木耳宜制成干品，以减少卟啉含量。烹调时干木耳应先行浸泡。

十一、海藻类蔬菜的食疗药效

生长在海洋里含有叶绿素和其他辅助色素的植物为海藻类蔬菜。海藻类蔬菜营养价值极为丰富，具有高蛋白、低脂肪、高纤维素、低能量的特点，富含丰富、多量的微量元素和维生素，且还具有特殊的生理活性物质，如岩藻多糖是海带的精华，具有提高人体免疫力的作用。海带表面白粉其实为甘露醇，有降压、利尿、消肿的作用。

（一）海上庄稼——海带

海带是一种在低温海水中生长的大型海生褐藻类植物，为大叶藻科植物，因其生长在海里，柔韧似带而得名。中国在北部沿海及浙江、福建沿海大量栽培，产量居世界第一，又因海带食用量大，被称为"海上庄稼"。

海带味咸、性寒，具有软坚散结、消痰平喘、通行利水、祛脂降压等功效。海带适用于拌、烧、炖、焖等烹饪方法。

（二）藻中珍品——紫菜

紫菜，是生长在浅海岩礁上的一种红藻类植物。在宋代，紫菜已经成为进贡的珍贵食品，所以有"藻中珍品"之称。

紫菜味甘咸、性寒，具有化痰软坚、清热利水、补肾养心的功效。

紫菜凉拌、做汤均可。也可加热烤着吃：将紫菜放入微波炉内，用中火，每次烤1分钟，取出来翻面，烤3～4次后，其颜色由黑变绿，成为"海苔"即可，这样味道极鲜美，营养更丰富。

十二、辣椒、生姜、大蒜调味蔬菜的食疗药效

辣椒、生姜、大蒜虽不是同一类蔬菜，但作为调味料与盐、豉齐名，食用方式也多种多样。由于它有特殊的气味和辛辣的口感，很多人拒绝它，当然也有很多人喜欢它。

（一）辣椒

1. 红色牛排 —— 辣椒

辣椒是一种茄果类蔬菜，原产于中南美洲热带地区，明末传入我国。

辣椒富含辣椒碱、维生素、辣椒素及钙、磷、铁等矿物质，其中维生素C 含量在蔬菜中居首位，胡萝卜素含量与胡萝卜相当。因其营养价值高，遂有"红色牛排"之美称。

辣椒味辛、性热，有温中散寒、开胃消食的功效。

2. 辣椒的品种

全世界有 2 000 多种辣椒，人们根据辣味分为微辣和辣两类，根据品种熟性分为早、中、晚三类，根据食用方式分为干制用品种和鲜食品种。在日常生活中，老百姓往往会根据辣椒的果实形状，分为牛角椒、线椒、朝天椒、甜椒等。

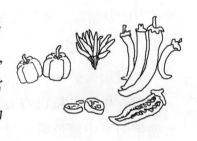

（1）牛角椒。牛角椒果实下垂，为长角形，先端尖，微弯曲，似牛角。果肉或薄或厚，肉薄、辛辣味浓者供鲜食，也可干制、腌渍或制作辣椒酱。

（2）线椒。线椒果实线形，颜色鲜艳，辣性强，油质大，果肉厚，辣味很强。可以鲜食，也可干制、腌渍或者做辣椒酱。

（3）朝天椒。朝天椒是果实朝天生长这一类辣椒的统称，包括簇生椒、樱桃椒、圆锥椒（小果型）、长辣椒（短指形）。朝天椒的特点是椒果小、辣度高、易干制，与牛角椒、线椒构成我国三大干椒品种系列。

（4）甜椒。甜椒为常见的菜椒，辣椒果形大、肉厚、质脆、味甜、辣味极淡或无辣味。常见品种有大柿子椒、四方头甜椒、大甜椒、荷包甜椒、灯笼椒、茄门甜椒、小圆椒等。

（二）生姜

1. 姜御百邪 —— 生姜

生姜，为姜科多年生草本植物姜的新根茎。姜是日常食物，民谚"饭不香，吃生姜。"姜还是常用药物，生姜中含有植物杀菌素，其杀菌作用不亚于葱和蒜。生姜中姜烯、姜酮成分有明显的止呕作用。民间有谚语可印证："晨起一片姜，百病全消光。"

姜味辛、性微温，具有发汗解表、温中止呕、温肺止咳、解毒的功效。

2. 姜的品种

姜，按颜色分为灰白皮姜、白黄皮姜、黄皮姜。

（1）灰白皮姜，表皮呈灰白色，光滑，每个小姜块互相连接成手掌样的一个整块。嫩姜辣味淡，可以炒食或腌制或糖渍。老姜味辣，有香味，呈黄色，水分少。

（2）白黄皮姜，姜块呈白黄色，整块姜有单、双排列，个大，可腌制糖渍。

（3）黄皮姜，姜块呈鲜黄色或浅黄色，每个小姜块连接成一个大整块。嫩姜可腌制糖渍，老姜可制干姜粉或药用。

（三）大蒜

1. 健康保护神——大蒜

蒜在中国种植已有几千年的历史，张骞出使西域后就带回了中原地带，过去它被叫作胡蒜。大蒜是神奇而古老的药食两用珍品，其中蒜素，即硫化丙烯，有杀菌、抗氧化作用。

大蒜味辛、甘，性温。能温中健胃，消食理气，解毒杀虫。

2. 紫皮蒜和白皮蒜的特点

白皮蒜与紫皮蒜的营养成分主要区别在于氨基酸含量。大蒜中含有17种氨基酸，其中赖氨酸、亮氨酸、缬氨酸的含量较高，蛋氨酸的含量较低。虽然白皮蒜的必需氨基酸含量低于紫皮蒜，但氨基酸总量百分比略高于紫皮蒜。

有临床及实验观察表明，紫皮蒜较白皮蒜杀菌及抑菌作用稍强一点，新鲜的比陈旧的效力好。如需要配合治疗上呼吸道感染，还是选用新鲜的紫皮蒜为好。

第三节　蔬菜的选购与保存

一、识别蔬菜的新鲜度

（一）看颜色

菜叶枯萎发黄为不新鲜，但要注意颜色异常的蔬菜，如挑选萝卜时要检查萝卜是否掉色，发现豆角的颜色比其他的鲜艳时要慎选，发霉、有斑点的蔬菜更不能挑选。

（二）观外形

蔬菜有扭曲或畸形怪异，是病变蔬菜，或使用了过多的生长激素类物质才会长成畸形。

（三）闻气味

不法商贩为了使有些蔬菜更好看，用化学药剂进行浸泡，如硫、硝等。这些物质有异味，而且不容易被冲洗掉。

二、蔬菜的保存

（一）蔬菜最佳存放期

蔬菜最佳存放期是现买现做，做好就吃完，否则营养打折、亚硝酸盐增高，影响食用安全。

绿叶菜最不好保存，常温下存放，营养价值一天就可以打折。土豆、白菜、洋葱、萝卜存放时间可稍长一点。

不同种类的蔬菜均天然存在亚硝酸盐，蔬菜中的亚硝酸盐含量按从高到低顺序排列，依次为：叶柄＞叶片＞茎＞根＞花＞薯块＞鳞茎＞果实＞种子。通常叶菜类和根茎类（青菜、菠菜、韭菜、芹菜）在室温下贮存1~3天，冷藏条件下贮存3~5天，亚硝酸盐含量可达到最高。

（二）蔬菜保存的原则

1.蔬菜横放竖放有讲究

竖着放的绿叶蔬菜生命力强，营养损失少。结球叶菜如大白菜、结球甘蓝、结球莴苣和包心芥菜适合倒置或者横着放，让根部不接触地面。结球类蔬菜发生腐败均从心开始，外面一层叶子耐寒、耐碰，不要丢掉了，能起到保护菜心的作用。

2.保存蔬菜宜完整

蔬菜不宜切开存放，蔬菜切开后，营养素会快速流失，还会容易氧化，同时增加了微生物入侵的机会，容易造成变质腐烂。

3.蔬菜要贮藏在适宜的温度中

绝大部分叶菜喜凉，适宜存放在 0 ~ 5℃ 的环境中，但不能低于 0℃，所以宜放入冰箱冷藏；黄瓜、苦瓜、豇豆、南瓜等喜湿蔬菜，适宜存放在10℃左右的环境中，但不能低于8℃；老姜不适合冷藏保存，因为它本身已纤维化，容易使水分流失，可放在潮而不湿的细沙里保存；鲜藕保存时把泥土洗掉，放入盆里，加满清水，把藕浸没，一两天换一次凉水。

第四节　安全科学吃蔬菜

一、五菜为充，蔬菜尽量多些

2 400多年前的中医典籍《黄帝内经·素问》就提出"五谷为养，五果为助，五畜为益，五菜为充"，蔬菜显而易见是一个需要大量吃的食品，这样才能使你的膳食更加充实。

在粮食不足的荒年灾月，五菜为充的"充"字理解为"充饥"，俗话说"糠菜半年粮"。

《中国居民平衡膳食指南》要求，我们每日进食的蔬菜为300～500克。加拿大糖尿病协会要求糖尿病患者食用蔬菜的量，是两手捧，能捧多少就多少，尽量多吃。

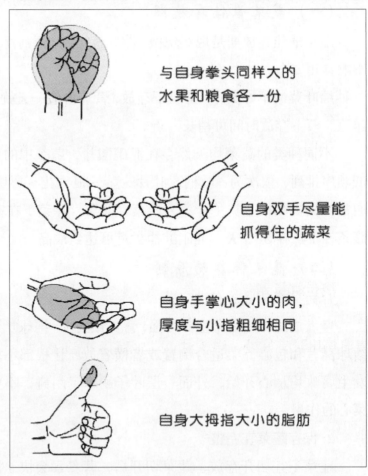

与自身拳头同样大的水果和粮食各一份

自身双手尽量能抓得住的蔬菜

自身手掌心大小的肉，厚度与小指粗细相同

自身大拇指大小的脂肪

加拿大糖尿病协会（CDA)推荐糖尿病病人每日健康饮食——"双手估测法"

二、蔬菜颜色的选择，应有一半的量是绿色

每日进食的一斤蔬菜里面，能有五种以上的品种是比较理想的，我们可

以选择两种绿叶蔬菜，三种是其他颜色的蔬菜，或者选择三种浅色蔬菜、一种绿叶蔬菜，加上一种橙黄蔬菜也可以。

简而言之，每日进食的蔬菜应有一半为绿色蔬菜，剩下的一半可以是其他颜色的。

（一）绿色蔬菜

健康的底色是绿色，绿色蔬菜被营养学家列为甲类蔬菜，主要有菠菜、油菜、卷心菜、香菜、小白菜、空心菜、雪里蕻等。这类蔬菜富含维生素 C、维生素 B_1、维生素 B_2、胡萝卜素及多种无机盐等，其营养价值较高。最新研究发现，深色绿叶蔬菜、豆类、干果等食物也是钙的优质来源。

绿叶菜在营养素含量方面是最高的，尽管胡萝卜素含量比不上胡萝卜，但其他方面都超过胡萝卜，所以蔬菜应有一半为绿色蔬菜。

（二）紫色蔬菜

紫色的蔬菜像茄子、紫甘蓝（紫圆白菜）、紫菜薹、红苋菜等都带有花青素，抗氧化能力非常强，对健康有益处。

（三）红黄蔬菜

红黄蔬菜主要指西红柿、胡萝卜、南瓜、红辣椒等。红黄色的蔬菜维生素 A 多。补充维生素 A，可以使儿童增强抵抗力，老人眼睛不花，视网膜好。

（四）浅色蔬菜

浅色的蔬菜像冬瓜、大白菜、圆白菜、洋葱、大蒜等，虽说其营养素的含量远远低于绿叶蔬菜，但是它们有其他好处，比如圆白菜对于预防和治疗胃溃疡比较有好处，洋葱对于降血脂有一定的好处，冬瓜有利尿的作用。新观念还支持：白色食物防癌效果更好。

三、蔬菜生吃与熟吃

（一）蔬菜的生吃

西方人喜欢吃青菜沙拉，常常每餐必以青菜沙拉佐食。因为大多数蔬菜营养成分很容易在烹调中被破坏，而生吃蔬菜可以最大限度地获得这些营养。譬如说，叶酸、维生素 C 等，在生吃时就很容易被吸收，加热以后损失就比较多。

哪些蔬菜品种可生吃呢？

适宜生吃的蔬菜包括胡萝卜、黄瓜、西红柿、柿子椒、白菜、紫甘蓝（紫包菜）、辣椒、洋葱、芹菜等，可以榨新鲜蔬菜汁喝或者做凉拌菜吃。血液病患者可生吃紫甘蓝、菠菜或者喝新鲜蔬菜汁，其中的叶酸有助于造血功能的恢复；高血压、前列腺病患者早上可空腹吃 1 ~ 2 个西红柿；咽喉肿痛者可以细嚼慢咽青萝卜等。

（二）蔬菜的熟吃

熟吃蔬菜可以使其中的某些脂溶性物质，如胡萝卜素和番茄红素能充分吸收利用。已知深绿色或橙黄色的蔬菜中都含胡萝卜素，红色蔬菜中含番茄红素。

另外，由于新鲜蔬菜大都含水 90％以上，而且体积很大，生食时进食量受到限制。如果煮熟了吃，蔬菜本身缩小了体积，就可以大大增加蔬菜的摄入量了。此外，肠胃功能较差的人，熟食蔬菜也更容易消化吸收。

四、必须熟吃的蔬菜

（一）黄花菜

鲜黄花菜含有一种叫秋水仙碱的物质，这种物质进入人体后，会使人嗓子发干、口渴，胃痛、腹痛。食用时，应先将鲜黄花菜用开水焯过，再用清水浸泡 2 个小时以上，捞出用水洗净后再进行炒透或煮熟。食用干品时，用清水或温水进行多次浸泡后再食用，这样可以去掉残留的有害物，如二氧化硫等。

（二）新鲜竹笋

新鲜竹笋含有天然毒素氰甙，生的或没有烧透的竹笋，会引起食物中毒。所以必须切成薄片后彻底煮熟。另外，竹笋中抗营养物草酸加热后会减少。

（三）豆荚类蔬菜

有些新鲜的豆荚类蔬菜含有皂苷、植物血凝素等抗营养物质，以及有的人（小男孩较多）体内缺少某种酶，生吃鲜蚕豆或吸入其花粉后会引起过敏性溶血综合征，这些不利因素通过煮熟、煮透可消除。

五、蔬菜烹饪 ——炒、焯、煮、凉拌

（一）炒蔬菜

蔬菜应采用"高温短时"爆炒等烹饪加工方式，这样能使蔬菜中的营养减少损失。对容易熟的绿叶蔬菜或切丝的蔬菜来说，煸炒 3 ~ 4 分钟便足够了。总的原则，就是炒菜少用油，再注意不要太高的温度和过长的时间就行了。

（二）焯蔬菜

西兰花、菜花、竹笋、茭白、大头菜以及马齿苋等野菜，只需焯一下（在开水里烫一下）便更有利于营养吸收，还能防止过敏。另外，莴苣、荸荠等生吃之前也最好先削皮、洗净，用开水烫一下再吃。

（三）煮蔬菜

土豆、胡萝卜、萝卜、茄子、豆角等蔬菜和肉类一起炖时，也要在肉熟后再加入，煮一会儿就出锅，不要煮得太烂。

（四）凉拌蔬菜

凉拌蔬菜的时候，不妨加点蒜泥和柠檬汁，这样可降低亚硝酸盐和阻断亚硝胺的合成，提高蔬菜的安全性。

总之，烹调蔬菜，不宜油炸、不宜烧烤、不宜油煎。蔬菜烹调后要尽快食用，不宜超过半个小时。

六、喝健康蔬菜汁，少喝含糖量高的蔬菜饮料

蔬菜汁不仅色彩鲜艳，易于制作，而且营养丰富、味道可口，成为人们喜爱的保健饮品。制作有利于健康的蔬菜汁，并不是简单地把蔬菜汁榨出来就可以了，一定要掌握基本的制作要领。

制作蔬菜汁时，一般能生食的皆可榨汁饮用，最好选择深绿色有机蔬菜，比如油菜、生菜、芹菜、菠菜、花茎甘蓝等。一般每次用 200 ~ 300 克，2 ~ 3 种蔬菜混合在一起榨成汁。如果用榨汁机，不要将蔬菜切得太小；如果用搅拌机，不要长时间搅拌。

新鲜的蔬菜汁一定要现榨现饮，食用间隔的时间最多不得超过 2 小时，这样可避免营养成分降解和细菌的滋生。

有些蔬菜汁难以下咽，可加水稀释，或加蜜蜂、牛奶、柠檬等以改善口感。

安全食用须注意:

(1)蔬菜汁不能完全替代蔬菜。蔬菜打浆破坏维生素C,蔬菜汁最好作为辅助食品或特殊人群,如婴儿、老年人、病人等补充蔬菜的食品。

(2)警惕含糖量高的果蔬饮料。果蔬饮料大部分都是糖、酸、香精、色素、增稠剂等勾兑而成,这样果蔬饮料味美、不变色,但是基本上没什么营养价值。

(3)五行蔬菜汤汁不神奇、不防癌。蔬菜汤曾风靡于日本和中国台湾省,一包包袋装的五行蔬菜汤,经多重加工之后,会流失部分营养。其实吃新鲜的蔬菜更靠谱。

七、控制好腌制蔬菜食用量,把握好腌制时间

蔬菜腌制是古人保存蔬菜的一种非常有效的方法。现今,蔬菜的腌制,已从简单的保存手段转变为独特风味蔬菜产品的加工技术。

(一)腌制蔬菜分类

酸菜、梅菜、榨菜是我们常见的腌制蔬菜。

(1)酸菜又称泡菜、渍菜,常选用大白菜、叶芥菜(如雪里蕻)、包菜等为原料加其他调料等,经过渍泡,在乳酸杆菌的作用下发酵而成。

(2)梅菜也叫霉干菜,是一种中国传统烹饪原料。使用雪里蕻或其他芥菜种类的茎叶,用盐腌制风干而成。

(3)榨菜的原料是茎瘤芥,因加工时需用压榨法榨出菜中水分,故称“榨菜”。榨菜是一种常见的酱腌菜,与德国的甜酸甘蓝、欧洲酱黄瓜并称世界三大名腌菜。

(二)安全科学食用腌制蔬菜

安全科学食用腌制蔬菜要特别注意两点:食用量和腌制时间。

1. 食用量

各国人民都喜欢食用酱腌菜。少量吃一点作为开胃食品是无妨的,但如果用它作为一餐中的主菜,替代新鲜蔬菜,就不妥当了。

因为,无论腌菜如何优质,均含有较多的盐分,爱吃泡菜的韩国人,日食盐量达到10克,高血压和胃癌患者也不少。另外,酸菜有益健康的成分是乳酸,但天然抗氧化成分也有较大损失,故而不能与新鲜蔬菜的营养价值相

提并论。

通常每餐食用量不到一两约 50 克为宜，最好不要天天吃。

2. 腌制时间

很多地区居民喜欢大量吃酱腌菜，特别是有一些人简单地把蔬菜切碎，加点盐拌一下，放上几天，做成脆口的小菜吃，这是很不好的习惯。因为蔬菜在腌渍过程中会产生亚硝酸盐，它进入人体后会产生亚硝胺类致癌物质，但随着腌渍时间延长，亚硝酸盐含量会逐渐减少。据测定，通常腌渍 7~8 天亚硝酸盐达到高峰，腌渍 20 天以后含量会明显降低，达至安全范围内。

蔬菜腌制中所加入的鲜姜、鲜辣椒、大蒜、大葱、洋葱、紫苏等配料均可以帮助降低亚硝酸盐水平。

开启开封后的酸菜宜在 2~3 个月内吃完。

八、隔夜蔬菜能不能吃

实验表明，做好的蔬菜在温度比较高的情况下放的时间一长，菜里面的细菌就会大量繁殖，而且有致癌作用的亚硝酸盐也会增多。所以，常识告诉我们，隔夜菜不能吃，特别是夏季的隔夜蔬菜更不能吃。

然而，隔夜菜的问题是每个家庭几乎每天都要遇到的问题，隔夜菜一定要弃之吗？其实，隔夜蔬菜决不能吃是耸人听闻的。

研究表明，蔬菜先在沸水中焯一下，通常可以除去 70% 以上的硝酸盐和亚硝酸盐。再放入冰箱里存到第二天，亚硝酸盐的含量测定非常低，完全不必担心其安全性。

当然，饭菜尽量现炒现吃，如果真吃不完，剩下的菜不宜放置在空气中的，最好在吃之前，分出一些菜，趁热封装，快速冷藏，这样隔夜菜的风险是可以降低许多的。

部分食品中亚硝酸盐的限量标准

项目	指标（以 NaNO2 计），毫克 / 千克
食盐（精盐）、乳粉 ≤	2
粮食（大米、面粉、玉米）≤	3
鲜肉类、鲜鱼类 ≤	3
新鲜蔬菜 ≤	4
蛋类（鲜）≤	5
酱腌菜、香肠（腊肠）、广式腊肉 ≤	20
其他肉类罐头、其他腌制罐头 ≤	50
烟熏火腿及罐头、西式火腿罐头 ≤	70

九、食用菌的食用量及烹饪法

(一) 食用量

食用菌，味道鲜美、营养丰富，大家都爱吃。然而，网上一个说法特别流行，说是蘑菇富含重金属，吃多了伤身。甚至建议食用菌每月最多吃200克。事实是这样的吗？

国家食用菌产业技术体系首席专家张金霞指出，食用菌属于大型真菌，和植物一样，大型真菌对环境中低量的重金属不敏感，生长过程中在吸收了利于人类健康的多种矿物质的同时，也吸收了一定量的重金属。但这并不等于重金属超标，两者不能混为一谈。

事实上，食用菌重金属含量与培养介质有重大关系。我国的食用菌大多是人工栽培，利用完全秸秆、麸皮等基质种植，根本不接触污染重金属的土壤，因此你完全可以放心大胆地吃。即使是野生食用菌，如果生长环境无污染，也不存在重金属超标问题。

从营养角度讲，每天吃100克（2两）食用菌是允许的。对有些病症的人，如痛风患者，则不宜多吃，并且还要遵医嘱限制食用。药用菌则按药用剂量服用。

(二) 烹调方法

1. 生吃与熟吃

一般菌类的植物不建议生吃，也不可盲目追求鲜美嫩滑的口感，应当加热煮熟。煮熟后的草菇均无毒性，而生草菇均有一定的毒性，可能引起中毒反应。特别是野生食用菌，一定要煮透。

当然，如果你把食用菌用开水煮上几分种，冷却后再凉伴，口感也鲜美嫩滑。

2. 食用部位

食用菌的不同部位，营养、口感也不同。对香菇等硬柄菌类来说，菌盖比菌柄营养丰富，而且比较嫩滑，口感好。菌柄根部还特别难烹制。所以有人把根最末端的部分切掉再烹制，这样也可以。

3. 烹调方式

食用菌是一种营养丰富的健康食品,有着独特的鲜美滋味,烹调方式多样,可油焖、可爆炒、可凉伴、可煲汤。但总的来说，食用菌最好还是清炒或清炖，这样才不失蘑菇的原汁原味。

另外，烹饪新鲜食用菌应洗净撕碎后再烹煮，这样对营养素的破坏最小，烹饪过程中更容易入味。

4. 食用菌与其他食材搭配

食用菌肉质肥嫩、鲜美可口且营养丰富，与青菜搭配，有清肺止咳、和中养胃的作用；也可炖肉吃，能够益气补气，增加抵抗力；还可作香料，点缀在其他菜品中。

十、海藻食用量及烹饪方法

（一）海藻的食用量

海藻是富含碘的食物，食碘过多与不足均有害健康。每天吃多少适宜呢？成年人碘的推荐剂量是 120 微克，孕妇和哺乳期女性每天碘推荐剂量 200 微克左右，适宜摄入量为 120~299 微克，安全摄入量上限为 600 微克。

通常一天吃鲜海带 8~10 克，海苔小食品（干紫菜为主要原料）5 克，就够了。如果选择每周吃海藻类食品 2~3 次，每次可超点量。但不宜天天处于高碘状态。

有甲状腺疾病的人（包括甲亢、甲减、甲状腺结节、甲状腺瘤、甲状腺癌、甲状腺炎等），以及高尿酸血症或痛风患者均应限制或者不吃海带、紫菜、裙带菜等海藻类食物。

注意：有些品种的海藻含有机酸丰富，会强烈刺激消化道，甚至会导致某些人重症腹泻。

（二）海藻的烹饪方法

1. 与食物搭配

海藻蛋白质中除赖氨酸和色氨酸含量较低外，蛋氨酸和胱氨酸都极为丰富，海藻与动物性食品搭配食用，既去油腻又可提高蛋白质生物效价。如海带炖肉、紫菜蒸鱼等，被认为是最富营养的高蛋白菜肴。

2. 生吃与熟吃

海藻体内生长有大量藻类菌丝和丝孢，这是多种细菌寄生的乐土，所以生吃海藻类植物，可能会引起腹泻、中毒等症状，海藻类食物最好熟吃。但我们不要误认为，海藻类食物凉拌的就是生食。

3.海带、紫菜清洗

海带有些成分在水中浸泡时间过长会损失掉。海带干蒸法：直接放入锅中，蒸20分钟，海带蒸软后再用清水清洗。海带浸泡法：放入少量水中待海带泡软后，再用清水涂抹海带两面。这样可减少海带岩藻多糖等有效成分的损失。

紫菜食用前用清水泡发，换一两次水，可有效清除污染物质。

十一、美味佳肴 —— 野菜的食用法

野菜，采集天地灵气，吸取日月精华，是大自然的精髓之一。所以昔日赖以度荒的野菜，如今已成为人们餐桌上的美味佳肴。

如何安全科学食用野菜呢？

（一）安全科学吃蕨菜

蕨菜可鲜食或晒干菜（制作时用沸水烫后晒干即成）。蕨菜的食法很多，炒、烧、煨、焖都可以，炒食适合配以鸡蛋、肉类。

鲜品蕨菜以嫩茎供食，采集以后，用手指捋去茎上绒毛，摘去叶芽苞，用开水焯1分钟，再用清水浸泡，除去涩味。而干菜吃时用温水泡发，再烹制各种美味佳肴。

特别注意：蕨菜不可以生吃，可用碱水浸泡处理后加热炒，以降低蕨菜中所含原蕨苷含量。有科研报道原蕨苷有明显的致癌作用，所以有专家建议，蕨菜就跟腊肉、香肠、烤肉的情况类似，需控制其食用量和频率。

（二）安全科学吃马齿苋

佐料和调味品：夏秋季节，采拔茎叶茂盛、幼嫩多汁者，除去根部，洗后烫软，将汁轻轻挤出，拌入食盐、米醋、酱油、生姜、大蒜、麻油等。

凉拌、鲜食：马齿苋可凉拌，可用肉丝烹炒，亦可用蛋、肉丝做成羹汤食用，还可烙饼、做馅蒸食。

干制品：将马齿苋洗净，烫过，切碎，晒干，贮为冬菜食用。

（三）安全科学吃鱼腥草

蔬菜吃法：鱼腥草可洗净，炒熟做菜吃，也可作凉拌菜吃。

药用吃法：鱼腥草36克（鲜草），桔梗12克，甘草6克，水煎服，可治

上呼吸道感染等疾病。

特别注意：鱼腥草含有一种叫马兜铃内酰胺的物质，对肾脏有毒害，不能把鱼腥草当作食疗药膳天天进补，那样会吃出问题来了。

十二、辣椒、姜、蒜调味，不宜过量

（一）安全科学吃辣椒

1. 过食辣椒百害无一利

首先过多的辣椒素会剧烈刺激胃肠黏膜，引起胃疼、腹泻并使肛门烧灼刺疼，诱发胃肠疾病和痔疮。另外，厨师做菜"逢辣必咸"，这是为了中和辣味，需要增加用盐量。重口味饮食会间接诱发高血压、高血脂、糖尿病等慢性疾病。

2. 把握辣椒适用量

健康吃辣椒要注意一个适用量，即使是能吃辣椒的人，控制鲜辣椒每次100克以下或干辣椒每次10克以下较为合适。

对无辣不欢的人，限辣和限盐一样重要。如何限辣呢？通常如果你限辣4个星期，口味就会慢慢变淡，坚持3个月到半年，就能达到持久性的改变，形成一个良好的饮食习惯。

3. 辣椒的烹制

辣椒所含的维生素C较不稳定，储存过久或烹调过熟易流失。如果新鲜辣椒不甚辣，生食最有益；如果辣椒有点辣，可在烹调最后的程序再加入，这样可避免营养的流失。

（二）安全科学吃姜

1. 吃姜过多，火气大

早在春秋末期，孔子就已认识到吃姜的好处。他晚年时常说："不撤姜食，不多食。"意指一年四季食不离姜，但每次不宜多吃。明代李时珍云："姜食久，积热患目。"

现代医学研究表明，吃姜一次不宜过多，以免吸收大量的姜辣素。姜辣素在经肾脏排泄过程中会刺激肾脏，并产生口干、咽痛、便秘等上火症状。

2. 吃姜的量

作为医疗保健措施，我们不妨每天早晨含姜片，将生姜连皮或刮去皮，切成约一块钱硬币大小，两片便可，用开水冲泡后，含在嘴里慢慢咀嚼，最后将姜片咬烂，让生姜的气味在口腔内散发，扩散到肠胃内和鼻孔外。

急性肝炎且肝火旺者，痔疮发作出血者及经常口干、眼干、皮肤干燥、心烦易怒等阴虚体质者，则不宜吃姜。

3. 晚上吃姜，等于吃砒霜，太危言耸听

古代医书中也有"一年之内，秋不食姜；一日之内，夜不食姜"的警示。确实，秋天气候干燥，燥气伤肺，再吃辛辣的生姜，有点火上加油的感觉。晚上，人体应该阳气收敛，阴气外盛，因此应该多吃清热、下气消食的食物，不宜进食辛温的生姜。

然而，有人就片面地认为："早上吃姜，胜过吃参汤；晚上吃姜，等于吃砒霜。"这也太危言耸听了！如果您的体质属于阳虚体质，一年四季均感到四肢冰冷，那么秋可食姜，夜也可食姜。

4. 烂姜更损肝

腐烂后的生姜不但变味，而且会产生毒性很强的黄樟素，黄樟素可导致肝脏细胞中毒和变性。

（三）安全科学吃蒜

1. 蒜香的诱惑多，刺激大

大蒜素会产生令人生厌的臭味，但这也无法阻止蒜香对人们的诱惑，许多人吃蒜也能上瘾。当然，作为健康保护神的大蒜，并不是吃得越多越好，因为大蒜对胃肠道刺激大，还加重肝的负担。

2. 吃蒜的量

世界卫生组织推荐：一般成年人每天可以吃 2~5 克鲜大蒜头，大致相当于 1 瓣，最多不超过 3 瓣。如果接受不了鲜蒜的气味，那么 0.4~1.2 克大蒜粉、2~4 毫克大蒜油、0.3~1 克大蒜提取物，也大致相当。

另外，大蒜有较强的刺激性和腐蚀性，不宜空腹吃蒜。患有头痛、咳嗽、牙疼、腹泻等疾病时，也不宜食用大蒜。

3. 吃蒜方式

蒜捣碎后吃最佳，因为捣碎后的大蒜，可使蒜氨酸和蒜氨酶相互作用而形成蒜素，其抗菌效果最强。另外，蒜炒熟变甜，但是营养功效会大打折扣。

第五节　小常识

一、农药残留量较高的蔬菜

现代农业已经离不开农药了，我们的餐桌上几乎找不到没喷洒过农药的蔬菜，除非你买昂贵的有机蔬菜。了解什么时候、哪些蔬菜的农药残留量高，这样我们就可以有的放矢地选择蔬菜了。

一般来说，夏季是蔬菜中农药残留量超标的高危季节。这是因为气温高，蔬菜虫害增多，菜农不得不打农药。而且，夏季蔬菜生长快，往往农药还没降解，菜就采收上市了。因此，夏季吃蔬菜特别需要防范。

通常夏季的叶菜类是农药残留量超标的高危品种，以韭菜、青菜、鸡毛菜、芹菜、小白菜、油菜为主，还包括卷心菜、芥菜，等等。这些菜的叶面大，接触农药的面积也大，所以农药残留量相对较高。

相对而言，冬瓜、南瓜、冬笋、山药、甘薯、葱、蒜、番茄、胡萝卜、辣椒等农药残留量较低。

务必注意，有人认为有害虫眼的蔬菜农药少，实际上是一种错误的认识。

二、蔬菜残留农药的去除

农药并不是像我们想象的一样，几百年不分解。目前我国所用农药的毒性越来越小，分解也快，只要是吃到嘴之前半个月以前施的药，通常没有什么太大的问题。

虽说如此，但生活中并不能完全排除因蔬菜残留农药而造成的食物中毒现象以及农药污染导致的各种慢性疾病。为防误食施药时间很近的蔬菜，生活中还是需要小心去除蔬菜的残留农药。一般的去除方法有下述几种：

（1）洗。自来水、洗洁精水、盐水、淘米水以及专门的果蔬清洗剂清洗果蔬都能显著降低农药残留，但它们的洗涤效果没有多大区别。农药是否被洗掉，跟它们的溶解性关系很小，主要是与机械运动有关。如自来水冲洗30秒以上，边洗边搓即可。

（2）去。像土豆、丝瓜、黄瓜这样外表不平的蔬菜比较容易沾染农药，可以用削皮的方式去掉农药。烂了的青菜叶则要去除，切韭菜时，根部可多切些。

（3）烫。清除残留农药最好的方法就是烫。据实验，用沸水漂烫 2~3 分钟，可以去除 90% 以上的农药，同时硝酸盐的含量可显著减少。

（4）放。耐储藏的蔬菜，如大白菜、冬瓜、南瓜储藏一段时间，可不同程度地减少农药残留。

三、吃无土栽培蔬菜的安全问题

我们都知道转基因蔬菜的安全性问题，一直是人们争论的热点。那么吃无土栽培蔬菜安全吗？

黄豆芽和绿豆芽便是我国最早的无土栽培的蔬菜。如今所谓无土栽培法，就是将植物生长所需要的氮、磷、钾、碳、氢、氧、硫、钙、镁九种常量元素，以及铁、硼、铜、锌、锰、氯、钼七种微量元素，按适当的比例配制成溶液来栽培植物。

用这种方法栽培蔬菜的优点是，可节省土地，不需除草和施肥，也可避免由于土壤中存在的细菌和虫卵给植物带来的病害，故不需要喷农药。所以用无土栽培法生产出的蔬菜无污染、味道好、营养价值高，更符合人们的需求。我们完全可在家庭阳台上进行简易无土栽培蔬菜。

目前，一些工业发达的国家在无土栽培方面已实现了工厂化和自动化，利用电子计算机来自动控制培养室的光照、温度、湿度和气体交换等，为植物生长创造了更加适宜的环境和条件，从而大大提高了产量和质量，可为人类生产出更多优质的无污染蔬菜。

长沙海关技术中心黄迎波副研究员指出，无土栽培蔬菜突出的问题是成本高，营养液的配制、调整与管理都需要一些专门的知识。此外，无土栽培中的病虫防治、基质和营养液的消毒、废弃基质的处理等等，也需进一步研究解决。

四、吃反季节大棚菜的安全问题

孔子曰："不时，不食。"古人认为对违背自然生长规律的菜，会导致寒热不调，气味混乱，是绝对不能吃的。如今，我们推广了大棚设施栽培蔬菜，季节性限制突破了，我们可以在冬天吃到各种各样的蔬菜了。

"当熟吃熟"这句话，对于消费者来说，仍然是蔬菜消费的经验之谈。那么大棚菜与时令蔬菜，谁更营养更安全呢？

在营养和味道方面：大棚菜受日照的时间和强度，不如在自然条件下生长的蔬菜。日照会影响蔬菜中糖分和维生素的合成，所以大棚菜的糖分和维生素的含量会比同类的时令蔬菜略低。这也是大棚菜"看似鲜花，嚼如木渣"的缘故。

在农药残留方面：大棚菜的农药残留高于田野菜。原因是，植物在大棚中生长环境相对密集，种植者使用农药的浓度会相应地高于田野；另外，农药自然降解，受时间和阳光、温度影响，大棚内的植物日照时间短，光合作用相对少，未被吸收的农药也会更多地残留在叶子和果实上。

但我们要明白这个道理，大棚菜营养价值比应季蔬菜低些，但是老百姓的菜篮子丰富了，只要大棚菜选购、烹饪得当，大可放心食用。

五、路边的野蘑菇不要采，采了也勿食

我国每年均有误食毒蘑菇中毒死亡的新闻报道。有专家指出，在我国毒蘑菇有 180 多种，其中可致人死亡的至少有 30 多种。

一般人认为，大多数毒蘑菇色泽美丽，然而实际上是色彩不艳、长相并不好的肉褐鳞小伞却极毒；白毒伞是纯白色的，却是致命蘑菇；漂亮的橙盖鹅膏蘑菇，却是著名的食用菌。

毒蝇伞　　　　　　　肉褐鳞小伞　　　　　橙盖鹅膏蘑菇

许多毒蘑菇和食用菌的宏观特征没有明显区别，甚至非常相似，而且至今还没有找到快速可靠的毒蘑菇鉴别方法，有时连专家也需要借助显微镜等工具才能准确辨别，因此一般人也就很容易误食毒蘑菇了。

所以，路边的野蘑菇不要采，采了也勿食。如果不慎误食了有毒蘑菇，应及时采取催吐、洗胃、导泻等有效措施进行处理，并及时送医院诊治。

另外，不能认为，野生食用菌营养价值就一定高于人工栽培食用菌。各种食用菌的外观、味道、产地、栽培条件都不尽相同，在营养素含量方面也

的确有差异，但重要的是，它们亦有很多相似之处，在营养价值方面甚至可以用大致相同来概括。

六、绿叶蔬菜也是补钙的好来源

说到补钙的食物，人们理所当然地认为是牛奶、红肉和虾皮，再不济也是骨头汤。青菜补钙，我们一定会打一个大大的问号。青菜含钙吗？青菜不是含有大量草酸，影响钙的吸收吗？据医学统计，肾结石中的 75% 左右就是草酸钙沉淀。

其实不然，蔬菜不但是维生素、膳食纤维的重要来源，也是矿物质的好来源，更是补钙的好帮手。中国农业大学范志红教授指出，通常摄入 200 克绿叶菜就可达到 300 克牛奶的补钙量。如十字花科甘蓝属的蔬菜，特别是质地脆嫩的常见蔬菜，如大白菜、小白菜、圆白菜、芥蓝、芥菜等，钙含量高，而草酸含量却非常低，通常在 0.1% 以下。通常涩味重的蔬菜草酸含量则高，如鲜竹笋、苦瓜、茭白等。另外，草酸是水溶性的，可通过焯煮的方法除去大部分草酸，以提高钙吸收利用率。

等值蔬菜类交换表

食物	重量（克）	食物	重量（克）
大白菜、圆白菜、菠菜、油菜	500	白萝卜、青椒、茭白、冬笋	400
韭菜、茴香、茼蒿、芹菜	500	倭瓜、南瓜、菜花	350
苤蓝、莴笋、油菜薹、西葫芦	500	鲜豇豆、扁豆、洋葱、蒜苗	250
番茄、冬瓜、苦瓜、黄瓜	500	胡萝卜	200
茄子、丝瓜、芥蓝、瓢儿菜	500	山药、荸荠、藕、凉薯	150
空心菜、苋菜、龙须菜、绿豆芽	500	慈姑、百合、芋头	100
鲜蘑菇、水浸海带	500	毛豆、鲜豌豆	70

注：1. 重量均指生重；2. 每交换份：热量约 377 千焦、蛋白质 5 克、碳水化合物 17 克。

第三章　水　果

水果色泽鲜艳，味道诱人，是人们非常喜爱的一种有益健康的食物。遗憾的是我国居民吃水果的平均数量还太低，而且对吃水果存在许多认识误区，如洋水果营养价值高于国产水果，饭后不宜吃水果，反季节水果不能吃，糖尿病人禁吃水果，等等。那么究竟怎样认识水果、怎样吃水果才是安全且科学的呢？

第一节　水果的营养价值

一、尝遍百果能成仙

水果是指多汁且有甜味的植物果实。水果品种丰富，风味各异，是人们的日常食物之一。全世界水果的种类达 3 000 余种，我国就有 700 多种，而常吃的只有 50 多种。

水果营养价值与新鲜蔬菜有类似之处。水果除了给我们提供丰富的维生素、矿物质外，还能供给有机酸和膳食纤维——有机酸能刺激胃液，膳食纤维能促进肠道蠕动，因此有助于消化和排泄。俗话说得好："尝遍百果能成仙。"科学合理地食用水果能很好地调节、改善人体代谢，预防各种疾病，增进身体健康。

明朝李时珍的《本草纲目》中提及百果时说："丰俭可以济时，疾苦可以备药，辅助粒食，以养民生。"

二、水果既不能替代蔬菜，更不能取代主食

（一）水果不能替代蔬菜

许多人认为水果与蔬菜营养成分相近，所以用水果完全替代蔬菜。

其实，蔬菜品种远多于水果，而且多数蔬菜的维生素、矿物质、膳食纤维和植物化学物质含量高于水果。如大白菜，维生素 C 的含量是苹果的 10 倍，苦瓜维生素 C 含量则更高。另外，不起眼的小油菜，含的钙几乎可以达到牛奶的水平。

反之也不意味蔬菜就能代替水果。水果有它独特的功用，如多数水果中含有各种有机酸，能刺激消化液分泌。故营养学专家推荐"每餐有蔬菜，每日吃水果"。

（二）水果不能取代主食

众所周知，人所需要的营养中最主要的是糖类、脂肪和蛋白质，次要的才是维生素、矿物质等。

水果及蔬菜中的营养物质主要是各种水溶性维生素、糖、叶酸和矿物质，

而缺少蛋白质、脂肪和脂溶性维生素（维生素 A、维生素 D、维生素 E 等），所以把水果、蔬菜当主食并不科学。

第二节　水果种类及食疗作用

一、水果的分类

水果按果实构造的不同，可分为仁果类、柑橘类、核果类、浆果类、复果类和瓜类、坚果类。

（一）仁果类

仁果指果实中心有薄壁构成的若干种子室、室内含有种仁的水果。仁果的可食部分为果皮、果肉。仁果类果品比较耐贮藏。

仁果包括苹果、梨、山楂、刺梨、木瓜、枇杷、沙果、香果、海棠等。

（二）柑橘类

柑橘类水果的果实都是由果皮、瓤瓣、种子组成，其果皮和种子均可入药或提炼香料，外果皮含有芳香油而可作中药材。

柑橘类水果包括橘、柑、橙、柚、金橘、柠檬等，除金橘以果皮为主要食用部分外，瓤瓣是其余柑橘类水果的主要食用部分。

（三）核果类

核果的外果皮薄，中果皮常肥厚多汁，内果皮呈木质，质地坚硬，可以很好地保护其中包裹的种子。核果内果皮中通常只有一枚种子，这是核果独有的特征。核果包括桃、杏、李、梅、樱桃、枣等。

核果成熟后不宜长期贮藏，除了鲜食外，一般多制成果干、果脯和罐头等。

（四）浆果类

浆果类是水果成熟后果肉呈浆液状的一大类果实的总称，主要有葡萄、草莓、树莓、醋栗、猕猴桃、越橘、桑葚、无花果、柿子，以及生长在热带和亚热带的香蕉、杨桃、龙眼、荔枝、人心果等

浆果除了鲜食外，多制成果干、罐头。

（五）复果类和瓜类

复果是由整个花序形成的果实，包括菠萝、

波罗蜜等，其中波罗蜜的营养价值最高，既可鲜食，又可加工成罐头和果汁。

瓜类水果的时令性及地方性强，水分大，可食部分香甜，但不易贮藏。瓜类包括西瓜、甜瓜、哈密瓜、白兰瓜等。

（六）坚果类

坚果的食用部分是种子（种仁）。在食用部分的外面有坚硬的壳，所以又称为壳果或干果。例如栗子、核桃、榛子、开心果、银杏等。

二、常见水果的食疗药效

（一）百果之宗——梨

我国是梨的最大起源地，至少有3 000年的栽培历史。梨的果肉含水分且占90%左右，还有丰富的果糖、苹果酸、柠檬酸、多种维生素成分。

梨，性凉，味甘微酸；有生津润燥、清热化痰功效。如雪梨膏，对肺热咳嗽、咽燥口干、声音嘶哑等有良好的疗效。

（二）心之果——苹果

我国栽培苹果有3 000多年历史。苹果含有果糖和葡萄糖等糖分，以及维生素A、苹果酸、柠檬酸、钾、锌、硒、膳食纤维等多种营养成分。

苹果性平、味甘，具有生津、润肺、健脾、益胃、养心之功效。西方有句谚语："一天一苹果，医生远离我。"

（三）美味佳果——柑橘

柑橘种类繁多，是橘、橙、金柑、柚、枳等的总称。柑橘营养丰富，含有多种有机酸、维生素及葡萄糖、果糖等，且色相艳丽，香气浓烈，甜酸适度，令人闻则思念，望则垂涎，食则甘美。

橘子味甘、酸，性温。有开胃理气、止咳润肺之功效。用于人胸膈结气、呕逆、消渴、伤食、肺热咳嗽痰多等疾病的治疗。

橙子、柚子、柠檬味甘、酸，性寒凉。有生津止渴、开胃宽胸、止呕之功效。

（四）夏季瓜王——西瓜

西瓜，是葫芦科一年生草蔓生植物的果实，又叫寒瓜。西瓜除了水分，还含有瓜氨酸、胡萝卜素、维生素B、维生素C。

西瓜性寒，瓜瓤可消暑、解渴、疗咽喉肿痛、治口疮。俗话说："暑天半只瓜，药物不用抓。"

（五）水晶明珠——葡萄

葡萄果树是地球上最古老的植物之一，也是人类最早栽培的果树之一。葡萄含糖量达10%~25%，葡萄汁含糖量达10%~13%，葡萄干含糖量可高达69%，另有柠檬酸、酒石酸、胡萝卜素、维生素C、维生素B_1及矿物质。

葡萄味甘、酸，性平，有补气血、强筋骨等功效。

（六）水果皇后——草莓

草莓外观呈心形，其色鲜艳粉红，果肉多汁，酸甜适口，芳香宜人，营养丰富，故有"水果皇后"之美誉。草莓中含有丰富的果胶及有机酸以及极为丰富的维生素C。

草莓味甘、性凉，有润肺生津、健脾和胃、利尿消肿、解热祛暑之功效。

（七）铁杆庄稼——柿

柿在我国北方可当粮食，故有"铁杆庄稼"之称。柿子含有大量水分、糖、维生素C、蛋白质、氨基酸、甘露醇等物质，还含有大量黄酮类化合物、单宁等酚类物质。

柿味甘、涩，性寒，有润肺生津、清热止血、涩肠健脾功效。

注意：柿子含单宁物质，具有较强的收敛作用，食之过量，易致舌麻、大便干燥。

（八）长腰黄果——香蕉

香蕉是世界上最古老的栽培果品之一，4 000多年前希腊已有文字记载。香蕉富含多种蛋白质、胡萝卜素、膳食纤维、钾离子。

香蕉味甘、性寒。香蕉具有止烦渴、润肺肠、通血脉、填精髓的功效。

（九）肺之果——桃子

中国是桃子的故乡，对桃子有"寿桃"和"仙桃"的美称。《诗经》云："园有桃，其实之肴。"桃子富含多种维生素、矿物质及果酸等。

桃子味甘、酸，性温。有生津、润肠、活血、消积的功效，亦有肺之果之称，肺病宜食之。

（十）百果之王——荔枝

中国是荔枝故乡，荔枝又称"离枝"，若离开枝干，很快色、香、味全无。唐代诗人张九龄为荔枝作赋曰："味特甘滋，百果之中，无一可比。"荔枝总糖量在70%以上，并含有丰富的维生素和叶酸。

荔枝味甘、性温，有止渴、提神健脑、治疗脓肿和疔疮、改善心胸烦躁不安之功效。

（十一）小神仙果——龙眼

龙眼俗称桂圆，原产我国南方，栽培历史可追溯到两千多年前的汉代。明朝李时珍曾说："食品以荔枝为贵，而滋益则龙眼为良，盖荔枝性热，而龙眼性和平也。"龙眼肉含有丰富的糖类，以及有机酸、粗纤维、多种维生素及矿物质等。

龙眼味甘甜、性温，具有补益心脾、养血安神的功效。

（十二）万果之王——榴莲

榴莲原产东南亚，果实被称为"万果之王"。因榴莲特殊的气味，其臭如猫屎，遂称之为"麝香猫果"，喜欢这种气味的则认为香气馥郁。榴莲是唯一兼具高脂肪、高糖分、高热量的高营养水果。

榴莲性热，味甘，有补血祛湿之功效。榴莲具有高脂肪、高糖分、高热量，具有大补的功效，民间有"一只榴莲三只鸡"的说法。

（十三）热带果王——芒果

芒果之名由 mango 英译而来。芒果果实外观美丽，呈椭圆形，果皮呈柠檬黄色，肉质细嫩、香甜、有特殊风味。

芒果味甘酸、性凉，具有清热生津、解渴利尿、益胃止呕等功效。

注意：鲜芒果中含有单羟基苯或二羟基苯，在不完全成熟的芒果里还含有醛酸，对皮肤黏膜有一定的刺激作用，可发生口唇部位的接触性皮炎，表现为口唇红肿，又痒又痛，重者还会出现水疱和糜烂。

（十四）香甜凤梨——菠萝

菠萝原产于南美的巴西，约于16世纪中叶传入我国。菠萝果实顶端的叶犹如凤尾，果肉黄白色，香甜多汁似梨，故称为"凤梨"。菠萝果肉含糖量达15%以上，其丰富的菠萝蛋白酶有分解蛋白质的作用。

菠萝味甘、微酸，性平，有补益脾胃、生津止渴、润肠通便、利尿消肿诸多功效。

注意：菠萝中含有五羟色胺、甙类、菠萝蛋白酶等易使人过敏的物质，食后可出现口腔发痒。

（十五）岭南果王——番木瓜

番木瓜原产于墨西哥等地。番木瓜含有大量的胡萝卜素、维生素C及能水解多种蛋白质的木瓜蛋白酶。

番木瓜味甘，性寒。能消食健胃，滋补催乳，舒筋通络。番木瓜虽能催乳，但无丰胸作用。

特别说明：市场上的番木瓜绝大部分都属于转基因品种，转入的是抗环斑病毒基因，而且它在我国已批准商业化种植。

（十六）中华奇异果——猕猴桃

猕猴桃原产我国陕西秦岭山脉，因猕猴很喜欢吃，所以取名猕猴桃。猕猴桃含有极丰富的维生素C、胡萝卜素及黄酮类抗氧化物。

猕猴桃味甘酸、性寒，具有清热利尿、散淤活血、催乳、消炎等作用。

（十七）红人参——红枣

红枣由酸枣演变而来，我国红枣的栽培始于7 000年以前。鲜枣含糖量达20%~36%，干枣含糖量达55%~80%，其中维生素C、维生素P极为丰富。

红枣味甘、性温，有补中益气、养血生津之功效。俗语云："一日吃仨枣，红颜不显老。"

（十八）贵宾之果——槟榔

李时珍曰："宾与郎皆贵客之称，海南人凡贵宾，必先呈此果。若邂逅不设用，相嫌恨。则槟榔名义，盖取于此。"清代医生汪昂阐述槟榔的功能："醒能使醉，醉能使醒，饥能使饱，饱中使饥。"

槟榔性温，味苦辛，有杀虫破积、下气行水功效。

注意：长期大量嚼食槟榔是引起口腔癌的一个因素，所以食用槟榔这种休闲小食品，一定要看清标注上的食品添加成分、食用量，还要了解其危害。

第三节 水果的选购、保存

一、如何选购水果

（一）看

新鲜的水果表皮光滑、色泽靓丽；不新鲜的水果则表皮有皱褶，萎蔫、无光泽。自然成熟的水果表皮颜色均匀，而用人工催熟的水果表皮颜色灰暗、色深，有"药斑"等。

（二）闻

品质优良、成熟度恰当的水果芳香扑鼻，变质的水果发酵味、火油味。

（三）捏

自然成熟的水果有弹性，人工催熟的或未成熟的水果手感硬，果实沉。

（四）尝

好的水果主要表现在口味上，如果品尝到不该有的苦味或怪味，就表示水果已经变质，或受到了其他污染。

二、如何保存水果

（一）水果贮藏要低氧、低温、适当湿度

在低氧条件下，有氧呼吸强度较弱，并且抑制了无氧呼吸；水果的保存需要适当的湿度，以保持水果中充足的水分；并且零上低温（如冰箱冷藏）有利于降低酶活性，进而降低呼吸作用强度。

（二）水果会相克

我们会发现，水果存放在一起容易腐烂，我们把这种现象称之为"水果相克"。这是因为有些水果如梨、苹果，会释放出一种无色无味的气体乙烯，乙烯是一种气态荷尔蒙（植物激素），它能使水果成熟，进而发生腐烂。

易催熟其他水果：梨、苹果。可与其他水果共存：橙子、葡萄、猕猴桃、菠萝。易被其他水果催熟：柿子、香蕉。

所以在生活中，你可以利用水果相克原理，加快水果成熟，想长贮藏水果则须单独存放。水果相克不是水果同食而发生的不良反应。

（三）塑料袋保存水果

每个水果用食品级塑料袋包装，既可保鲜，防止水分流失，也可隔离病害，防止交叉感染。但不宜放在塑料袋内长时间贮存。

第四节　安全科学吃水果

一、五果为助，水果少不得

2 400多年前的中医典籍《黄帝内经·素问》提出的膳食构成学说中，就有"五果为助"这一重要内容，即食物不足之处由果品来补助。水果中各种维生素、矿物质、有机酸等物质能很好地改善人体代谢，增进身体健康。

联合国粮食安全委员会的报告称，由于全球气候变暖，将来香蕉（香蕉碳水化合物含量近20%）可能成为数百万人的重要食物来源。

当然，我们不能因为水果的营养价值高，就打破日常膳食的平衡，过量食用水果，更不能因为自己偏好某种水果而大量食用。凡事都有个"度"和"量"，否则过犹不及甚至适得其反，可能会引起身体的不适和病症。

通常吃水果的量每人每天200~350克。

等值水果类交换表

食物	重量（克）	食物	重量（克）
柿、香蕉、鲜荔枝（皮）	150	李子、杏	200
梨、桃、苹果（皮）	200	葡萄	200
橘子、橙子、柚子（皮）	200	草莓	300
猕猴桃	200	西瓜（皮）	500

＊每交换份：热量约377千焦、碳水化合物21克、蛋白质1克。

二、水果要新鲜、多样，且整个吃

（一）吃新鲜水果

水果鲜吃，既有水果原有的风味，且营养物质不被破坏。而罐头水果经过高压处理以后，维生素的含量没有新鲜水果高。

应特别提醒，因为切开的水果容易流失营养及受细菌污染，所以不宜在水果摊上买切开的水果。

（二）吃多样水果

水果品种越多越好，且一天至少食用 4~5 种。深色水果的营养价值优于浅色水果，颜色愈深其维生素C、胡萝卜素、抗氧化剂及矿物质等营养物质愈高。

深色水果有绿色（猕猴桃等）、红色（红葡萄、西瓜、红枣、山楂等）、黄色（芒果、黄杏、黄桃、香瓜、柑橘等）、紫色水果（山竹、紫布林、紫葡萄等）。

（三）吃全水果

有些人喜欢"喝"水果，即榨汁后取汁去渣，这样等于把膳食纤维给滤掉了，水果的作用也就打了折扣。从营养价值高低来讲，新鲜水果＞鲜榨果汁＞高营养果汁＞一般的果汁饮料。

这是因为，"全"水果（即果肉和果汁不分离的水果），它含有丰富的维生素、膳食纤维、矿物质。另外，全水果热量低，其所含丰富的纤维还能给你带来饱腹感并有助于消化。

当然有些病人和老人，牙口不太好，喝果汁确实比较方便。打果汁时最好将果肉、果汁混在一起喝。

三、吃水果要掌握"四性"

中医学一般将水果分为寒、凉、温、热四性。

寒凉类水果有柑、香蕉、雪梨、柿子、西瓜、香瓜等，体质燥热者宜吃，体质虚寒者慎食。燥热体质的人代谢旺盛，产热多，交感神经占优势，容易发热，经常脸色红赤，口渴舌燥，喜欢吃冷饮，易烦躁，常便秘。

温热类水果有枣、栗、桃、杏、龙眼、荔枝、葡萄、樱桃、石榴等，体质虚寒的人宜吃，体质燥热者慎食。虚寒体质的人基础代谢率低，体内产热量少，四肢冰冷。

相对而言，一些水果在寒凉和温热之间，如微凉、微温，如梅、椰、枇杷、山楂、苹果等。这类水果适宜于各种体质的人，我们通俗地认为这是平性水果。

四、水果的食用时间，没有特殊的禁忌

有人说饭前吃水果好，也有人说饭后吃水果好，还有人煞有介事地说，"早餐吃水果是金，午餐是银，晚餐是铜。"

其实水果的食用时间，没有什么特殊的禁忌。

（1）餐前。饭前吃水果可填充胃，产生饱感，减少进食量，对控制体重最为有利。当然饭前吃的水果不宜特别酸涩。

（2）餐中。进餐时吃含有水果的食物，把它当成菜肴的原料，或者作为一道餐后的甜点少量食用，也是不错的选择。有些人进餐时不吃水果仅是习惯问题。

（3）餐后。餐后如果感到胃内食物不多也不油腻，吃点水果也无妨。但正餐已经吃饱，就不要再勉强吃了，否则会造成过度饱胀，带来额外的能量。另外，餐后不宜吃大量冰凉的水果，否则会影响消化吸收，甚至造成胃部不适。

（4）睡前。睡前一二小时吃水果应该是可以接受的，临睡前则不宜吃水果，包括其他食物。

五、果汁不宜送药

临床药理学家确认，有 50 多种药物会与果汁发生化学反应。因果汁或清凉饮料中的果酸及维生素 C 容易导致药物提前分解或溶化，不利于药物在小肠内的吸收而降低药效。

如柚子汁、橙汁和苹果汁会影响部分抗过敏药、心脏病药、癌症药和抗感染药的功效。特别是解热镇痛药，如阿司匹林本来就对胃黏膜有刺激作用，果酸则可加剧胃壁的刺激，甚至可造成胃黏膜出血。

同时，果汁还会放大一些药物的药效，使体内药物水平突然升高，造成危害。所以说服药最好用白开水，最好服药 1 小时后才能饮用果汁、饮料及蔬菜汁。

六、水果酵素只是一种生活消遣

酵素时下相当流行，该产品被宣传为具有美容、瘦身、排毒功能，国人在日本抢购物品中，酵素类产品一直是名列前茅。如今自制水果酵素，也悄然在我们生活中流行起来，它也竟然成为人们公认的、神奇的保健食品了。

其实自制水果酵素的保健功能，实在是不靠谱。它只是一种生活消遣方式，对健康全无意义。

首先，让我们了解一下酵素。酵素是个日本人的叫法，其实就是酶。酶是具有催化活性的蛋白质。含酶的食物，在胃酸作用下，会失去活性。在口服的酶制剂中，只有那些改善胃肠消化功能的酶（如酵母）等才能发挥作用。

其次，水果酵素制作流程大致就是把某种水果加上糖，密封发酵，最后就得到了产物。我们吃的泡菜是蔬菜发酵而来的，酱油是大豆发酵而来的，酸奶是牛奶发酵而来的，经过几百年甚至更长时间的摸索和试错的传统工艺，相对较安全，而自制水果酵素的不确定性很大。

即使在日本酵素类食物，只能标记为营养食品，不能标记为保健食品，更谈不上药品了。为了营养和健康，还是直接把水果吃了要明智得多。

七、糖尿病人吃水果的注意事项

饮食疗法是糖尿病的基本治疗方法，也是治疗糖尿病的关键。很多糖尿病人严格禁食，不敢吃水果，有些人甚至到了谈水果色变的程度，其实大可不必。中南大学湘雅附二医院代谢内分泌科医学博士彭依群副教授鼓励患者摄入水果。糖尿病人完全可享受吃水果的乐趣，但要注意以下几点：

（一）吃水果的时机

当血糖控制比较理想，即空腹血糖能控制在 7.6 毫摩尔 / 升，餐后 2 小时血糖控制在 9.8 毫摩尔 / 升以下，糖化血红蛋白控制在 7.5％以下，且近期血糖无波动时就可以吃水果。

（二）吃水果的时间

水果一般作为加餐食用，也就是在两次正餐中间（如上午 10 点或下午 3 点）或睡前 1 小时吃。如果在餐前或餐后立即吃水果，则宜适当减少一些主食量。

（三）吃水果的数量

根据水果对血糖的影响，每天可食用 200 克左右的水果（可提供约 377 千焦的热量），同时应减少半两（25 克）的主食。

（四）吃水果的种类

各种水果的碳水化合物含量为 6％～20％。应选择含糖量相对较低及升高血糖速度较慢的水果，不同的糖尿病人对此可能有一定的差异，可根据自身的实践经验做出选择。

一般而言，只有部分水果，如西瓜、香蕉、菠萝、火龙果等升糖指数（GI）较高，升血糖较快，而其余大部分水果，如苹果、梨、葡萄、桃、橘子等，升糖指数（GI）较低，升血糖不快。

常见水果的升糖指数（GI）、血糖负荷（GL）

（每100克可食部分含量）

种类	能量（千焦）	碳水化合物（克）	GI	GL
樱桃	194	10.2	22.0	2.2
李子	157	8.7	24.0	2.1
柚	177	9.5	25.0	2.4
鲜桃	212	12.2	28.0	3.4
梨	211	13.3	36.0	4.8
苹果	227	13.5	36.0	4.9
柑橘	215	11.9	43.0	5.1
葡萄	185	10.3	43.0	4.4
猕猴桃	257	16.0	52.0	8.3
香蕉	389	22.0	52.0	11.4
芒果	146	8.3	55.0	4.6
菠萝	182	10.8	66.0	7.1
西瓜	108	5.8	72.0	4.2
杏干	1416	83.2	31.0	25.8

1. 当 GI ≤ 55 时为低 GI 食物，当 GI 在 55 ~ 75 时为中等 GI 食物；当 GI ≥ 75 时为高 GI 食物。

2. GL(血糖负荷)是将摄入碳水化合物的质量和数量结合起来评估膳食总的血糖效应的指标。GL ≥ 20 时为高 GL，提示食用相应重量的食物对血糖影响明显。

八、吃水果好习惯要从娃娃抓起

培养爱吃水果的好习惯要从娃娃抓起。

在生活中，经常可以看到一些儿童偏食、挑食，其中不爱吃蔬菜和水果的儿童占 1/3 以上，这与家长在孩子婴幼儿时期从奶类食物到其他食物过渡时的喂养方式不当有关。

婴儿 4~6 个月开始添加辅食，可给他们榨各种蔬果汁喝；到 8 个月时，可接受糊状或颗粒状的蔬果了；1~3 岁的幼儿可啃吃水果条。在这个过程中，要充分让孩子品尝到水果的美味，享受水果给他们带来的快乐。

注意：婴幼儿的饮食应尽量保持均衡，奶类、蛋类、鱼虾类、肉类、蔬菜、粮食等与水果一样重要。

九、慎吃反季节水果，只是个提议

反季节水果并无危害，慎吃反季节水果只是个提议。

（一）从技术上来说

反季节水果是在温室里通过大棚设施、提高室温等手段改变生长环境，从而让植物的成熟季节提前，本身并没有什么危害。

（二）从营养学的角度来说

反季节水果糖和维生素的含量会比同类的时令水果略低，但并没有资料证明反季节水果就不好。

（三）从农药残留方面来说

野外生长的水果日照时间长，农药自然降解速度快。反季节水果在室内生长，农药残留稍高于田野水果，但只要果农控制得当，也不成问题。

十、不要过于恐惧催大催熟的水果

为什么水果没有小时候的好吃呢？这其中很重要的一个原因是我们买到了用植物生长调节剂催大催熟的水果。催熟的水果又称早熟水果，催熟的水果是否危害我们的身体健康呢？那要看催熟的水果是使用什么样的催熟剂以及催熟剂的用量和方法。

我国目前用于催熟果蔬的植物激素主要是乙烯利。乙烯利能促进果实成熟，如让青香蕉变黄。这些化合物自身很容易降解与代谢，正规研究单位和水果批发市场采用的催熟方法一般不会对人体有害。如我们常吃的猕猴桃、西红柿、香蕉长期以来都是后期催熟的。

如果买到形状、颜色特别"另类"的催熟水果，如中间有空心、形状硕大且不规则的草莓，条纹不均匀、瓜瓤鲜艳、瓜子白色的西瓜，乙烯利催熟剂浸泡紫红葡萄等。这可能是使用催熟剂不当造成的。

另外，有人认为催大催熟的水果，可导致孩子早熟。从事植物检疫研究的益阳海关张磊副关长否认这种说法，其实植物的催熟剂和人体的激素，从化学结构到生理功能都不是一回事。防止孩子早熟，主要控制好肉类、奶类等食品的摄入。

第五节 小常识

一、轻松快捷地巧洗水果

市场上有各式各样的水果，通常带皮的水果先在水中清洗一下，如橘子剥皮，梨、苹果削皮后便可放心大胆地吃。

然而，草莓、葡萄、杨梅等水果表面的病菌、寄生虫及其他污染物却不太好清洗。下面教你轻松快捷地巧洗水果：

杨梅：将杨梅清洗干净后，用盐水浸泡20～30分钟，再用清水冲洗干净。

桃子：在水中加少许盐，将桃子直接放进去泡一会儿，然后用手轻轻搓洗，桃毛也都全掉了。

葡萄：将葡萄一颗一颗摘下来放在水盆里，再撒一些天然吸附剂——面粉，吸掉水果表面的脏污及油脂。

草莓：首先用流动自来水连续冲洗几分钟，再把草莓浸在淘米水或淡盐水中约几分钟，再用干净水冲洗即可。洗草莓前不要把草莓蒂摘掉。

苹果：苹果过水浸湿后，在表皮放一点盐，然后双手握着苹果来回轻轻地搓，这样表面的脏东西很快就能搓干净。

如果你仍不放心水果皮上的农药残留，用开水烫一下，也是行之有效的方法。

二、果蔬清洗剂及清洗机清洗水果

（一）果蔬清洗剂

传统的果蔬清洗法是采用清水或盐水浸泡、冲刷，但其去除毒性物质及细菌、霉菌的效果却不尽如人意。而果蔬清洗剂主要有效成分是表面活性剂，有助于水溶性较差的物质溶于水中。人们用自来水，再加低浓度的果蔬清洗剂，短时间浸泡后，用流水反复冲洗，可以有效降低果蔬中有毒物质的含量。

但是要注意，果蔬清洗剂不是万能的，对水溶性强的有机磷农药无特殊效果。

（二）果蔬清洗机

果蔬清洗机的原理一般是，机器中发出的臭氧是一种强氧化剂，而农药是一种有机化合物，臭氧消毒水通过强氧化破坏有机农药的化学键，使其失去药性，同时杀灭表面的各种细菌和病毒，以达到清洗的目的。

但有研究结果表明，用臭氧水处理小白菜等叶类蔬菜时，需要考虑臭氧对蔬菜中维生素C的破坏作用。

三、吃水果是否要去皮

许多水果皮中含有非常丰富的营养物质，如皮和皮下往往是抗氧化成分含量最高的部分，果皮中维生素和矿物质及膳食纤维也非常丰富，例如100克苹果皮含维生素C 60毫克，而苹果果肉只含12.5毫克。因此，营养学家认为凡是可以连皮吃的水果都不要去皮。

而如今，因在水果生长过程中很可能使用了多种农药，在采摘后上市前也可能用过激素催熟，或在储存过程中在表皮上涂蜡（食用蜡），所以为了安全，许多人吃水果还是选择先去皮。

其实，消费者对农药问题不必过分担忧，因为有机磷农药残留期较短，几日内即可分解。另外，水果化学保鲜剂含量也非常有限，少量食用涂蜡也非常安全。选购绿色食品或有机食品认证的水果，认真清洗后完全可带皮吃。

如果你不能保证水果的安全性，可选择去皮吃，或用开水烫一下，也可将水果皮上的农药大大降低。

四、果蜡是一种食品添加剂，合理使用不必担心

水果表面本身带有的天然果粉，如同一层蜡涂在水果表层，可有效防止外界微生物、农药等入侵果肉，起到保护作用，对人体完全无害。

天然果蜡受天时、地利的影响，产生量非常少。所以，人发明了一种人工添加的食用蜡（吗啉脂肪酸盐）。水果打蜡后不仅防病菌、防虫，还可以保护水果外皮，提高光泽度，防止水分蒸发，保留水果鲜香。食用果蜡是一种食品添加剂，合理使用，对人体无害。

当然，我们要当心，一些不法商贩使用工业蜡给苹果打蜡，其中所含的汞、铅可能通过果皮渗透进果肉，给人体带来危害。食用蜡与工业蜡，肉眼很难鉴别，这需要加强市场监督和管理。

去除果皮上的蜡可任选一种：一削皮，二热水冲烫，三用盐或丝瓜瓤搓洗。

五、烂水果的有害物质能否一削了之

水果腐烂后，只将腐烂部分挖去，即可食用，这种做法极不正确。

水果含水量高，适宜霉菌生长。水果霉变部位中含有一种名为展青霉素的毒素，它对神经、呼吸和泌尿系统均有一定程度的损害，是神经麻痹、肺水肿、肾功能衰竭等疾病的诱发因素。然而距离腐烂部分1厘米处看似正常的水果

部位，仍可检验出展青霉素等毒素。

因此，为了健康，吃水果一定
要选择表皮色泽光亮、肉质鲜嫩、
有香味的新鲜水果。如果一个水果
腐烂了三分之一，就要丢弃。

水果除了烂一点点地方，其他看起来好的地方也含毒素，不要吃

六、生瓜果敷面需谨慎

近年来越来越多的女性喜欢并尝试采用生瓜果敷面美容。医学专家提醒：瓜果中果酸浓度超高时，具有腐蚀性。另外一些女性皮肤较为敏感，用生瓜果敷面使用不当会对皮肤有很大的损伤。

瓜果中的果酸具有减少皮肤角质层的聚合力，降低角质层的厚度及去除角质的作用，对促进皮肤真皮层胶原蛋白的纤维增生及重新排列确有一定的作用。但果酸浓度超高时，具有强烈的腐蚀性，生瓜果敷面应用不当，往往会适得其反。同时一些女性皮肤较为敏感，很容易过敏，应谨慎使用生瓜果敷面，以免造成不必要的麻烦。

七、水果标签上的数字是什么意思

在市场上我们会发现，许多进口水果每个标签上都有4位或5位阿拉伯数字编码（称为PLU）。水果标签上的数字是有意义的，其实这就是水果的身分证。

标签上的4位数字一般由"3"或"4"开头，代表传统方法种植的普通水果，仅区分不同水果尺寸、产地等，无种植方式和质量的差别。如果是5位数，特别是前面加"8"或"9"组成的代码，就表示它不是普通水果，以"8"开头表明是转基因产品，以"9"打头则表明是有机农产品。如"84011"代表"转基因小富士苹果"，"94011"则代表"有机小富士苹果"。

在我国许多人觉得，贴上标签的水果显得更高档、更有品质，所以有许多商家为了卖相更好，不管什么样的水果均贴上一个标签再说。其实标签使用的黏合剂大多含有苯等物质，而无苯的环保黏合剂造价成本高，所以市场占有率较低。苯是有毒的，水果、蔬菜裸贴标签、绑胶带均可能存在安全隐患。

第四章 肉 类

随着生活水平的逐渐提高，国内家庭餐桌上的肉类食品也丰富起来了。据统计，我国居民动物性食物日人均摄入量翻倍地增长，脂肪供能显著增高了，已超出人体所需的上限。

另外，我国居民肉类食品中以猪肉为主，占总体肉类食品的比例为 38.5%，禽类及鱼只有 15%。猪肉脂肪含量极高，不利于心血管病、肥胖等疾病的预防。那么怎样科学吃肉呢？

第一节 吃肉的利与弊

一、吃肉是人生"快乐之本"

肉是人类饮食中最重要的一类食物，普遍地受人喜爱。肉类食物的原料为各种动物身上可供食用的肉及一些其他组织，经过不同程度及方法的加工而成。

肉作为食物，在我们的一般概念中，享有一种特殊的地位。较之谷类、蔬菜、水果等其他类的主要食物，肉类往往被认为是更为高级也更为难得的食物。

肉类营养丰富，肉类食物中含有丰富的脂肪、蛋白质、矿物质和维生素。食肉使人更能耐饥，长期食用，还可以帮助身体变得更为强壮。此外，人食用肉类食物，可以刺激消化液分泌，有助于消化。

最近，英国科学家的一项研究发现，脂肪含量高的食物，会刺激大脑中的"快乐中心"。美国《精神疗法与身心医学》杂志刊登的澳大利亚一项最新研究发现，女性适量摄入红肉可以防止抑郁症和焦虑症。这也许就是为什么许多人喜欢吃油腻食物和吃肉的原因。所以有"无酒不成席，无肉不成餐"之说。

二、吃肉多多，肉味越美，危害也越大

（一）吃肉过多，危害也多多

吃肉原本是人生快乐之事，但"五畜适为益，过则害非浅"，一个益字，说明了肉为补养作用，而不能成为主要食物。中国人把餐桌上的肉食食品称为荤菜，中国文字中的"荤"字与"昏"同音，也就是说肉吃多了易出现混乱，进而大脑迷糊糊、发昏。

大自然对人类进化过程的设计，本来就没有打算让我们吃这么多肉。20万年前人类开始从素食环境逐步进化走向杂食。近100年内，随着科学技术的发展，吃肉不再是贵族的享受，人类吃肉的量才显著上升。

人体解剖结构也说明人类不适合吃太多的肉。如人的肠子结构和牙齿结构与草食动物相近，而食肉动物老虎、狮子的肠子又短又直，前齿尖锐且细长。

现代医学研究表明食肉过多对人体伤害大，主要伤害如下：

（1）消化率降低，极大地浪费蛋白质。

（2）代谢废物增加，加重肾脏的排泄负担。

（3）体重增加，导致各种慢性疾病的发生。

（4）性发育提前，导致身心疾病。

注：性早熟是指女孩 8 岁前出现乳房发育、阴
毛发育、短期内生长加速，或 10 岁前出现月经初潮；男孩 9 岁前出现睾丸增
大、阴毛发育、喉结变大，声音变得沙哑低沉，生长过快。13 岁前出现变声、
遗精，都应及时到儿科内分泌专科就诊。

（二）肉味越美，危害反而越大

俗话说得好："要使肉香，肥肉也必须多。"足够量的脂肪才能给肉带
来柔嫩多汁、香气浓郁的口感，这是因为，在烹调中，肉的特殊香味来源于
脂质氧化生成的降解产物及其参与美拉德反应。

欧美人喜欢用"雪花牛肉"来烤着吃，而我们则喜欢把用肥牛和肥羊做
成的肉片涮火锅吃。另外，我们忠爱的食材，如排骨、鸡翅，其实是猪身上
和鸡身上脂肪最多的部位之一。而含脂肪少的鱼类肉、贝类肉，我们往往会
再加点油，以便更进一步改善口味。

所以说，越美味的肉，往往脂肪含量也越高，危害反而越大。

第二节　肉类食物的分类及利弊

一、肉类食物的主要品种

肉类食物中，人食用得最多的是畜肉、禽肉和鱼类等。

（1）家畜一般是指由人类饲养驯化，且可以人为控制其繁殖的动物，如
猪、牛、羊等动物。

畜肉是指猪、牛、羊等牲畜的肌肉、内脏、头、蹄、骨、血及其制品。

（2）家禽是指人工豢养的鸟类动物，如鸡、鸭、鹅等。

禽肉是指鸡、鸭、鹅、火鸡、鸽、鹌鹑等的肌肉、内脏及其制品。

（3）鱼类是最古老的脊椎动物。它们几乎栖居于地球上所有的水生环境，

从淡水的湖泊、河流到咸水的大海和大洋，如青鱼、草鱼、鳙鱼、鲢鱼、鲤鱼、鲈鱼、黄鱼、带鱼等。

鱼肉是指各种可食用鱼的肉及其制品。鱼体的其他部分可制成鱼肝油、鱼胶、鱼粉等。

（4）甲壳类动物（虾蟹等）或双壳类动物（牡蛎、蛤蜊等）等。

二、"红肉"与"白肉"

红肉是一个营养学上的名词，指的是在烹饪前呈现红色的肉，具体来说包括猪肉、牛肉、羊肉、鹿肉、兔肉等。所有哺乳动物的肉都是红肉。

红肉的颜色来自哺乳动物肉中含有的肌红蛋白。肌红蛋白是一种蛋白质，能够将氧传送至人或动物的肌肉中去。

白肉是鸟类（鸡、鸭、鹅、火鸡等）、鱼、爬行动物、两栖动物（青蛙）、甲壳类动物（虾蟹等）或双壳类动物（牡蛎、蛤蜊等）等非哺乳动物的肉，它们都不是红色，所以称之为白肉。尽管如三文鱼、煮熟的虾蟹等都是红色，也不能算作红肉。

红肉与白肉的区别在于，红肉的肌肉纤维粗硬、脂肪含量较高，脂肪中主要是饱和脂肪酸且含量高。而白肉肌肉纤维细腻，脂肪含量较低，脂肪中不饱和脂肪酸含量较高。

三、红肉和白肉的利与弊

"地上跑的，不如天上飞的；天上飞的，不如水中游的。"这句话的意思是说鱼、虾、鸡、鸭等白肉，优于猪、牛、羊等红肉。白肉某些营养价值确实优于红肉，但红肉也有其白肉不可替代的营养成分。白肉与红肉各有利弊。

（一）白肉的利与弊

1. 利

白肉肌肉纤维细腻，脂肪含量较低，脂肪中不饱和脂肪酸含量较高。不饱和脂肪酸中的亚麻酸、亚油酸是大脑、眼睛、关节、血液以及免疫系统所必需的，但在人体中不能合成，必须从食物中摄取。

医学上发现，适当吃白肉可以降低心血管疾病的发病率，延长人的寿命。

2. 弊

白肉虽好，但吃法不正确或过量也会有害，因为不饱和脂肪酸不稳定、易氧化，尤其是高温处理时极易被破坏，血液中的血脂和坏胆固醇正是脂肪被氧化后形成的固化物堆积所致。

（二）红肉的利与弊

1. 利

红肉中较多的饱和脂肪酸也并非一定有害，人们不应该完全拒绝吃红肉。如红肉富含矿物质尤其是铁元素，更是白肉所不能替代的。红肉中也含有丰富的蛋白质、锌、烟酸、维生素 B_{12}、硫胺、核黄素和磷等，红肉里的维生素还能促进人的生长发育，还不会让人的胆固醇升高。

2. 弊

红肉的脂肪中主要是饱和脂肪酸且含量极高。如猪肉脂肪的饱和脂肪酸含量为 35%～45%，牛肉为 45%～55%，羊肉为 50%～60%。医学发现，过多地摄入红肉或对红肉不正确的加工方式，均会导致心血管疾病的发病率升高。

不同品种的肉营养成分对比（每 100 克含量）

	猪肉	牛肉	羊肉	鸡肉	鸭肉	鱼肉
蛋白（克）	13.2	20.8	20.3	16.4	20.1	19.2
脂肪（克）	7.1	4.6	6.8	4.3	3.1	3.5
热能（千焦）	599	515	678	511	427	456

四、猪肉、牛肉、羊肉食疗药效

（一）猪肉

猪肉纤维较为细软，结缔组织较少，肌肉组织中含有较多的肌间脂肪，因此，经过烹调加工后肉味特别鲜美。

猪肉味甘咸、性平，有补肾养血、滋阴润燥之功效。

须注意，历代医家认为："猪，为用最多，惟肉不宜多食，令人暴肥，盖虚肌所致也"。猪肉脂肪含量高，平均为 7.1%。在肉类当中，猪肉应该是人们相对靠后的选择。

（二）牛肉

牛肉是优质蛋白质，且脂肪含量相对较低，是全世界人们都爱吃的食品，因味道鲜美，享有"肉中骄子"的美称。

牛肉味甘、性平，有补脾胃、益气血、强筋骨、消水肿等功效。古有"牛肉补气，功同黄芪"之说。

注意：牛肉的纤维不易消化，老人、幼儿以及消化能力弱的人应选择吃嫩牛肉。

（三）羊肉

羊肉有山羊肉、绵羊肉、野羊肉之分。羊肉是高品质的蛋白食品，其钙、铁、维生素D的含量相对猪肉和牛肉来说更高。尤其是羊羔肉，被称为"肉之上品"。

羊肉味甘、性温。《元史》记载的著名医家李杲说："羊肉如同人参，能补血之虚，补有形肌肉之气。"

注意：明火熏烤的羊肉串虽然好吃，但是不可多吃。

五、鸡肉、鸭肉食疗药效

（一）鸡肉

鸡肉和牛肉、猪肉比较起来，其蛋白质更为优质。

鸡肉性温，味甘，有补脾、滋补血液、补肾益精之功效。

（二）鸭肉

鸭肉的营养价值与鸡肉相仿，其不饱和脂肪酸接近橄榄油。

鸭肉味甘、性寒。有滋补、养胃、补肾、消水肿、止热痢、止咳化痰等作用。

须注意：烤鸭是一道美食，鸭皮脂肪含量高，烤焦的鸭皮中也有一定的致癌物质，不宜多吃常吃。

六、鱼肉食疗药效

(一) 淡水鱼

1. 鳙鱼

鳙鱼又名胖头鱼，为初级淡水鱼，栖息在江河、水库、湖泊的中上层，属滤食性，以细密的鳃滤食浮游生物，性情温和。

鳙鱼性温、味甘，具有疏肝解郁、健脾利肺、补虚弱、祛风寒、益筋骨的功效。

2. 鲢鱼

鲢鱼又称白鲢，初级淡水鱼，栖息于江河、水库及湖泊的上层水域，性急躁，善跳跃。属杂食性，以浮游藻类及有机碎屑为食。

鲢鱼为温中补气、暖胃、泽肌肤的养生食品，适用于脾胃虚寒体质、溏便、皮肤干燥者，也可用于脾胃气虚所致的乳少等症。

3. 草鱼

草鱼亦称鲩，为初级淡水鱼，栖息于河川、水库、湖泊的中下水域，游泳迅速，性情活泼，常成群觅食，以草为主。

草鱼味甘、性温，有暖胃和中、平降肝阳、祛风、治痹、明目之功效。

4. 鲫鱼

鲫鱼为初级淡水鱼，栖息于河川中下游水草较多的浅水区域、溪流或静水水体，以藻类及小型底栖甲壳类为食。

鲫鱼性平、味甘，有和中补虚、除羸、温胃进食、补中生气之功效。

5. 青鱼

青鱼为初级淡水鱼，多栖于江河、湖泊的中下层，主要以蚌、蚬、螺等软体动物为食，也食虾和昆虫的幼体。

青鱼味甘、性平，有补气、养胃、除烦懑、化湿、祛风、治脚气、强脚力之功效。

6. 才鱼

才鱼学名乌鳢，栖息于淡水底层。它生性凶猛，繁殖力强，胃口奇大，以鱼虾和水生昆虫为食。

才鱼性寒、味甘，有祛风治痹、补脾益气、利水消肿之功效。

7. 鳜鱼

鳜鱼，又称桂鱼，多栖于江河、湖泊和水库的底层，冬季往往游到深水越冬。主要捕食小型鱼类及虾类。

鳜鱼，味甘、性平，有补气血、益脾胃之功效，特别适用于气血虚弱体质。

8. 鲈鱼

鲈鱼俗名五道黑，喜栖息于沿海，也可生长在通海的淡水区及江河中，为常见的经济鱼类之一。鲈鱼性凶猛，以鱼、虾为食。

鲈鱼味甘、性平，有健脾、补气、益肾、安胎之功效。

（二）海产鱼

1. 黄鱼

黄鱼，有大、小黄鱼之分，又名黄花鱼。大、小黄鱼，同属石首科黄鱼属的两个品种。

大黄鱼为暖温性近海集群洄游鱼类，主要栖息于 80 米以内的沿岸和近海水域的中下层。

小黄鱼又称小鲜、小黄花、小黄瓜鱼。小黄鱼为近海底层结群性洄游鱼类，栖息于泥质或泥沙底质的海区。

黄鱼性平，味甘，功效有健脾、益气、开胃。

2. 带鱼

带鱼又叫刀鱼或镰刀鱼。主要分布于西太平洋和印度洋，在中国的黄海、东海、渤海一直到南海都有分布。带鱼性凶猛，主要以毛虾、乌贼为食。

带鱼性温，味甘、咸，有补脾、益气、暖胃、养肝、补气、养血的作用。

3. 三文鱼

三文鱼也叫大马哈鱼，学名叫鲑鱼，是一种生长在加拿大、挪威、日本和美国等高纬度地区的冷水海域鱼类。

三文鱼性平、味甘，具有补虚劳、健脾胃、暖胃和中的功能。

须注意：货真价实的三文鱼为深海鲑鱼，通常是在冷藏条件下从国外运来的海鱼，基本上可以生吃。然而市场上从冷水塘养的虹鳟，也被称之为三文鱼，是不科学的。长沙海关动植检处杨仲景科长认为，虹鳟虽与三文鱼同目同科，有亲密的亲缘关系，但虹鳟营养价值及经济价值不能与三文鱼同日而语，且寄生虫感染率高。目前，美国食品药品监督管理局(FDA)已明文规定：虹鳟鱼在食品包装上不得标注为鲑鱼。

另外，三文鱼中的有益脂肪酸在高温下也最容易氧化，烹饪到七成熟时便可。但吃不全熟的三文鱼时，需要有品质作保障，要从正规渠道购买合格的产品，且鱼肉要新鲜。

（三）鳝鱼和泥鳅

鳝鱼（也叫黄鳝）和泥鳅有鱼的基本特性，是以鳍游泳，以鳃呼吸，是终生生活在水中的脊椎动物，但它们也有与其他鱼类不一样的特殊之处，它们是无鳞鱼，这两种鱼在离水无氧环境下生存能力较强。

1.黄鳝

黄鳝是生活在淡水中的底栖鱼类，在河道、湖泊、沟渠及稻田中都能见到其身影。

黄鳝肉味甘、性温。有补血、补气、消炎、消毒、除风湿等功效。

须说明，人工养殖的黄鳝肥大，这主要是饲料充足、营养好、运动少之故，并非人们所说是靠吃激素（避孕药）催肥。农业部黄鳝行业专项首席专家杨代勤研究表明，黄鳝吃了添加激素的饲料后，可能导致体内代谢紊乱，增加了身体脂肪的沉积，随之表现出抗病力差，甚至死亡。

2.泥鳅

泥鳅属底层鱼类，常见于底泥较深的湖边、池塘、稻田、水沟等浅水水域。

泥鳅味甘、性平，有调中益气、祛湿解毒、滋阴清热、通络、补益肾气之功效。

须注意：

(1) 泥鳅、黄鳝寄生有鄂口线虫，吃泥鳅、黄鳝时一定要熟透，不然它会像无头苍蝇那样在人体内乱转，甚至钻进眼睛里，钻进大脑中。

(2) 泥鳅、鳝鱼一旦死亡就和蟹、鳖一样，体内细菌大量繁殖并产生毒素，故以食用鲜活泥鳅、黄鳝为宜。

（四）甲鱼、墨鱼

在我们的生活当中，有许多叫"鱼"的鱼，其实并不具备用鳃呼吸、用鳍游泳、终生不离水等鱼性特征，因此都不是鱼，是非鱼之鱼。

1. 甲鱼

甲鱼又称团鱼，学名鳖，在水底的泥沙中生活，喜食鱼、虾等小动物，也吞食青草以及谷物等。

甲鱼肉味甘、性平，具有滋阴清热、补肾健胃、滋肝益气、凉血养血等多种功效。

2. 墨鱼

生物学家、水产专家将墨鱼归属于贝类，因墨鱼能像鱼类一样在水中遨游，人们习惯称它为墨鱼，也叫它乌贼。

墨鱼味咸、性平，具有养血、通经、催乳、补脾、益肾、滋阴、调经、止带之功效。

七、虾、蟹食疗药效

甲壳动物因身体外披有"盔甲"而得名。世界上的甲壳动物的种类很多，大约有2.6万种。虾、蟹等甲壳动物营养丰富，味道鲜美，具有很高的经济价值。

（一）虾

虾是一种生活在水中的长身动物，属节肢动物甲壳类。

虾味甘、咸，性温，有壮阳益肾、补精、通乳之功效。

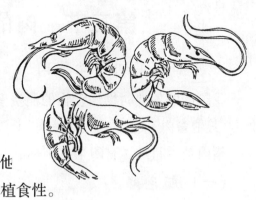

（二）蟹

大部分蟹类生活于海中，与许多其他多食腐。但有许多种为掠食性，有的为植食性。

螃蟹（蟹的俗称）性寒、味咸，有清热解毒、补骨添髓、养筋接骨、活血祛痰、利湿退黄、利肢节、滋肝阴、充胃液之功效。

注意：螃蟹性寒又是食腐动物，不宜生吃，吃时最好沾点祛寒杀菌的调味品如姜末、蒜泥、醋汁。

八、牡蛎、蛤蜊、螺食疗药效

（一）牡蛎

牡蛎，俗称蚝，别名蛎黄、蚝白、海蛎子。鲜牡蛎肉青白色，质地柔软细嫩。欧洲人称牡蛎是"海洋的牛奶"。

牡蛎味咸、涩，性微寒，具有平肝潜阳、镇惊安神、软坚散结、收敛固涩的功能。

（二）蛤蜊

蛤蜊营养丰富，其肉质鲜美无比，被称为"天下第一鲜"，甚至民间还有"吃了蛤蜊肉，百味都失灵"之说。

蛤蜊味咸、性寒，有润五脏、止消渴、开胃之功效。

（三）螺

螺是有一个封闭的壳、身体可以完全缩入其中以得到保护的腹足类软体动物。螺肉丰腴细腻，味道鲜美，素有"盘中明珠"的美誉。"嘬螺"是常见地方风味小吃。

螺肉味甘咸、性寒，有清热、解暑、利尿、止渴、醒酒的功效。

注意：牡蛎、蛤蜊、螺易受病菌和寄生虫感染，特别是在污水中长大的螺及死螺不能吃，且螺肉食用时一定要煮透。

第三节　肉的选购和保存

一、如何买到放心猪肉

我国居民各类动物性食物的消费率猪肉为最高，而后依次为蛋类、鱼类、禽肉、其他畜肉、动物内脏、虾蟹肉，所以买到放心猪肉是我们最为关心的事情。

猪肉是否新鲜，有四个鉴别标准：

（一）颜色鲜

新鲜猪肉，瘦肉部分颜色呈浅红，肉质结实，纹路清晰，脂肪部分洁白且有光泽，质硬且稠。

猪肉太艳有问题，其原因是加了硼砂，或用一氧化碳熏煮，或用亚硝酸盐保色，这样的肉即使做熟后，也是粉红色的。这些物质会对身体造成伤害。加酱油或红曲也能让熟肉发红，但它们的颜色只在表面上。

（二）气味香

新鲜的猪肉带有固有的鲜香气味，无氨味、酸味等异味。

（三）手感不黏

触摸新鲜的猪肉表面，感觉微干或稍湿，但不黏手、弹性好，指压凹陷后能立即复原，有坚实感。

（四）煮沸后肉汤清亮

鲜猪肉肉汤澄清透明，脂肪团聚于表面。变质肉汤则浑浊。

另外，饲料中添加了瘦肉精的猪肉肉色较深，肉质鲜艳，颜色鲜红。猪肉纤维比较疏松，时有少量"汗水"渗出肉面，皮下脂肪层明显较薄。食用饲料中添加了瘦肉精的猪肉会对人体有害。

二、不新鲜鱼和污染鱼的识别

（一）识别不新鲜鱼

鱼肉蛋白质含量丰富，容易滋生细菌而发生腐败，因此，鱼类品质的好坏，不仅对营养素的摄入影响很大，对人的身体也有很大的影响。

不新鲜的鱼体表发暗无光泽，鳞片不完整，易脱落；鱼鳃颜色暗红，有腥臭，鳃丝粘连；眼球混浊或凹陷，角膜混浊；肌肉松弛，弹性差。

（二）识别污染鱼

不新鲜的鱼吃了不卫生，加热后危害可以降低，而污染鱼虽然活蹦乱跳，加热后仍改变不了其危害性质。

（1）污染鱼多为畸形鱼，鱼形不整齐，头大尾小，尾长而尖，脊椎变弯。

（2）鱼身多有鱼鳞脱落，有的鱼皮发黄，尾部发青，甚至鱼的肌肉会呈绿色。

（3）鱼鳃不光滑，呈现暗红色或浅白色，眼睛混浊，无正常光泽。

（4）闻鱼味。正常的鱼有种新鲜腥味，而受污染的鱼往往气味异常。如果在食鱼时发现有煤油味（受酚污染）、火药味（三硝基甲苯污染）、杏仁味（硝基苯污染）以及类似氨水味、农药味等不正常的气味时，就应坚决弃掉。

三、土鸡与洋鸡的识别

(一) 土鸡与洋鸡的定义

1. 土鸡

土鸡，又称柴鸡、草鸡、散鸡等。土鸡是采用传统的饲养工艺和方法（放养，放牧，适当补饲，不用添加剂）饲养而成的一类优质肉蛋兼用型的地方鸡品种或种群。

土鸡肉质结构和营养比例更加合理，含有丰富的蛋白质、微量元素和各种营养素，且鸡肉味道鲜美，肉品中抗生素、激素含量少，深受人们喜爱。

2. 洋鸡

白羽鸡是洋鸡的一个品种，又称快大鸡。白羽鸡通常从鸡蛋孵出来不久的苗鸡在 45 天内就能变成 5 斤重的肉鸡。

长沙海关技术中心朱忠武研究员指出，白羽鸡长得快不是吃激素的结果，与基因有很大关系，但长期食用单一品种的白羽鸡可能造成体内抗生素蓄积。

(二) 土鸡与洋鸡的特征

1. 土鸡

土鸡行动敏捷、精神状态饱满；嘴硬、色深、爪锐，羽毛颜色深而且有光泽；肉色皮肤很薄，呈黄色，毛孔很细，而且很有光泽；肉质细嫩、味道鲜美、爽滑可口。

2. 洋鸡

洋鸡如白羽鸡，好像是从一个模子刻出来的，同一批鸡的大小、体形、颜色都一样，鸡腿粗大而无力，体形肥大而笨重，羽毛颜色浅而无光。肉色皮肤厚，呈白色，毛孔粗大，而且没有光泽。肉质不怎么好，肉味比较粗，口感不好。

(三) 选购土鸡与洋鸡

（1）洋鸡"土改"，味道、营养也不错。洋鸡养殖方式是从西方移植过来的，作为一种成熟的技术和商业盈利模式，目前在中国农村大量复制。但现在西方人自己也不太吃这种鸡肉了，他们现在也在提倡给动物自由，提倡自由的福利式养殖模式。

（2）土鸡生存环境您不太了解，有的生存环境很差，特别是在垃圾场地生长，那您还不如选择洋鸡。

四、如何保存肉

热鲜肉从加工到零售过程中，受到空气、运输车和包装等方面的污染，细菌大量繁殖，通常在常温下保质仅半天甚至更短。

如何更好地保存肉呢？

（一）腌制和干制肉

古人在几千年前就掌握了腌制、烟熏、风干等处理肉的方法，可以长久地保存肉，但腌制和烟熏处理的肉，存在亚硝酸盐和苯并芘超标，使人体致癌的危险性。

（二）冷藏和冷冻肉

现今冰箱的出现使肉类食品的食用期限大大地延长。现在有 0 ~ 4℃，保存 3 ~ 7 天，口味、营养均上乘的冷鲜肉；-18℃以下，保存 12 个月，口味、营养稍欠佳的冷冻肉。

（三）生活小技巧

日常生活中在常温下保存肉类食品有如下小技巧：

（1）用醋水溶液，将鲜肉浸泡 1 小时，取出后放置在干净容器里，在常温下可保鲜 1 ~ 2 天。

（2）将鲜肉放入压力锅内，上火蒸至排气孔冒气，然后扣上减压阀离火，也可在常温下保存 1 ~ 2 天。

（3）将芥末或其他香辛料放在小碟里，与鲜肉放在一起，可有效延长肉的保质期。

五、肉如何解冻

（一）自然解冻最好

可以在使用前一天把冷冻肉移到冷藏室中，温度一般在 0℃左右，可以先软化冻肉。这样既不损失营养，也规避了解冻时食物表面微生物大量滋生的问题，而且口感好。

（二）微波炉解冻也可以

如果您不想等太长的时间，可用微波炉解冻，先要用最低挡，并且逐步加热。开始先加热 2 分钟左右，然后根据肉解冻的程度再确定加热时间，直到完全解冻。

（三）热水解冻糟糕

冻肉遇高温表面会立即结膜，化了半天，表面的营养成分溶到水中，而中间还残留着大冰核，这样解冻的肉鲜味也会大打折扣。

注意：对于主食类的速冻食品，如包子、饺子等，则不需要解冻。

第四节　安全科学吃肉

一、吃多少肉合适

每人每天吃多少肉类合适呢？不同的地区、不同的工种以及各人的习惯都有差异。

2016 年中国居民平衡膳食宝塔提出，畜禽肉类 40 ～ 75 克，鱼虾肉 40 ～ 75 克，鸡蛋 40 ～ 50 克。

一般说来，幼儿每天 75 ～ 100 克，小学生每天 100 ～ 130 克，中学生每天 130 ～ 150 克，成年人中的脑力劳动者每天 130 ～ 150 克，体力劳动者每天增加到 150 ～ 200 克，而对老年人说来，则以每天 100 ～ 120 克为好。

另要注意，有家族肠癌病史者，要尽量控制吃肉。美国癌症研究协会对猪肉、牛肉、羊肉等红肉的推荐食用量是每周 500 克左右。对来自无法保证其安全性的水域的鱼，尽量不要吃，特别是孕妇和儿童更应注意。

二、肉怎么搭配吃

（一）红肉与白肉搭配

红肉与白肉的营养元素相似，并各有利弊，人们可交替食用。

当然你无须每日都严格按照上述的推荐量，我们不可能餐餐都有鱼肉、猪肉、鸡肉。在一段时间内，比如一周，上述肉摄入量的平均值符合建议量便可。

（二）肉与蔬菜、豆类搭配

动物性蛋白和植物性蛋白混合食用可以提高彼此的生理价值，称为蛋白质的互补作用。

如将猪肉和豆类制品或蔬菜等搭配，就可以弥补豆类中蛋氨酸的不足，弥补蔬菜中赖氨酸、色氨酸和蛋氨酸的不足。蔬菜富含维生素和矿物盐，维生素可促进蛋白质的代谢。

（三）肉与蛋、奶搭配

蛋和奶都是动物为繁殖后代而准备的，各种营养成分较齐全，与人体的需要也最接近。奶不仅可以提供优质的蛋白质和钙质，其所含的乳酸又能促进钙的吸收。

三、肉怎么烹饪

烹调是通过加热和调制，将食物原料制成菜肴的操作过程。肉的烹调方法各式各样，如炒、烧、爆、炖、蒸、熘、焖、炸、熏、煨等。哪种烹调更科学呢？

（一）炒

炒是中国传统烹调方法，也是最广泛使用的一种烹调方法。它主要是以油为主要导热体，将小型原料用中旺火在较短的时间内加热成熟，炒使食物总处于运动状态。用这种烹调法可使肉汁多、味美，可使蔬菜又嫩又脆。通常油温不能超过150℃，热锅凉油最好。

热锅凉油好

滑炒和爆炒在炒前一般要挂糊上浆，这样对营养素有保护作用。

（二）煮、蒸、炖、焖

煮、蒸、炖、焖是以水为导热体，水的沸点100℃，所以用以上方式烹调食材的火候不会超过100℃。这样烹调可大部分保存食物的营养成分。

煮对肉的蛋白质起部分水解作用，对脂肪影响不大，但会使水溶性维生素和矿物质溶于水中。

蒸时肉与水接触比煮要少，所以可溶性营养素的损失也比较少。

炖和焖是用慢火长时间对食物进行加热，使其酥烂脱骨、醇浓肥香的一种烹调方法。

注意：老火靓汤并不科学。通常清炖鸡肉、猪肉、牛肉约一个小时，不要超过一个半小时，鱼肉更要控制在一个小时内，如果有中药食材则不宜超过 40 分钟，这样炖出来的肉才更营养、更美味。

（三）煎、炸、烤

鱼肉煎、炸、烤时，火候超过 200℃，则蛋白质可能产生杂环胺类致癌物。

红肉煎、炸、烤时，火候超过 300℃，发生焦糊反应，食物中的脂肪会大量产生苯并芘类致癌物。

另外，油炸、油煎的烹调方法往往会让本来脂肪低的肉类提高脂肪含量。所以，不管是红肉还是白肉均不宜长时间高温煎、炸、烤。

（四）微波炉加热

微波炉是一种用微波加热食品的现代烹调灶具。微波只是加热食物中的水分子，它并不直接产生致癌物或导致营养价值流失，而且只要是合格的产品，其辐射也不影响健康。

但是脂肪含量高、水分含量低的红肉，用微波炉加热时也要非常小心，因为红肉用微波加热时非常容易焦糊，产生致癌物。微波烹调鱼肉后会导致不饱和脂肪酸的比例下降。另外，不饱和脂肪酸被氧化后产生自由基即毒素，足以将其营养价值变成负值。

所以烹调肉时，应尽量清蒸或是清炖。苏东坡有诗云："慢着火，少着水，火候足时他（它）自美。"

四、生肉不宜吃

（一）生鱼片需新鲜的、有机的

很多人都喜欢生鱼片的鲜嫩美味，殊不知，鱼肉类要能够生吃，需要有极高的新鲜度，而且必须是有机的。一旦一个环节出问题，安全就没保证。目前我国仅在广东省就有数以百万计的肝吸虫病患者，其中不少人正是因为生吃鱼虾而染病。

不少人以为生鱼片用酱料和醋拌过，就能杀死其中的肝吸虫，可以放心食用，但事实上一般的调味品，如酱油、醋、芥末、酒精等都很难杀死它们。

（二）三成至五成熟的牛排风险高

有人追求口感吃三成至五成熟的牛排，然而畜禽肉类食物本身存在许多寄生虫，如猪带绦虫、牛带绦虫属人畜共患的寄生虫，人们生吃猪、牛肉，极易感染此病。

（三）全熟食品才是最安全的

畜禽肉不宜生吃，生鱼片应少吃为妙，全熟食品才是最安全的。

普通肉类：牛羊肉片、牛肉丸、五花肉片等，通常烫煮 10 ~ 15 分钟达到全熟。

鱼虾：鳝鱼、泥鳅、鱼头等至少烫煮 15 分钟以上，虾、鱿鱼烫煮 5 分钟左右便可。

内脏：毛肚、鸭肠、黄喉等，烫煮 3 ~ 5 分钟，脑花、动物血则要烫煮 10 分钟以上方能达到全熟。

如果你喜欢清炖肉，加入适量的冷水，淹没肉后，先用大火烧开，然后改成微火慢炖，当肉柔软、汤香扑鼻时便可加佐料。

五、活杀的禽畜并不鲜美

许多人普遍认为，禽畜当场活宰，甚至当场活剥皮毛，才能绝对保证肉的鲜美和营养，其实这样既血腥又不卫生，更不营养。

研究表明，当禽畜活宰时由于恐惧和痛苦产生了大量的应激激素，这些激素的效用也会让肉的质量下降。

如果采用电击禽畜致其昏迷，可减少禽畜的恐惧和痛苦，避免直接承受死亡的应激反应。然后，再进行放血和屠宰，这样肉的品质将会更好。也就是说，人们吃到的肉会口感更好，更健康。

当然，有条件的可选择排酸肉。排酸肉是指在分割、剔骨、包装、加工、运输、销售环节，直到进入消费者的冰箱或厨房前，一直处于 0 ~ 4℃条件下的生鲜肉。与普通鲜肉相比，排酸肉口感细腻、多汁味美，并且营养成分也得到了最大限度地保留。排酸肉要现买现吃，吃不完的放在冰箱冷藏，并且尽量在两三天内吃完。

六、巧除肉类食品膻腥臊异味

牛羊肉的膻味、鱼虾的腥味、动物内脏如肾脏和肠子的臊味，会严重影响肉的芬芳甜美。如何去除肉的膻腥臊异味呢？

产生膻味的游离脂肪，遇水或受热易挥发，所以牛羊肉在烹饪前用凉水泡一下，再用沸水抄一下，则可有效消除膻味。

产生腥味的三甲胺和哌啶为碱性物质，酸能中和，酒能溶解，所以鱼等海产品在烹饪前，先用料酒腌一下，再在烹饪时放点醋或柠檬即可。

产生臊味的氨也是碱性物质，并容易挥发，所以腰子可火爆一下，或先用水煮上一遍，再加点醋。

另外，可利用八角、桂皮、沙姜、丁香、甘草、陈皮、香叶、百里香、豆蔻及姜、葱等香料受热释放的浓郁芳香气味掩盖、消杀、抑制肉料的不良气味，进而达到辟除、减轻异味的目的。

七、红烧肉、红烧肘子可来一点，绝不过量

俗话说得好："要使肉香，肥肉也必须多。"红烧肉、东坡肉、虎皮扣肉、红烧肘子，均是一道道美食，咬一口，香到发抖。肥肉通常指白色脂肪的部分，也把脂肪含量超过 30% 的畜肉叫肥肉，如肥猪肉、肥牛肉、肥羊肉等。瘦肉是指脂肪含量低于 10% 的肉类。

脂肪是人体能量的重要来源，是构成人体组织的重要成分，但肥肉中的脂肪组成以饱和脂肪酸居多，猪肉饱和脂肪酸含量为 35% ~ 45%，牛肉为 45% ~ 55%，羊肉为 50% ~ 60%。饱和脂肪酸较高能明显影响血脂代谢水平，造成高脂血症。

世界卫生组织和《中国居民膳食营养素参考摄入量》都建议饱和脂肪酸应低于膳食总能量的 10%。所以说肥肉可来一点，但不宜过量。

须说明：

（1）经过了足够时间炖煮的肥肉中的饱和脂肪酸含量会下降，不饱和脂肪酸会增加，而肉内的营养元素却不会流失。

（2）富含饱和脂肪酸的食物不单是畜类动物的肥肉，还包括黄油、全脂牛奶和热带油，如椰子油和棕榈油。

（3）鸡皮、鸭皮富含脂肪，30% ~ 50% 的脂肪都藏在皮下。

（4）猪肉脂肪含量：肋条肉 62%、猪头皮 44.6%、五花肉 40%、后臀尖 32%、猪蹄 31%、猪耳 11.1%、里脊 7.9%、后肘 38%、前肘 30 % 。

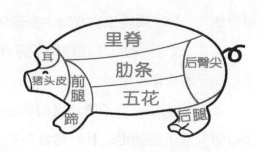

八、喝汤更要吃肉

孩子怎么瘦了，来，妈妈煲一个鸡汤，补一补。生活中有许多人理所当然地认为，鸡汤、鱼汤、骨头汤等肉汤营养好，味道美，喝完汤后剩下的肉基本没味道了，也就没营养了。

其实，这种观念并不对。确实，肉骨头汤的味道鲜美，能刺激消化液分泌，提高食欲，但是肉骨头汤营养价值并不高，如90%以上的蛋白质及大量的脂肪、脂溶性维生素、矿物质仍留在肉里。

另外，有人认为肉骨头汤越浓白，胶原蛋白越多，营养价值越高，事实上并非如此。乳白色的形成主要是汤中的脂肪被可溶性蛋白质包裹，发生乳化作用悬浮在水中，散射后造成的光学效果，美味乳白色的汤其实是高浓度的脂肪。

所以说，要美味，请喝汤；要营养，需吃肉。

鸡汤和鸡肉中营养素含量的比较

（每100克含量）

营养素	鸡肉	鸡汤	营养素	鸡肉	鸡汤
能量（千焦）	511	113	烟酸（毫克）	0.5	0
蛋白质（克）	16.4	1.3	钙（毫克）	16.0	2.0
脂肪（克）	4.3	2.4	钠（毫克）	201	251
维生素 A（微克）	63.0	0	铁（毫克）	1.9	0.3
核黄酸（毫克）	0.21	0.07	锌（毫克）	2.2	0

九、让人垂涎欲滴的熏烤肉，不宜多吃

野炊中，在篝火上烤鱼片、鸡翅、羊肉串等肉类食物，恐怕是最让人垂涎欲滴的。但是熏烤的肉不宜多吃，有人认为1只烤鸡腿等同于60支烟的毒性，虽然夸大了烤鸡腿的危害性，但也警示我们吃熏烤肉食品要非常慎重。烧烤并不是一种健康的烹饪方法。

首先，烟熏火烤食品易产生一类致癌物苯并芘。苯并芘一部分来自熏烤

时的烟气，但主要是来自食物本身焦化的油脂。炭烧产生的危害大于柴火。

其次，熏烤肉的温度往往达不到杀菌的要求，而且只是将表面的细菌杀死，中心部分还是存在虫卵。

如果你实在抵抗不了烤肉的诱惑，你可选择韩式烤肉。韩国人让烤盘散出的烟气从下面抽走，且对烤盘控温，让它保持在 160 摄氏度以下，最多不要超过 200 摄氏度，这样让肉不会焦糊，大大减少致癌物的产生。

十、有股独特鲜味的腌腊肉，也只宜尝一尝

腌腊制品是指肉类原料经盐腌制、烘烤或风干晾挂加工而成的一类肉制品，不能直接入口，需经烹饪熟制之后才能食用。此类食品一般包括腊鱼、腊猪肉、香肠、香肚、火腿、板鸭等。

人类制作腌腊肉的历史有几千年了。春秋时期孔子收徒时，如果学生交不起学费，可用腌腊肉十条代替。

腌腊肉制作初衷是为了保存，如今冰箱发明了，鲜肉保存已不成问题。为什么今天仍有许多人热衷吃腌腊肉呢？这是因为肉由鲜肉变成干肉过程中，还伴有发酵。肉的发酵令肉中的蛋白质转化成各种氨基酸，一些脂肪也变成了游离态的脂肪，它们可以说是那股独特"鲜味"的来源。

人们着迷于腌腊肉独特的鲜味时，务必注意不要贪吃。

其一，酸败变性。腌腊肉制品等含有脂肪的食品在长期存放之后，其中的脂肪会由于光、热、水、空气和微生物等物质的作用而发生水解、氧化和酸败反应，使含脂食品的品质劣变，气味变得难闻，如出现哈喇味、陈腐气味，甚至产生有毒有害的物质。

其二，霉变问题。腌制肉保管措施不当，如仓库潮湿、不通风或者腌腊制品堆积，常会引起霉变。

其三，亚硝酸盐超标。亚硝酸盐本身有两大作用，一个就是防腐，另一个就是发色，让肉纤维变红，让肉看起来比较新鲜。亚硝酸盐是一种致癌物，主要是对胃肠有影响。如果腌腊肉制品颜色太鲜艳，千万别买。

所以，腌制的肉类只是偶尔食用或最好不吃，比如每月两三次，或节假日享用一下。

十一、美味腌制、干制、糟醉水产品少吃为妙

(一) 腌制海产品

腌制海产品味道十分爽口，人们一直"难割其爱"。

许多人误认为生腌海鲜，腌制时加了很多醋、蒜头、辣椒丝，应该足以杀死细菌。其实腌制的海鲜类食品有可能含有亚硝胺类致癌物。此外盐、醋等腌制海产品无法杀死霍乱弧菌。

因此，要防止食物中毒和肠道传染病，必须注意选购新鲜的海产品，食用前应彻底加热，特别是不要进食生鱼、生虾和生腌海产品。

(二) 干制海产品

干制海产品是采用干燥或者脱水方法除去海产品中的水分，或配以调味、焙烤、拉松等其他工艺制成的一类水产加工品。

在咸鱼、鱼片干、海米、鱿鱼丝等干制海产食品当中往往都含有一定量的亚硝胺类防腐剂，如果有较浓的腥味或臭味就是过多的胺类物质造成的。这类食品还存在漂白剂问题。还有，过多的盐分也不利于健康。

干制海产品的保质期一般为 6 ~ 12 个月不等，干海带、紫菜等藻类制品保质期会更长些，消费者购买时应尽量选购近期生产的产品。

(三) 糟醉水产品

糟醉水产品通常是以鲜活的水产品如虾、蟹、鱼等，加盐、酒、糟卤等辅料制成。清袁枚《随园食单》中记述用鲤鱼制作的"糟鲞"："冬日用大鲤鱼，腌而干之，入酒糟，置缸中，封口。夏日食之。"

我们不要盲目认为，滋味浓醇且鲜美的糟醉食品中用了酒、用了盐以及糟卤中的许多药材，对细菌有抑制作用，食用就安全了，然而市场上糟醉食品抽样合格率并不乐观。

长沙海关进出口食品安全处邓大为科长指出，制作酒糟食品时要选择洁净度高的原料、控制好发酵温度和时间、调节好水分活度，以抑制腐败菌的生长。 另外，贮存和消售糟醉食品时应有专库、专柜、专用冷藏设备、专用售货工具。消费者购买糟醉食品时，需到经过出厂检测、管理规范的商场，质量方可得到保证；最好即买即吃，实在不放心加热再吃，风味差一点也罢。

十二、野外的和人工繁殖的陆生野生动物肉都吃不得

资料显示，世界最大的野生动物消费市场在亚洲，30%的中国人吃过野生动物。在我国由于药、食同源的传统观念，寻常老百姓非常认同野生动物补身体的错误观念，如蛇胆有清肝明目作用，鹿血有补虚损、益精血作用。另外，吃得上猴脑、熊掌等名菜，则是达官贵人身份的象征。

在外国人眼里，中国人拥有世界上最深不可测的胃，天上飞的除了飞机不吃，水里游的除了轮船不吃，四条腿的除了板凳不吃，其他均敢吃。

其实，野生动物身上容易携带大量的寄生虫和病菌。如猴子、果子狸、老鼠、蛇、青蛙、鸟类等与人类共患的疾病有100多种，可传播狂犬病、结核、鼠疫、炭疽、甲肝等。2003年，深圳、香港科研人员从果子狸标本中分离到SARS样病毒。科研结果证实，威胁人类健康的SARS病毒来自野生动物。

2020年2月24日第十三届全国人大常委会第十六次会议通过了史上最严野生动物禁食制度，规定所有的陆生野生动物都不能食用，人工养的也不行。野生动物保护关系到国家公共安全，也关系到我们每个人的安危，人人都要坚决杜绝"舌尖上的杀戮"。

十三、畜肉、禽肉类食品的营养与安全如何兼得

沈阳现"天价猪肉"一斤 158 元，湖南有"天价鸡"一只 880 元，只因为猪和鸡为天然放养、自然生长且不含抗生素及精神类药物、防腐剂等化学物质。

长沙海关技术中心朱忠武研究员指出，在育肥猪饲养中不添加任何抗生素，已是国际公认的猪肉安全标准。而我国的动物饲料行业过去存在普遍使用抗生素的情况，现遵中国农业农村部规定，2020 年起动物饲料中禁止添加抗生素。另外，如今的动物多是规模化生产，动物本身多为育肥动物，其中的激素含量很可能高于自然生长状态的动物。所以，自然生长状态下的天价猪肉、天价鸡肉就有了需求。但平常老百姓不可能去购买天价肉吃，那么我们怎样远离禽肉食品中的抗生素及其他有害物质的危害呢？

（一）到正规市场、超市购买

首要条件，到正规市场、超市购买新鲜肉类和水产品。选择有规范屠宰和销售证明的品牌企业的产品，不要向无证摊贩购买。特别是，购买猪肉时一定要看清是否有检疫印章和检疫合格证明。万一购买到有疑问的肉类食品，可以找专业机构进行检测。

（二）控制食用量、食用次数

最重要的是，控制食用量、食用次数。特别是，儿童、青少年控制吃炸鸡、炸猪排等食品的数量。

十四、鱼类及其他水产品的营养与安全如何兼得

鱼类及其他水产品营养丰富，是优质蛋白质的重要来源。然而，随着水污染加重，无论淡水鱼，还是海鱼，多多少少都有重金属和化学品检出。因此，消费者在营养和安全之间很难抉择。

鱼类及其他水产品的营养与安全如何兼得呢？

（一）了解水产品的生活环境

矿区、废水、污水入海口等污染严重地方的农产品、水产品的汞含量易超标，这些地方的农产品不能食用。

（二）食鱼不宜过量

剂量决定毒性，也决定营养。每星期吃水产品保持在三次左右，每次吃水产品不要过量。成人每人每次不超过 120 克。孕妇吃水产品每星期也不要超过 190 克，当然这也无法保证其安全性。

（三）鱼的品种及部位

自然环境中存在一种很难代谢的毒素甲基汞，会导致知觉障碍、运动失调等。甲基汞含量，肉食性鱼＞杂食性鱼＞草食性鱼，其内脏＞头部＞肌肉。

所以，我们吃海鱼和淡水鱼，最好轮换着吃，而且应挑选不同种类的鱼，不宜吃大型的肉食性鱼类，以及鱼的内脏。

剑鱼、鲨鱼、枪鱼、长鳍金枪鱼含甲基汞高，孕妇和幼儿不宜食用，其他成年人也应该将摄入量限制在一周一次。

（四）鱼胆有毒勿食

无论将鱼胆烹熟、生吞，或是用酒送服，均可发生中毒。须说明，鱼体腹腔两侧黑色膜衣，虽有腥臭、泥土味，但无毒，并非不能食用。

食物中毒典型表现：腹痛、呕吐

十五、动物血制品的营养与安全如何兼得

动物血及其制品是肉类特殊食品中的一种。我们餐桌上常可见以猪、鸡、鸭血为原料的菜，如川菜中的"毛血旺"，湖南邵阳的"猪血丸子"等。

确实，动物血营养极为丰富，也是安全的。据测定，猪血不但铁含量高，脂肪含量低，蛋白质含量也接近动物肉，且极容易消化吸收，素有"液态肉"美称。鸡血、鸭血也是补血、补铁的极佳食品，其铁的含量还高于猪血。一般情况下，老人、小孩、孕妇等各类人群都可以食用血制品，几乎没有禁忌，但也不宜大量食用。对于成人来说，一周食用动物血及其血制品不宜超过 1 ~ 2 次，每次食用量最好不要超过 100 克（2 两）。

但是，动物血极易受动物毛、粪、尿等污秽污染，还有些不法商贩，在动物血凝固过程中加入凝固剂，危害人体健康，甚至用工业盐制造猪血。所谓不安全，主要还是人为因素。另外，在欧洲，人们是不吃动物血的，通常宰杀牲畜的办法则是用电击，并且不作放血处理。所以人们对动物血的营养与安全产生了疑问。

另外，欧洲人不吃动物血，是因为割断动物血管、放净鲜血是件"残忍"的事。用电击方法宰杀牲畜，这样可使动物血溶于肉中，虽然肉的腥味较重，但更有效地利用了牲畜身上的热量和营养。

第五节　小常识

一、鱼翅营养价值不如一块猪肉

吃鱼翅是中国特有的饮食文化之一，鱼翅是一种被国人推崇的"滋补佳品"。通常我们评价宴席级别的高低，就常以鱼翅菜为标准。有数据显示，我国单是香港进口鱼翅的数量就约占全球的 52%，每年平均进口 4 000 ~ 5 000 吨鱼翅。

其实，鱼翅是取自软骨鱼类（如鲨鱼）的鳍中的软骨。软骨是一种略带弹性的坚韧组织，有机成分主要有多种蛋白，如软骨黏蛋白、胶原和软骨硬蛋白等，这种胶原蛋白人体不易消化，吸收率极低，但有一定的美容作用。另外，鲨鱼处在海洋生物链的顶端，70% 鲨鱼翅重金属汞含量超标。而且，鱼翅并无半点滋味，味同嚼蜡，如同粉丝，说白了鱼翅的味道就是配料的味道。

所以说，鱼翅并无特别的营养，价值不如一块猪肉，还危害健康。

二、鲍鱼营养价值与田螺、河蚌相当

鲍鱼虽叫鱼，却与鱼类毫无关系。鲍鱼是一种原始的海洋贝类，属于单壳软体动物，只有半面外壳，壳坚厚，扁而宽。

鲍鱼含有较丰富的蛋白质，其中增强人体抵抗力的球蛋白含量较高，还有部分矿物质和微量元素，同时脂肪、胆固醇含量较低。鲍鱼滋阳补阴效果较好。所以，鲍鱼是中国传统的名贵食材，与海参、鱼翅、鱼肚并称为四大海味。

意想不到的是，鲍鱼倒跟田螺之类沾亲带故，而且与河蚌、田螺的营养价值相当接近。其中蛋白质、脂肪、铁、B 族维生素的含量差异不大，鲍鱼胆固醇的含量稍高一些。但是鲍鱼钠、糖分含量高于田螺、河蚌，钠、糖分能突出食物的鲜味，所以鲍鱼味更鲜美。

看来田螺、河蚌肉营养价值仍非常可观，不低于鲍鱼肉。如果吃不到鲍鱼，心情也不要太沮丧，你可尽情享受 吃田螺、河蚌肉的乐趣。

三、鸡翅属于鸡下水

美国人最爱吃鸡胸肉，这也是鸡肉中价格最高的部分。他们认为这才是正宗的肉质部位，而类似于鸡翅、鸡爪等，常常作为不值钱的副产品销往国外。中国人更注重做法与口味，因此，鸡翅和鸡爪更得中国人喜爱。两种不同的吃法，谁更科学呢？

鸡肉属于温性的食物，鸡肉纤维细，而且其中含有大量的氨基酸和不饱和脂肪酸成分，很容易被人体吸收，有增强体力、强壮身体的作用。但是，鸡的部位不同，营养成分也有差别。

中国人不喜欢鸡胸肉，感觉肉质干柴，而鸡翅和鸡爪却更容易烹调出入味的口感。事实上，鸡胸肉所含的蛋白质多而脂肪却很少，且含有大量维生素，如维生素 B 和尼克酸。而鸡翅和鸡爪部位的脂肪及胆固醇含量高。据《新京报》报道，被美国人看作鸡下水的鸡翅在本土市场上折合人民币最高不到 1 元，在中国市场则跃至 10 元，身价涨了 10 倍还多。

吃鸡，如果不考虑口感，还真得向老外学学富有营养的吃法，尽量吃鸡胸脯肉，这样更有利于减少脂肪的摄入。

鸡的不同部位营养成分分析
（每 100 克含量）

部位	鸡胸	鸡腿	鸡翅	鸡爪
脂肪（克）	5.0	13.0	11.8	16.4
蛋白质（克）	19.4	16.0	17.4	23.9

四、猪脚并非美容的超级食品

猪脚学名猪蹄，又名猪手、蹄花。在中国，人们普遍认为，猪脚有补血、通乳、健腰脚、脱疮等功效。猪脚是一道美味食材，既可单独食用，也可与个别中药配伍，通过蒸、煮、烧、炖、煨、煲、卤等方法做成药膳猪脚。

有人认为猪脚、猪皮有丰富的胶原蛋白，是美容的"超级食品"。事实是猪脚中美肤的胶原蛋白为不全蛋白，经过消化吸收一系列"忙活"后，组成人体所需要的各种蛋白，而根本不可能吃进去的胶原蛋白就直接跑到皮肤上去。更别说胶原蛋白护肤品，它是无法穿透皮肤进入人体的。

另一个问题是，每 100 克猪脚中，含脂肪 20 克，胆固醇 200 毫克，属高脂肪食物，在美国餐桌上几乎找不到猪脚。德国人不光不吃猪脚，还会把猪脚当作垃圾花钱粉碎处理掉。

五、"动物内脏"也并非一无是处

欧美人特别忌讳吃动物内脏，视其为没有用的"下脚料"，甚至鄙视这是东方人的不良嗜好。的确，动物内脏尤其是肝脏，胆固醇含量高，摄入过量胆固醇可能增加患高血脂和动脉粥样硬化的风险。另外，肝脏是代谢器官，肾脏是排泄器官，是毒素最容易蓄积的部位，有资料表明，猪、牛、羊的肝脏、肾脏等，里面均有不同含量的重金属及其他毒素。

但是世界卫生组织公布的最新健康食品排行榜，最令人惊讶的，莫过于在零食榜的最后一位赫然写着"猪肝"。欧美人研究发现动物内脏中，特别是猪肝的蛋白质、维生素、矿物质的含量都比较丰富，B族维生素、维生素A、维生素E等脂溶性维生素的含量较多，而且食疗功效显著。

那么怎样安全健康地吃动物内脏呢？

（1）购买动物内脏时，一定要选择符合食品安全规定的、标明无公害的大型卖场购买。

（2）不要食用动物腺体，如淋巴结、甲状腺、肾上腺、腔上囊（鸡屁股、鸭屁股）等动物腺体器官是不能食用的，因为其中含有大量的代谢产物，有毒物质比较多，还可能含有致癌物。

（3）吃动物内脏时，最好多搭配一些粗粮和蔬菜，以补充膳食纤维。动物内脏中含有胆酸，粗粮和蔬菜与胆酸有结合力，能够增加胆酸的排除，降低胆固醇的吸收，从而达到降血脂的保健作用。

（4）建议每周最多吃一两次动物内脏即可，每次不超过一两，特别是有代谢性疾病者（高血压、高血脂、高血糖、高尿酸、高体重者）应该少吃，甚至不吃。

六、十年鸡头胜砒霜是耸人听闻

俗话说："舍猪舍牛，不舍鸡头。"不少人把鸡头、鸭头等当成美味。可也有这样一句老话："十年鸡头赛砒霜。"鸡头、鸭头是美食还是毒品呢？

网络上有许多文章指出，鸡在啄食中会吃进有害的重金属物质，这些重金属主要储存于脑组织中，鸡龄越大，储存量就越多，毒性就越强。其实不然，浙江省农科院农产品质量标准研究所的研究表明，鸡头重金属的含量极其微小，与其他部位的重金属含量没有什么太大的差别，十年鸡头胜砒霜的说法是站不住脚的。

但我们要注意到，鸡头、鸭头包括猪头等到脖子附近有很多淋巴（黄豆大小，呈椭圆形的颗粒状，颜色偏粉红色），淋巴结是身体的第一道防御系统，特别易感染病菌，一些不好的代谢产物储存在淋巴结，应避开，是千万不能食用的。

另外，从营养学上看，鸡头、鸭头、鹅头并不含有比其他部位更好的营养成分，而鸡头、鸭头、鹅头以及虾头的脑髓里面，含有丰富的脂肪和非常高的胆固醇，这对有高脂血症、糖尿病、高血压等代谢性疾病的人来说，是不宜多吃的。

七、鸡皮好吃，也应悠着点

如果有人在炒鸡肉及清炖鸡肉时，特意去掉鸡皮，一定会被许多人笑话，这是在吃鸡吗？

确实，鸡肉去掉鸡皮烹调，鸡肉不入味，味道差远了。另外，鸡皮也是非常有营养的。中医认为，鸡皮味甘、性温，有健脾益气、生精填髓之功效。现代医学认为，鸡皮的保健作用主要体现在其中含有丰富的胶原蛋白。有些地方甚至把鸡皮单独做成菜，如广东"蟹黄鸡皮脯"、湖南"竹荪滑鸡皮汤"。

但我们不要忘记，肉越美，脂肪越多，危害也越大。鸡皮好吃、入味，全在于鸡皮含有丰富的脂肪，脂肪含量达到30% ~ 50%。另外，中国农业科学院北京畜牧兽医研究所家禽研究室陈继兰研究员指出，鸡皮中污染物较鸡肉部位高，应引起吃货们的重视。

所以，有高脂血症及其他代谢性疾病的人，吃鸡肉时去鸡皮是一个好办法。如果你确实喜欢鸡皮的美味，可以刮掉皮下附着的脂肪，用热水浸泡后，再用来炒菜、煮汤，这样可充分利用鸡皮的营养成分。同理，我们也可以这样处理鸭皮、鹅皮。

八、喝骨头汤、吸骨髓并不能补钙健骨

民间人们常说吃什么，补什么。如吃脑补脑，吃鞭补肾，当然啃肉骨头、喝骨头汤、吸骨髓就能补钙健骨。果真如此吗？

（一） 骨头汤钙浓度仅为牛奶钙浓度的 1/25

动物体内 99% 的钙存在于骨骼中，但大都不溶或难溶于水，钙只有成为离子状态进入肠道才能被人体吸收。中山大学医学营养系教授蒋卓勤的研究结果指出，骨头汤钙浓度仅为牛奶钙浓度的 1/25。

肉骨头汤营养价值并不高，大部分重要营养物质仍留在肉里。

（二） 骨髓含钙不高，吸骨髓如同吃大油

骨髓虽然富含蛋白质、脂溶性维生素和一定的矿物质等，但另一方面，其中饱和脂肪酸、胆固醇也非常高。这些营养特点与肉类或内脏相当。

换言之，骨髓也并无特殊优势可言。特别是患有高血脂、高血糖、脂肪肝的病人，更应远离。

日常生活中，钙在饮食中主要来源是奶和奶制品、动物肉、海藻类及绿色青菜等，吃这些东西补钙才有效。

九、香味四溢的烤肠里含肉知多少

烤肠是以猪肉、鸡肉、牛肉、鱼肉为主要原料，经绞切、腌制、添加辅料、真空灌制、熏烤熟制、无菌真空包装等工序加工而成的。

物美价廉的烤肠，含多少肉呢？

国家标准目前仅对肠类的蛋白质含量作了规定，但并未对肉含量做出规范。物美价廉的烤肠大多是以大豆蛋白为主要蛋白，再参杂大量淀粉材料的仿造肉。

如何判断烤肠品质高低呢？

烤肠的品质可以从烤肠弹性、肠衣坚韧度、光泽度以及横切面气泡数等方面来判断。

通常烤肠弹性越好，证明肉质越多，肠衣越坚韧代表品质越差，烤肠横切面气泡越多则说明淀粉含量越高。

另外烤肠里还含有焦磷酸钠、山梨酸钾等食品添加剂，用于烤肠着色、防腐、提香、增加口感。

总之一句话，香味四溢的烤肠好吃，只能偶尔吃。

等值肉类食品交换表

食物	重量（克）	食物	重量（克）
熟火腿、香肠	20	鸭肉、鹅肉	50
肥瘦猪肉	25	兔肉、蟹肉、水浸鱿鱼	100
熟叉烧肉（无糖）、午餐肉	35	带鱼、草鱼、鲤鱼、甲鱼	80
熟酱牛肉、酱鸭、肉肠	35	比目鱼、大黄鱼、鳝鱼	80
瘦猪、牛、羊肉	50	黑鲢鱼、鲫鱼	80
带肉排骨	50	对虾、青虾、鲜贝	80

＊每交换份：热量约 377 千焦、蛋白质 9 克、脂肪 6 克。

不同肥瘦程度猪肉营养成分表

（每100克含量）

食物名称	蛋白质（克）	脂肪（克）	维生素 B_1（毫克）	维生素 B_2（毫克）	铁（毫克）	锌（毫克）
猪肉（肥）	2.4	88.6	0.08	0.05	1.0	0.69
猪肉（瘦）	20.3	6.2	0.54	0.10	3.0	2.99
猪肉（里脊）	20.2	7.9	0.47	0.12	1.5	2.3
猪肉（五花）	7.7	35.3	0.14	0.06	0.8	0.73
猪肉（腿）	17.9	12.8	0.53	0.24	0.9	2.18

第五章　鸡蛋

鸡蛋营养丰富、食用方便，极易被人体吸收，是人类理想的营养食品。然而我们也注意到，许多人往往喜欢购买蛋白营养粉、麦乳精、核桃粉等加工食品，对鸡蛋却不屑一顾。甚至农村有些老人，用自己家母鸡下的蛋，去换来他们认为理想的保健营养品；还有些人，对鸡蛋心有疑虑，怕每天吃升高血脂。其实，这些都是对鸡蛋的认识误区。

鸡蛋的营养价值、鸡蛋的食用方法，都是日常生活中必须掌握的。

第一节　鸡蛋的营养价值

一、鸡蛋是"人类理想的营养库"

鸡蛋是一个完整的生命诞生体，一个受过精的鸡蛋，在温度、湿度合适的条件下，不需要从外界补充任何养料，就能孵出一只小鸡，这就足以说明鸡蛋的营养是非常完美的。从 4 ~ 5 个月的婴儿一直到老人，都适宜食用鸡蛋。鸡蛋自古以来就被人们视为人类理想的营养库。

中医认为，鸡蛋味甘，其蛋白（蛋清）气清、性微寒，蛋黄气浑、性温。鸡蛋具有养心安神、补血、滋阴、润燥之功效。

现代营养学分析，每 100 克鸡蛋，蛋白质含量高达 12.8 克。鸡蛋蛋白质含有人体所需要的各种氨基酸，而且氨基酸组成模式与合成人体组织蛋白所需模式相近，易吸收消化，吸收率高达 98%，生物学价值高达 95。故鸡蛋蛋白是自然界中最优良的蛋白质，营养学家称鸡蛋为"完全蛋白质模式"。

而脂肪含量，每 100 克鸡蛋也高达 11 ~ 15 克，主要集中在蛋黄里。蛋黄中有卵黄素、卵磷脂、维生素和铁、钙、钾等人体所需要的矿物质，这些成分极易被人体吸收消化，而且对增进神经系统的功能大有裨益。

二、土鸡蛋和洋鸡蛋营养孰高孰低

土鸡蛋又叫柴鸡蛋、草鸡蛋，是在自然环境下散养的，平时吃草、虫，而不专门喂饲料的母鸡下的蛋；洋鸡蛋又指普通鸡蛋，是养鸡场或养鸡专业户用合成饲料圈养的母鸡下的蛋。

当前国家并没有关于土鸡蛋和洋鸡蛋生产和鉴定的标准，也就是说，所谓土鸡蛋、洋鸡蛋都是消费者的概念而已。这两种鸡蛋哪种营养价值更高呢？

从对两种鸡蛋的 17 种氨基酸含量进行测定分析，发现没有明显的差异。土鸡产的蛋量少（一只土鸡一年仅产 100 多枚蛋，还达不到洋鸡产蛋量的一半），养分积累周期长，因此下的蛋胆固醇含量较高，吃起来也比较香。其中土鸡蛋蛋黄中的胆固醇比洋鸡蛋蛋黄含量高 2 倍多，但同时土鸡蛋 $\Omega-3$ 脂肪酸、磷脂、叶黄素较高，这些成分有利于健康。

而洋鸡蛋维生素、矿物质含量较高，这是因为鸡饲料中供给的维生素、矿物质很高的缘故。另外，洋鸡所吃的饲料中添加了一定量的膳食纤维，使得蛋黄中的胆固醇和脂肪含量比土鸡蛋低。

看来，土鸡蛋、洋鸡蛋营养成分各有千秋，不过人们更容易接受土鸡蛋些罢了。

另要说明，价格昂贵的乌鸡蛋的营养与普通鸡蛋差别不大，白皮鸡蛋与红皮鸡蛋营养价值也无多大差别。

三、鸭蛋、鹅蛋、鹌鹑蛋、鸽蛋与鸡蛋营养成分的区别

鸡蛋、鸭蛋、鹅蛋、鹌鹑蛋与鸽蛋，它们的营养成分大致相当，但也存在一些细微的差别。

（一）鸭蛋

鸭蛋中的蛋白质含量和鸡蛋相当，鸭蛋的脂肪含量高于鸡蛋，$\Omega-3$ 脂肪酸和叶黄素的含量也高于鸡蛋，矿物质总量更胜过鸡蛋，尤其是铁、钙含量极为丰富，能预防贫血，促进骨骼发育。鸭蛋吃起来有些腥气，所以，很多人不太爱吃。

（二）鹅蛋

鹅蛋蛋白质含量低于鸡蛋，脂肪含量高于其他蛋类。鹅蛋中还含有多种维生素及丰富的铁元素和磷元素。鹅蛋质地较粗糙，草腥味较重，食味不及鸡蛋、鸭蛋。

（三）鹌鹑蛋

鹌鹑蛋的蛋黄比例大，所以在吃同样重量的蛋时，其中磷脂含量高于鸡蛋。另外，鹌鹑蛋的 B 族维生素含量高于鸡蛋，维生素 A 含量低于鸡蛋。

（四）鸽蛋

鸽蛋是传统滋补佳品，被誉为"动物人参"。鸽蛋富含优质的蛋白质、磷脂。据测定，鸽蛋的核黄素含量是鸡蛋的 2.5 倍，钙和铁元素均高于鸡蛋。

第二节　鸡蛋的安全监管和品种改良

一、土鸡蛋和洋鸡蛋哪个更安全

通常人们认为，土鸡吃的是草、虫，喝的是露水，在自然环境下散养，所以土鸡蛋绝对环保，也是绝对安全的。而喂养洋鸡的饲料中有可能添加了抗生素，甚至是有毒的三聚氰胺，有可能洋鸡蛋受到污染。

但我们要注意到，农村的整体环境确实好一些，但是农村化肥、农药滥用现象严重，鸡在啄食时，又爱啄土，因此鸡蛋中可能会有农药残留。2006—2007 年比利时科研人员对比利时全国所有省份土鸡蛋中的微量元素进行抽检，结果发现土鸡蛋中的铅含量比商业化养殖的鸡所产鸡蛋的铅含量高出 6 倍之多，这就是土壤质量差对土鸡蛋质量影响的例子。

另外，露水中可能有寄生虫及其他有害物质，这是土鸡蛋的另一个不安全因素。

看来，散养鸡生的蛋并不靠谱，了解饲养场地、产蛋母鸡的饲养方式非常重要。

二、德国怎么给鸡蛋制定身份

2002 年，德国食品检查机构在一次检查中，发现有机农场里的鸡饲料中含有毒物质 —— 除草醚，这种物质还通过食物链出现在婴儿食品中。于是，德国在 2004 年推出了鸡蛋"身份证"制度，要求记录每个鸡蛋的出生时间、出生地（饲养场地）和生母的情况（产蛋母鸡的饲养方式记录）。如产蛋母鸡的饲养方式分 0 到 3 号 4 种。"0"号蛋是生物蛋，产这种鸡蛋的母鸡没有固定鸡舍，自由觅食，饲料里没有化学添加剂。"1"号蛋的母鸡是露天饲养场放养的，有固定鸡舍，除自由觅食外还添加人工饲料，定期打预防针。"2"号蛋是圈养母鸡生的蛋。"3"号蛋是笼中之鸡产的。

有了这些编码，鸡蛋质量只要有问题，有关部门就会顺藤摸瓜，追查到饲养场。

目前中国有些企业正努力将中国鸡蛋品牌化，同德国一样，推行鸡蛋"身份证"制度，那么中国鸡蛋几千年的"三无"产品（无标准、无生产日期、无品牌）将成为历史。

三、英国怎样将洋鸡蛋进行土改

在英国，人们将笼养鸡称为"受虐鸡"。笼养鸡生产的鸡蛋，则称为"受虐蛋"，也就是我们所讲的洋鸡蛋，常被认为是不健康的，且不符合动物保护法，从而更加推崇放养鸡生产的"生态蛋"，即土鸡蛋。

英国蛋类质量标准局提倡鸡的放养，并对此给出了详细的操作指南：

（1）放养鸡白天在野外至少活动8小时，晚上进入鸡棚。采用放养方式，鸡可以采食到天然的草、虫或树叶等。

（2）适时补喂一些饲料，而饲料都是经过检验合格的生物饲料，以玉米、米糠、麦麸、油菜籽、饲用酵母等为原料，不得含有激素等添加剂。

这样放养的鸡，实际上进行了"土改"，洋鸡变成了土鸡，洋鸡蛋变成了土鸡蛋。这也是我们所真正需求的鸡蛋。

第三节　鸡蛋的选购和保存

一、选购新鲜鸡蛋

看：鲜蛋的蛋壳上附着一层白霜，蛋壳颜色鲜明，气孔明显，反之则为陈蛋。劣质蛋，蛋壳表面的粉霜脱落；壳色油亮，呈乌灰色或暗黑色，有油样浸出；有较多或较大的霉斑。另外，蛋壳上有鸡屎、鸡血斑块也不要买，往往这是病鸡生的蛋。

摇：用手轻轻摇动，没有声音的是鲜蛋，有水声的是陈蛋。

浮：将鸡蛋放入冷水中，下沉的是鲜蛋，上浮的是陈蛋，斜着飘，则放了3～5天，如果立着飘则放了10天左右，横着飘则不要吃了。

照：蛋壳大头的部分，有一些圆形的小孔，这是空气进出的地方，称之为"气室"，这是为了供应小鸡生长所需要的空气。光照鸡蛋肉眼观察，如气室小是鲜鸡蛋，气室大则是放置过久的陈蛋。

磕：好鸡蛋打开看，分三层，由外到内分别为稀蛋白、蛋黄外层浓蛋白、蛋黄，且一层更比一层厚。蛋黄呈现橙黄色且弹性好。

二、识别变质的鸡蛋

微生物的污染可使鸡蛋变质腐败。变质鸡蛋可出现五种改变：

（1）蛋白质分解导致蛋黄移位，形成"贴壳蛋"。

（2）蛋黄膜分解形成"散黄蛋"。

（3）继续腐败，蛋清和蛋黄混为一体成为"浑汤蛋"。

（4）蛋白质进一步被细菌破坏分解形成硫化氢和氨类，可出现恶臭味，形成"臭鸡蛋"。

（5）真菌在蛋壳内壁和蛋膜上生长繁殖，形成暗色斑点，称为"黑斑蛋"。

三、不好剥的鸡蛋是新鲜的好鸡蛋

有些鸡蛋煮了以后很好剥壳，有些鸡蛋煮熟后壳和里面的蛋白在一起，非常难剥，也非常麻烦，通常我们认为这是坏蛋。其实，恰恰相反，不好剥的鸡蛋才是新鲜的好鸡蛋。因为，只有新鲜的好鸡蛋，其蛋壳和里面的蛋白粘连得比较紧密，所以不用凉水冷却的话，是很难剥的。

煮熟的新鲜鸡蛋的蛋白能分出三层来，如果剥的时候发现大头凹陷比较多，而且三层蛋白已经分不出了，蛋黄不在正中间，那就说明这个鸡蛋不新鲜了。

四、鸡蛋存放时间有讲究

人们在购买牛奶、面包、罐头时都会很注重保质期，而选购鸡蛋时注重的是土鸡蛋还是洋鸡蛋，是否有坏蛋，但却很少问保质期。

其实鸡蛋与牛奶、面包、果蔬、肉类等其他食品一样也有保质期，要趁新鲜吃。实验表明，在温度 $2 \sim 5℃$ 的情况下，鸡蛋的保质期是 40 天，而冬季室内常温下为 15 天，夏季室内常温下为 10 天，所以买来新鲜的鸡蛋最好在一周内吃完。

鸡蛋超过保质期其新鲜程度和营养成分都会受到一定的影响。如果存放时间过久，鸡蛋会因细菌侵入而发生变质，出现粘壳、散黄等现象。

五、鸡蛋保鲜有窍门

鸡蛋有保质期，而且存放时间不能太长，所以对鸡蛋保鲜非常重要。鸡蛋保鲜有何窍门呢？

（一）冰箱里储存

买回来的鸡蛋放在冰箱里储存，要大头朝上、小头在下，直立码放、不要横放。这样既有利于鸡蛋的呼吸，也可以使蛋黄上浮后贴在气室下面，而不至于贴在蛋壳上，有利于保证蛋品的质量。

（二）勿与挥发性物质同时装运

鸡蛋忌与挥发性物质同时装运，葱、姜、辣椒等的强烈气味会通过蛋壳上的气孔渗入鸡蛋中，加速鸡蛋的变质。

（三）勿用水冲洗再存放

品牌清洁蛋不必再清洗，直接整盒放入冰箱。未清洗的散装蛋，有些外壳很脏，用微湿的纸将蛋壳表面的脏物擦掉就可以了，切不可用水冲洗。用水冲洗的蛋破坏了原有的外蛋壳膜，使细菌和微生物畅通进入蛋内，加速鸡蛋的变质。

（四）独立存放

在没有条件冷藏鸡蛋的时候，要尽量用干净的纸或布做成鸡蛋形状的空穴，使每个鸡蛋有独立的存放空间，并且避免直接暴露在空气里。这样可以减少细菌和微生物侵入的机会，延长鸡蛋的保存时间。

第四节　安全科学吃鸡蛋

一、吃鸡蛋前要清洗鸡蛋壳

鸡蛋壳表面往往被沙门菌污染，在打鸡蛋时可能污染到蛋清，所以要清洗鸡蛋壳。在打鸡蛋时尽量不要让蛋液接触蛋壳，也不要用碰过蛋壳的手指接触打出来的蛋液。

同时也要注意鸡蛋是否有裂缝，因为鸡在下蛋过程中，胃肠道中的沙门氏菌可以透过裂缝进入鸡蛋内。有裂缝的鸡蛋一定要熟透。

在美国，鸡蛋产出后，先要送到自动照射机器上进行光检，查看蛋壳上有无裂缝，然后进行清洗。清洗剂是特制的，目的是洗掉鸡蛋表面的脏东西，同时还不能破坏鸡蛋壳本身所产生的一层保护膜。

二、科学烹饪鸡蛋，煮蛋最营养

鸡蛋的吃法多种多样，日常用得较多的有炒鸡蛋、蒸鸡蛋、煎鸡蛋、煮鸡蛋等，从营养价值来说只要不炸脆变色都行，营养素损失在10%以内基本上可以忽略不计。

就营养的吸收和消化率来讲，煮蛋为100%，炒蛋为97%，嫩炸为98%，老炸为81.1%，开水、牛奶冲蛋为92.5%，生吃为30%～50%。另外，生吃鸡蛋还容易引起沙门氏菌感染。

由此来说，煮鸡蛋是最佳的吃法，但要注意细嚼慢咽，否则会影响吸收和消化。不过，对儿童来说，还是蒸蛋羹、做蛋花汤最适合，因为这两种做法能使蛋白质松解，极易被儿童消化吸收。

三、鸡蛋煮沸 5 分钟，软嫩、味香、营养好

煮鸡蛋看似简单，却不好把握火候，时间短了，蛋黄没熟；时间过长，鸡蛋变老不好吃。

通常，水必须没过蛋，并水浸泡一会儿，以降低蛋内气压；然后用中等火候，冷水煮沸，水开后算好 5 分钟。5 分钟煮出来的鸡蛋不仅软嫩、味香，而且杀死了有害致病菌，又能比较完整地保存营养素。

如果是在鸡蛋的卫生条件得不到很好的保障的情况下（"三无"产品的鸡蛋），特别是有裂缝的鸡蛋，可能存在沙门氏菌感染，鸡蛋煮沸时间应为 8 ~ 10 分钟，蛋黄完全凝固方可安全食用。

如果鸡蛋在沸水中煮的时间过长（超过 10 分钟），鸡蛋内部会发生一系列的化学变化。如鸡蛋中蛋氨酸能分解出硫化物，它与蛋黄中的铁发生化学反应，在蛋黄的周围形成绿色或灰绿色的硫化铁，硫化铁不易被人体吸收利用，从而降低鸡蛋的营养价值，影响口感及消化吸收。

四、鸡蛋一天吃一个没问题

中国居民平衡膳食宝塔建议 6 岁以上的健康人，在肉类、鱼虾类、奶类、豆制品等供应充足的情况下，每天吃蛋类食品的量为 25 ~ 50 克，约 1 个鸡蛋。

我们知道鸡蛋是高蛋白食品，如果食用过多，可导致代谢产物增多，同时也增加肾脏的负担。肝肾功能不全患者要注意控制吃鸡蛋的量。

如果您想多吃鸡蛋，减少其他动物性食物也是可以的。孕产妇、运动员、重体力劳动者也可适当增加。

另要注意，4 ~ 6 个月以上的婴儿方可吃蛋黄，煮好以后要弄碎，和米汤或奶混匀喂食。但不能吃全蛋。7 个月以后，可以吃蒸得很嫩的蛋羹。婴儿吃鸡蛋量由少到多，从 1/8 加到 1/4 个。如果对鸡蛋过敏，这样的孩子可以 1 岁以后再加。

五、高血压、糖尿病、高血脂患者也可放心吃鸡蛋

一般成年人一天的胆固醇建议摄入量为不超过 300 毫克，鸡蛋蛋黄含有较多的胆固醇，据测定一个普通鸡蛋蛋黄含量有 200 毫克胆固醇，这样吃 1 个鸡蛋就相当于我们一天胆固醇的需要量。所以不少人，特别是有代谢性疾病（糖尿病、高血压、高血脂、脂肪肝）的患者对吃鸡蛋怀有戒心，甚至有人会抛弃鸡蛋黄，光吃蛋白（蛋清）。"三高"的病人真要与营养丰富的鸡蛋告别了吗？

糖尿病、高血压、高血脂、脂肪肝的患者可以吃鸡蛋

研究表明，蛋黄含有丰富的卵磷脂，卵磷脂进入血液后，会使胆固醇颗粒变小，并使之保持悬浮状态，从而阻止胆固醇在血管壁上沉积。另外，蛋黄有许多有益于健康的营养物质如卵磷脂、维生素和矿物质，蛋白（蛋清）则很少或没有。

美国居民膳食指南委员会指出，多吃鸡蛋没问题，因为血液中的胆固醇含量远比之前的理解要复杂得多。膳食胆固醇现在被认为"是与营养过剩不相关"，这是一个颠覆性的观念。

所以，对有代谢性疾病的患者，没有胆囊炎，每天吃 1 个，或隔天吃 1 个鸡蛋是允许的。

注意：鸡蛋是一种非常吸油的食品，炒鸡蛋会极大地增加鸡蛋的脂肪含量，所以三高患者不宜吃油炒、油煎鸡蛋。

六、荠菜煮鸡蛋的食疗药效

每年农历三月三，人们会将新鲜荠菜洗净后捆扎成一小束，放入鸡蛋、红枣、风球，再配两三片生姜，煮上一大锅，全家都吃上一碗。虽是民俗，但荠菜煮鸡蛋确实具有很高的药用价值。

荠菜是野菜中的上品，又名菱角菜、地菜。民间有春食荠菜赛仙丹之说，荠菜素有"三月灵丹""菜中甘草"之称。中医认为：荠菜味甘、性凉，有和脾、

利水、止血、明目等效用。荠菜与鸡蛋同煮，这样煮出来的汤汁和鸡蛋能防治头痛头昏病，祛风湿、清火，治腰腿疼痛之症，而且还可预防春瘟。

注意：荠菜是一种野菜，野菜并不等同于是绿色的、无公害的、有机的，所以采摘荠菜时要注意其生长环境。

七、西红柿蛋汤的食疗药效

现今餐桌上常可见到一道非常普通的菜——西红柿蛋汤，这是因为西红柿蛋汤做起来简单方便，而且特别有营养。

说其简单：在锅里倒入水，待水煮开后，把番茄切片倒入煮开，鸡蛋打碎入碗，沿一个方向搅拌，待水开后再下锅，同时也要搅拌，等成蛋花状就可以起锅了，在汤碗里洒几颗葱末，加适量的盐便可。

说其营养：西红柿性微寒，味甘、酸。可养阴生津、健脾养胃、平肝清热。西红柿中所含的番茄红素作为一种抗氧化剂，可降低人患癌症和心脏病的风险。而加热的西红柿，会使番茄红素和其他抗氧化剂含量出现显著上升，并且加热时间越长，番茄红素和其他抗氧化剂增幅越大。

注意：西红柿蛋汤里无须放味精，因鸡蛋本身含有许多与味精成分相同的谷氨酸。如果炒鸡蛋时放味精，反而会破坏和掩盖鸡蛋的天然鲜味。

八、茶叶煮蛋不会营养相克

有人认为，茶叶蛋应少吃，因为茶叶中含有酸化物质，与鸡蛋中的铁元素结合，会对胃肠起刺激作用，影响胃肠的消化功能。

确实，茶叶中的鞣酸的确可以和铁等多种矿物质结合，妨碍微量元素吸收，它也会和蛋白质结合，从而降低蛋白质的利用率。

但是，茶叶蛋并不会带来鸡蛋中铁的浪费，因为鸡蛋本来就不是补铁的食物，肉类才是。人对鸡蛋中铁的吸收率只有3%，是因为鸡蛋黄中的高磷蛋白妨碍铁吸收，和茶叶无关。相反茶叶蛋因为里边有茶叶的成分，还可以克服鸡蛋的某些缺点。解放军总医院营养学专家赵霖，就曾把中国茶叶蛋，介绍给他的德国朋友吃。

另外，有人认为吃肉时不要同时喝茶，是担心茶叶中的鞣酸和铁结合，其实红肉中铁元素在人体内的代谢是不受茶叶中鞣酸影响的。

九、感冒时也可吃鸡蛋

人在进食后体温会略有升高，其中进食蛋白质影响最大，持续时间也较长。鸡蛋的蛋白质含量高，我们感冒后就不能吃鸡蛋了吗？

感冒伴有发烧者，最好不要吃大鱼、大肉等油腻、不易消化的食品。发烧病人的饮食应该力求清淡，易消化，并含有丰富的维生素。一般以流质或半流质食物为主，如米汤、稀饭、面条、藕粉等，并搭配一些新鲜水果。

但蛋白质又是身体修复的必需物质，鸡蛋富含蛋白质（清蛋白），人体吸收率极高，所以感冒患者可以食用蒸蛋羹、蛋花汤，但不宜吃荷包蛋或炒蛋。如感冒不伴发烧或退烧后病情进入恢复期，可进一步放宽蛋白质的摄取。在临床实践中，也没有任何证据显示吃鸡蛋会使发热的温度升高或使发热的病程延长。

顺便提一句，鸡汤虽含有较高的蛋白质与脂肪，但还含有多种具有治疗感冒等药用功能的物质，鸡汤是自古就有的治疗感冒的良药。在美国，热鸡汤还被称为"液体青霉素"，提倡感冒后经常喝它。

第五节 小常识

一、美味的咸鸭蛋和皮蛋，外国人不认同

咸鸭蛋和皮蛋是以新鲜鸭蛋为主要原料，经过腌制而成的再制蛋，因色、香、味均十分诱人，深受老百姓的喜爱。但欧美人并不认同，美国媒体还评出全球最"恶心"食物，中国皮蛋居榜首。

确实，一枚咸鸭蛋，含盐量达3～6克，接近人一天的摄入量。而皮蛋含盐量也不低，再者皮蛋在加工过程中加入了碱，B族维生素损失较大。还有一个非常敏感的问题，皮蛋里含铅量高。虽然如今不少厂家将氧化铅换成了氧化锌，制成无铅皮蛋，铅的含量比原来要低得多，食用相对更安全，但也并不是一点不含铅。

所以，皮蛋和咸鸭蛋还是偶尔适量食用为佳，吃之前还要蒸熟。

二、不要以猎奇心理去买异常鸡蛋

母鸡在不同时期、不同条件下，能够产生很多种不正常的蛋，统称为异

常蛋（也叫反常蛋或畸形蛋）。异常蛋种类有软壳蛋、无壳蛋、蛋中蛋、多膜蛋、无黄小蛋、血斑蛋和肉斑蛋等。

　　造成母鸡生产异常蛋的主要原因有疾病困扰、营养失调、代谢障碍、环境应激、管理不善、遗传变异等。

　　如最常见的异常蛋 ——软壳蛋，是因鸡吸收营养物质钙磷比例失调或霉菌毒素中毒，引起生殖道机能错乱，卵巢机能丧失或退化，从而使母鸡产出软壳蛋。

　　异常鸡蛋营养价值并不高，不要以猎奇心理去买异常鸡蛋吃。即便是个头特别大的鸡蛋通常兼有蛋壳较薄的问题，代表母鸡的健康状况不佳，而鸡蛋过小，也意味着母鸡处于不正常状态。太大、太小的鸡蛋均不要选购，最好挑选中等大小的鸡蛋。

三、初生蛋营养价值并不高

　　初生蛋又叫开产蛋，并不只是一只鸡所生的第一个蛋，而是一个阶段内产的蛋。

　　一般鸡在生长期130 ~ 160天之内所产的蛋都被称为初生蛋。此时鸡蛋较小，约40克，还不到1两。初生蛋这种鸡蛋因分量不够标准，在国外是不允许出售的。到了母鸡30周龄左右，鸡蛋重60 ~ 65克，才达到了出售标准。

　　初生蛋与母鸡30周龄后下的蛋除重量上有差别外，营养价值上没有什么明显差异。

　　另需说明，双黄蛋往往出现于刚刚成年开始下蛋的母鸡，双黄蛋的产生是由于激素异常导致的。双黄蛋和单黄蛋的成分分析表明，二者并没有值得注意的差异。

四、毛鸡蛋营养价值低、不卫生

　　毛鸡蛋又叫鸡胚蛋、旺鸡蛋，其实就是受精的鸡蛋，而我们通常吃的都是未受精的蛋。毛鸡蛋在南方部分地区用来作为营养滋补食品，当地百姓认为"活胎毛蛋"口味鲜美，加上半蛋半鸡营养独特的特点，也算是一道不错的美食。

　　其实，在市场上出售的鸡胚蛋大多是用于孵化小鸡的鸡蛋因温度、湿度不当或感染病菌而发育停止死于蛋壳内的鸡胚蛋。实际上，胚胎一经发育，蛋的品质就会显著下降，且常含有很多细菌，非常不卫生。经测定，死胚蛋里几乎 100% 含有病菌。另外，毛蛋中含有生理活性物质（如雌激素、孕激素等），少儿常吃会造成内分泌失调，引起性早熟。

所以，毛鸡蛋的营养价值低，且不卫生，最好不要吃。

第六章　大　豆

我国传统饮食讲究"五谷宜为养，失豆则不良"，意思是说五谷是有营养的，但没有豆子就会失去平衡。大豆是数百种天然食物中最受营养学家推崇的食物。大豆丰富的营养，被人们称为"没有骨头的肉类""绿色的牛乳"。

大豆及多种多样的大豆制品，给我们的机体提供大量丰富的营养物质，同时也丰富了我们的餐桌。我们应该怎样更正确、更完美地享受大豆及其制品呢？

第一节　大豆的营养价值

一、大豆有"绿色的牛乳"之美誉

大豆起源于中国，已有4 700多年种植大豆的历史，大约在19世纪后期才从中国传到世界各地。大豆古称菽。大豆呈椭圆形、球形，颜色有黄色、淡绿色、黑色等，故又有黄豆、青豆、黑豆之称。黄豆可以做成豆腐，也可以榨油或做成大豆酱；黑豆又叫乌豆，可以入药，也可以充饥，还可以做成豆豉；其他颜色的大豆都可以炒熟食用。

中医认为，大豆味甘、性平，入脾、大肠经，能杀乌头、附子毒，具有健脾宽中、润燥消水、清热解毒、益气的功效。

现代医学研究表明，大豆营养丰富，大豆蛋白质含量为35%~40%，是植物性食品中含蛋白质最多的食品。大豆蛋白质的氨基酸组成接近人体需要，而且富含谷类蛋白以及人体较为缺乏的赖氨酸，是与谷类蛋白质互补的天然理想食品，故大豆被称为"田中之肉""绿色的牛乳"。

大豆所含脂肪为15%~20%，其中不饱和脂肪酸占85%，且以亚油酸为主，有防治动脉硬化的功效。此外，大豆还含有1.64%的磷脂，对脑神经有很好的保健作用。

大豆异黄酮是一种结构与雌激素相似，具有雌激素活性的植物性雌激素，能够减轻女性更年期综合征症状、延迟女性细胞衰老、使皮肤保持弹性、养颜、减少骨丢失、促进骨生成、降血脂等。

大豆中含有的可溶性纤维，既可通便，又能降低胆固醇含量。大豆中含有一种抑制胰酶的物质，对糖尿病有治疗作用。

二、大豆中抗营养物质

大豆营养素蔚为壮观，但是同时存在许多抗营养物质，这些物质影响人体对大豆的消化吸收，如蛋白酶抑制剂妨碍人体对蛋白质的消化吸收；脂肪氧化酶是产生豆腥味及其他异味的物质；水苏糖和棉籽糖在肠道微生物作用下可产气，故将两者称为胀气因子；植酸可与锌、钙、镁、铁等结合而影响它们的吸收利用；植物凝集素刺激消化道黏膜，破坏了红血球的输氧能力。

当然我们不要认为天然的大豆抗营养物质妨碍某些营养素的吸收，就是坏的物质，其实抗营养物质本身也有一些好的作用，如大豆胰蛋白酶抑制剂是非常强的抗癌物质；植酸有强大的抗氧化作用，对于预防癌症、糖尿病和心脏病都有帮助。

通常，大豆经过水泡、磨浆、加热、发酵、发芽等方法制成豆制品，可有效消除大豆抗营养素因子，提高大豆营养的利用率。而留下来少许抗营养物质则会发挥它们的保健作用。

第二节　大豆分类及食疗药效

一、大豆制品分非发酵性、发酵性两大类

大豆制品是以大豆为主要原料，经加工而成的食品。大多数豆制品是由大豆的豆浆凝固而成的豆腐及其再制品。

大豆制品，不仅除去了大豆的有害成分，而且使大豆蛋白质的结构从密集变成疏松状态，蛋白质分解酶容易进入分子内部使消化率提高，从而提高了大豆的营养价值。

大豆制品主要分为两大类，即发酵性豆制品和非发酵性豆制品。

（1）发酵性豆制品是以大豆为主要原料，经微生物发酵而成的豆制品，如腐乳、臭豆腐、豆豉、豆酱等。

（2）非发酵性豆制品是指以大豆或其他杂豆为原料制成的豆腐或豆腐再经卤制、炸卤、熏制、干燥的豆制品，如豆腐、豆浆、豆腐丝、豆腐皮、腐竹等。

二、非发酵性豆制品豆腐、腐竹的食疗药效

（一）豆腐的食疗药效

相传豆腐是公元前164年，由汉高祖刘邦之孙淮南王刘安在八公山与八位术士炼仙丹的时候，偶以石膏（硫酸钙）点豆汁，从而发明了豆腐。

豆腐食用方法，可以单独成菜，也可以做主料、辅料，或充作调料。民间有"豆腐得味，远胜燕窝"之说。

豆腐，味甘，性凉，有益气和中、生津解毒的功效。

（二）腐竹的食疗药效

腐竹是大豆磨浆烧煮后凝结干制而成的具有浓郁豆香味的豆制品。腐竹

中蛋白质含量高，所以腐竹被人们称为"素中之荤"。

腐竹可荤可素、可烧可炒、可凉拌可汤食。食腐竹前，用清水（夏凉冬温）浸泡 3 ~ 5 小时即可发开。

腐竹味甘、性平，具有清热润肺、止咳消痰的功效。

三、南豆腐、北豆腐、内脂豆腐的特征

1. 南豆腐

南豆腐是南方常见的豆腐，用石膏（硫酸钙）作为凝固剂，相对北豆腐水分比较多，色泽白，也比较嫩。

2. 北豆腐

北豆腐是北方常见的豆腐，用盐卤（氯化钙和氯化镁）作为凝固剂，相对南豆腐，水分少些，色泽发黄，比较老。

3. 内酯豆腐

内酯豆腐是日本人近年来用新技术生产的豆腐，它是用葡萄糖酸内酯作为凝固剂，添加海藻糖和植物胶之类的物质保水而制作出来的。此豆腐出品率高、洁白细腻、有光泽、口感好、保存时间长。

南北豆腐是我国传统豆腐，用石膏和盐卤作凝固剂，致使钙和镁的含量均明显高于内酯豆腐。内酯豆腐以葡萄糖酸内酯作凝固剂既不含钙也不含镁，其钙和镁只有豆浆本身的那一点，含量非常低。另外，传统豆腐蛋白质也高于内酯豆腐。

四、发酵性豆制品的食疗药效

（一）腐乳的食疗药效

腐乳至今已有一千多年的历史，为我国特有的发酵制品之一。《本草纲目拾遗》中记述："豆腐又名菽乳，以豆腐腌过酒糟或酱制者，味咸甘心。"

善用豆腐乳，可以让料理变化更丰富，滋味更有层次感。除佐餐外，也常用于火锅、姜母鸭、羊肉炉、面线、面包等沾酱及肉制品加工等用途。

腐乳性平，味甘，具有开胃消食调中的功效。

（二） 豆豉的食疗药效

豆豉是一种用黄豆或黑豆泡透蒸（煮）熟，利用毛霉、曲霉、根霉菌及枯草芽苞杆菌素微生物发酵而制成的食品，为我国传统发酵豆制品。最早的记载见于汉代刘熙《释名·释饮食》一书中，誉豆豉为"五味调和，需之而成"。

豆豉按原料分为黑豆豆豉和黄豆豆豉两种。著名的麻婆豆腐、炒回锅肉等均少不了用豆豉作调料。

豆豉性平，味甘微苦，有发汗解表、清热透疹、宽中除烦、宣郁解毒之功效。

五、白方、红方、青方三类腐乳的特征

腐乳是利用毛霉菌、根霉菌、枯草芽苞杆菌等微生物发酵而制成的食品，通常分为白方、红方、青方三大类，不同腐乳品种有不同特性。

（1）白色腐乳在生产时不加红曲色素，使其保持本色，称为白方。

（2）腐乳坯加红曲色素即为红腐乳，称为红方。红曲是红曲霉寄生在大米上发酵而成的产物，呈深红色，含有红色色素，又称丹曲。红曲可以药食两用，古代就被广泛应用于食品着色、酿酒、发酵、医药等。日本最早从红曲里提炼出了他汀类降血脂药。

（3）青色腐乳是指臭腐乳，又称青方。它是在腌制过程中加入了苦浆水、盐水而制成的，故呈豆青色。臭腐乳发酵彻底，致使发酵后一部分蛋白质的硫氨基和氨基游离出来，产生明显的硫化氢臭味和氨臭味。

第三节 大豆及其制品的选购与保存

一、大豆及其制品的选购

（一） 大豆的选购

1.色泽

优质大豆，具有其固有色泽，如黄色或黑色，且鲜艳而有光泽；劣质大豆，色泽暗淡无光泽。

2.形态

优质大豆，颗粒饱满，整齐均匀，无破瓣，无缺损，无虫害，无挂丝；劣质大豆，颗粒瘦瘪，不完整，大小不一，有破瓣，有虫蛀。

3. 气味

优质大豆，具有正常的香气和口味；劣质大豆，有酸味或霉味。

4. 牙咬

干燥大豆，用牙轻咬，发音清脆且成碎粒，说明大豆干燥；潮湿大豆，牙轻咬，发音不脆。

另须说明，大豆品种有许多，转基因大豆和非转基因大豆不是能凭借形状、靠肉眼来区分的。湖南省检验检疫科学技术研究院朱金国研究员指出，我国是进口转基因大豆大国，转基因大豆主要用于生产食用油、加工原料和饲料。目前鉴别转基因大豆与非转基因大豆及其制品，只能到专业检测机构检测有无转基因成分来判断。

（二）大豆豆制品的选购

豆制品的感官鉴别，主要是通过观察其色泽、组织状态，嗅闻其气味和品尝其滋味来进行的。

1. 豆腐

豆腐淡黄或白色，边角完整，不凹凸，口感细嫩，软硬适宜，醇香无杂质，无异味。

2. 豆腐皮

豆腐皮微黄均匀，片状，表面细腻，厚薄均匀，有弹性，不发黏，无杂质。

3. 油豆腐

油豆腐表面金黄或棕黄色，皮脆、内暗黄，酥松可口。若内囊多结团，无弹力，则是掺了杂质。

4. 豆腐干

豆腐干分为白豆腐干、五香豆腐干、蒲包豆腐干、兰花豆腐干等品种。好的白豆腐干表皮光洁呈淡黄色，有豆香味，方形整齐，密实有弹性。五香豆腐干表皮光洁带褐色，有五香味，方形整齐，坚韧有弹性。蒲包豆腐干为扁圆形浅棕色，颜色均匀光亮，有少许五香味，坚韧密实。兰花豆腐干表面与切面均为金黄色，刀口的棱角看不到白坯，有油香味。

5. 百页

百页有厚、薄之分。厚百页为乳白色，薄百页为黄亮色，有豆香味，厚薄均匀。

6. 素鸡

素鸡外观颜色为乳白色或淡黄色，无重碱味，外观圆柱形，切开后刀口光亮，看不到裂缝、烂心。

7. 腐竹

腐竹一级品，色泽黄、油亮，干燥筋韧，无碎块；腐竹二级品，颜色较一级品灰黄，干燥无碎块；腐竹三级品，灰黄色较重，无光泽，易碎，筋韧性差。

8. 豆腐乳

豆腐乳分为白腐乳、红腐乳、青腐乳等品种。白腐乳表面乳黄，若加了辣椒酱，仍依稀可见乳白色，带浓厚酒香；红腐乳表面红色或枣红色，内杏黄色，有发酵食品特有的香气，滋味鲜美，咸淡适口，无酸、涩、腥、霉和腐臭味，块形均匀，质地细腻，无杂质；青腐乳（俗称臭豆腐）颜色青白，气味独特，即"香中带臭，臭中带香"，块形整齐，质地细腻。

9. 豆豉

豆豉黑褐色或黄褐色，鲜美可口、咸淡适中、清香回甜，具有浓浓豉香气者为佳。

10. 豆酱

豆酱为大豆蒸煮发酵加盐制成的调味品。其色泽为红褐色或棕褐色，鲜艳、有光泽；有明显的酱香和酯香，咸淡适口，呈黏稠适度的半流动状态。

二、大豆及其制品的保存

（一）大豆的保存

大豆籽粒中含有丰富的蛋白质和脂肪，在高温、高湿环境中易变色变味，严重的会发生浸油。

首先选择种皮光滑、籽粒坚硬、干燥的大豆，而破损的大豆易变质，应去除。家中有少许大豆，可用塑料密闭包装，放入冰箱中低温密闭储藏。大豆数量较多，放在通风干燥处，利于散湿散热。

（二）豆制品的保存

常见的豆制品中的豆腐是很容易变质的食材，离开了冰箱要保存是比较难的。如果将豆制品用保鲜袋盛装，然后扎紧口袋，浸泡到盛有凉水的盆子里换水，可有效保存豆制品也就是 1~2 天。

所以豆腐最好现买现吃，如果发现豆制品表面发黏，就不要再食用了。

第四节　安全科学吃大豆

一、大豆及其制品需常吃，但也要适量

民间有"宁可食无肉，不可食无豆"之说。中国营养学会在《中国居民平衡膳食指南》中建议一个健康人每天食用豆类食品的数量应该相当于干大豆 25 克，或南豆腐 150 克，或北豆腐 100 克，或豆浆约 400 毫升，或豆腐干 30 克，或腐竹 20 克，或豆粉 25 克，或以上食物选两种，各食一半也可。

当然豆制品的食用量也应该有一定的限制。腐竹、豆腐皮和油炸过的豆制品，脂肪含量较高，大豆发酵食品豆豉、豆腐乳等食盐含量一般较高，一块腐乳含盐量就够成人一天的食用量。

对于胃肠功能降低了的老年人和消化系统有疾病的人，要适当加以控制。大量的豆类食品会使胃肠道消化负担加重，当消化液不能及时、充分地消化豆类食品时，会出现腹胀、腹泻等消化系统不适症状。

此外，肾脏疾病和痛风病的患者，豆制品的摄入更要适量，食用豆制品的同时要减少肉类食品，因为豆制品含有大量的蛋白质，会造成人体内含氮废物量增多，给承担排泄含氮废物的肾脏带来较大的工作量。

等值大豆食品交换

食物	重量（克）	食物	重量（克）
大豆（干）	25	南豆腐	150
北豆腐	100	豆浆（1 份豆，8 份水）	400
豆腐丝（豆腐干）	30	腐竹	20
豆粉	25		

*每交换份＝热量约 377 千焦＋蛋白质 9 克＋脂肪 4 克＋碳水化合物 4 克

二、大豆怎么烹饪

大豆吃法众多，可直接炒豆子吃，也可煮着吃，当然也可制成各式各样

的豆制品来吃。但是大豆是不能生吃的，生豆存在许多抗营养因子，如抗胰蛋白酶，它会抑制胃肠内胰蛋白酶对食物的消化作用，使大豆中的蛋白质难以分解，使人体吸收过多的氨基酸，而降低大豆中蛋白质的吸收利用率。另外，大豆中含有一种凝血酶，它可使血液异常凝固，严重者还会引起血管的阻塞。

如果大豆经加工煮熟后，大豆有害因子已被消除，大豆纤维组织也被解体，其消化吸收率会随之提高。

一般来说，炒豆子的蛋白质消化率只有65%，大豆煮着吃吸收率不到70%，而制成豆腐且经过烹饪后，蛋白质消化率则在90%以上。如果大豆制品再经过发酵，蛋白质消化率将进一步升高。

三、豆腐与什么食物搭配最佳

豆腐的营养价值和药用价值都很高，进行下列食物搭配则营养价值更高。

（一）豆腐和鱼搭配，取长补短

豆腐所含蛋白质缺乏蛋氨酸，鱼的蛋白质缺乏苯丙氨酸，各自所缺，正是对方所有。合在一起，则可取长补短。豆腐和鱼一起吃蛋白质的组成更合理，营养价值更高。

（二）豆腐和海带搭配，避免碘缺乏

豆腐里的皂角苷成分可促进脂肪代谢，阻止动脉硬化发生，但易造成机体碘缺乏，与海带同食就可避免这个问题。

（三）豆腐和萝卜搭配，避免消化不良

豆腐植物蛋白丰富，但多吃可引起消化不良，萝卜有助消化之功效，豆腐与萝卜同食，此弊即可消除。

四、巧除豆腐的豆腥味

豆腐都有一定的豆腥味，北豆腐还有轻微的苦涩味。为除去异味，许多用豆腐制作的菜肴的要诀就是在烹调前都要将豆腐放在水里焯一下。

要知道豆腐焯水大有讲究。常见许多焯水过后的豆腐不是散碎就是中心出现空洞，不符合烹调的要求，这是因为没有正确掌握豆腐焯水的诀窍而造成的。

正确的方法是，将豆腐切成大小相近的小方块，然后放在水锅中，与冷水同时加热，待水温上升到90℃左右时，转用微火恒温，慢慢见豆腐上浮，用手捏时感觉有一定硬度时捞出，浸冷水中即可。

五、小葱拌豆腐不是美食陷阱

小葱拌豆腐是普通的家常菜，很多人喜欢吃。但是有人撰文评论小葱拌豆腐是美食陷阱，因葱含有大量草酸，当豆腐与葱相拌时，豆腐中的钙与葱里的草酸结合形成白色沉淀物草酸钙，使豆腐中的钙质遭到破坏。

我们需要放弃小葱拌豆腐这道美食吗？大可不必！中国营养学会理事长葛可佑教授指出，人们吃进去的钙只有20%~40%能够吸收，大部分的钙不被吸收，而是随粪便排出体外。专家们在制定膳食钙需要量时，已经把其中大部分钙不能吸收的问题考虑在内了，不需要每个人吃饭时再去担心这个问题。

再者，小葱拌豆腐，小葱的量极少，豆腐的量很大，何来钙被破坏？我们吃了几百年也没事。

六、菠菜和豆腐一起吃并不相克

有科学实验表明，菠菜中含有大量的草酸，与豆腐中的钙可结合形成不溶性的沉淀，所以有人认为菠菜和豆腐不能一起吃，因为这样吃既浪费了豆腐中的钙，又因草酸和钙结合，会导致肾结石。

事实果真如此吗？确实，菠菜直接与豆腐炒在一起，会浪费一部分钙。但是菠菜用开水焯水后可充分地除去草酸，再与豆腐同煮或同炒，基本上不影响菠菜豆腐的营养价值，也可保持菠菜豆腐的美味。另有研究证明，没有动物蛋白的素食中，虽然草酸盐含量较高，但素食者结石发生的危险性却很低。至于说形成结石，那就更没有道理了，因为草酸钙在肠内不被吸收，不会进入循环系统，与体内的结石形成丝毫不发生关系。富含钙和蛋白质的豆腐，加上富含维生素、钾和镁的焯水菠菜，正是补钙健骨的绝配。

另外，我们要注意富含草酸的蔬菜还有竹笋、空心菜、木耳菜、苋菜、牛皮菜、茭白、青蒜等。

七、豆腐乳蒸熟吃，有点怪

豆腐乳味道鲜美，食用方便，深受人们的喜爱。然而豆腐（腐乳的前体物）

中查出含有大肠菌群、蜡状芽孢杆菌和金黄色葡萄球菌等病原菌。虽然大多数腐乳中都加有一定量的具有抑菌作用的食盐(5%~15%)和酒精(1%~7%),但是芽孢杆菌有较强的耐盐和耐酒精能力,芽孢杆菌必然存在于成品腐乳之中。

湖南省检验检疫科学技术研究院朱金国研究员指出,食品中如果蜡状芽孢杆菌数高于10^3个/克,对消费者将有潜在的危害。如果沿用开放式的传统工艺,豆腐乳蜡状芽孢杆菌数则会更高。也许我们吃了传统工艺蜡状芽孢杆菌数超标的豆腐乳并没有多大的损害,但对欧美人可能影响大。

因此,我们最好吃管理水平较高、卫生条件较好、正规企业生产的豆腐乳。如不能保证卫生条件或肠胃功能不好者,豆腐乳应该蒸熟吃。豆腐乳最好蒸15分钟,将里面的病原细菌全部杀死。蒸熟豆腐乳也会导致许多有益健康的益生菌及其他活性物质被破坏,而且味道也没有那么香美了。

八、臭豆腐闻起来臭,吃起来香

在西方国家臭豆腐是腐败食品,普遍被认为是"不健康"的食物。然而在我国臭豆腐是有着丰富文化底蕴的民间休闲小吃,距今已有近千年的历史。其最风光的年代可追溯到清宣统年间,慈禧太后给臭豆腐赐名"青方",使得臭豆腐立即名扬天下。

其实,臭豆腐的发酵过程比其他品种的大豆制品更彻底,所以氨基酸含量更丰富,蛋白质消化率则在96%以上。特别是其中含有较多的丙氨酸和酯类物质,使人吃臭豆腐时感觉有种特殊的甜味和酯香味。

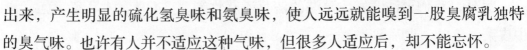

但是,由于这类腐乳发酵彻底,致使发酵后一部分蛋白质的硫氨基和氨出来,产生明显的硫化氢臭味和氨臭味,使人远远就能嗅到一股臭腐乳独特的臭气味。也许有人并不适应这种气味,但很多人适应后,却不能忘怀。

务必要注意,臭豆腐是油炸食品,且含盐量超标,不宜天天吃,也不宜多吃,每周吃1次便可。

第五节 小常识

一、黄豆芽的食疗药效

黄豆芽是一种古老而新兴的芽类蔬菜，炒、拌、煮皆可食用。

一粒黄豆洗净后用水浸泡，每天换水，20 天后就会生出一株生机勃勃的小芽，这足以说明黄豆芽的营养非同一般。明人陈嶷曾有过赞美黄豆芽的诗句："有彼物兮，冰肌玉质，子不入污泥，根不资于扶植。"

中医认为，黄豆芽味甘、性凉，入脾、大肠经；具有清热利湿、消肿除痹、祛黑痣、治疣赘、润肌肤的功效；对脾胃湿热、大便秘结、寻常疣、高血脂有食疗作用。

现代医学研究表明，黄豆在发芽过程中使人胀气的物质会被分解，更多的营养元素被释放出来，更利于人体吸收，营养更胜黄豆一筹。经常食用黄豆芽可以预防心脑血管疾病，有降低血脂、防止牙龈出血、健脑、抗癌的作用。

注意：豆芽在生长过程中外观易发生褐变，影响卖相，因此部分生产者会使用漂白剂连二亚硫酸钠（又称保险粉）漂白豆芽。《食品添加剂使用标准 GB 2760—2014》中规定，连二亚硫酸钠是可以用于食品漂白的添加剂，主要用于果干、粉丝等干货上，但不能在新鲜蔬菜上使用。市场上如果黄豆芽颜色苍白，显得分外水灵脆嫩，应予以注意。

二、大豆异黄酮的保健作用

大豆异黄酮是大豆生长中形成的一类次级代谢产物，是一种与雌激素有相似结构的天然植物雌激素。有大量证据表明，绝经后妇女长期应用激素替代治疗弊大于利。天然的植物雌激素作为一种甾体激素以外的性激素引起了人们的广泛关注。

大豆异黄酮的雌激素作用影响到激素分泌、代谢生物学活性、蛋白质合成、生长因子活性，有延缓女性衰老，改善更年期症状，防治骨质疏松、血脂升高、乳腺癌、前列腺癌、心脏病、心血管疾病等功能。

根据对女性卵巢功能衰退的认识，35 岁左右的女性就开始需要服用异黄酮。40 岁以前服用小剂量，41~50 岁应该用足够剂量，50 岁以后需要大剂量服用；有更年期症状者剂量必须加大，根据个人感受和身体反应来调整剂量大小。

大豆异黄酮服用量的推荐

组别	年龄（岁）	日推荐量	服用周期
无更年期症状	35 ~ 40	30 毫克	每年 2 ~ 3 个月
无更年期症状	40 ~ 50	45 毫克	每年 2 ~ 3 个月
无更年期症状	50 以上	60 毫克	每年 2 ~ 3 个月

有更年期症状，可以 60 毫克大豆异黄酮服用至更年期症状消失后，再服用 2 ~ 3 个月，每年补充 2 ~ 3 个月。

注意：大豆异黄酮一定要咨询医生的意见，不得擅自服用。

美国健康咨询委员会有另外一种观点，他们认为围绝经期是一种生理现象，并不一定是雌激素缺乏状态，应用植物雌激素会造成激素失调，可能对妇女健康不利。

务必注意，孕妇和哺乳期妇女不要服用大豆异黄酮，年轻女性也不宜服用，乳腺癌、子宫内膜癌患者也不宜服用。

三、纳豆软胶囊没有神奇疗效

纳豆是日本的一种传统食品，在日本已有上千年的历史。纳豆是以黄豆为原料，利用稻草上的自然枯草芽苞杆菌发酵，在寺庙的厨房里制造出来的，因为日本寺庙的厨房叫纳所，所以叫纳豆。日本纳豆制作同四川水豆豉相似，日本也曾称纳豆为"豉"。

纳豆富含纳豆激酶，有心脑血管疾病的人适合吃点纳豆，可预防脑血栓的发生、降低心脑血管疾病的发病率。然而纳豆软胶囊保健品在中国市场被宣传为心脑血管疾病克星、包治万病的神奇食品。

果真如此吗？北京三医院神经内科傅瑜主任医师认为，人体血栓形成是很多机理造成的，每个人的情况都不一样，不是只吃某种食品或者药物就能解决血栓问题的。

安全且科学的解除栓塞的方法是，使用综合的抗血栓治疗手段，包括溶栓、抗凝、抑制血小板凝聚以及保护血管内皮功能的药物治疗等。保健食品不能等同于药品。

注意：有些纳豆保健品只是最初级的原料纳豆冻干粉制成的胶囊，其保健作用微乎其微。

四、何谓魔芋豆腐、日本豆腐、米豆腐

（一）魔芋豆腐

将魔芋片和大米（或玉米）浸泡在水中，浸泡时多换水清除残毒，待发胀后，再用石磨磨成浆，放入锅内煮熟，即成魔芋豆腐。所以魔芋豆腐并非豆腐。

魔芋是多年生天南星科草本植物的根茎。《本草纲目》等记载：魔芋性寒、味平，有毒，入药可消肿去毒。现代医学研究证明，魔芋有毒是因为其含有生物碱。

现代医学研究表明，魔芋富含优质的天然膳食纤维葡苷聚糖。魔芋食品不仅味道鲜美、口感宜人，还具有降脂降糖、防癌、通便等多种食疗作用，所以近年来风靡全球，并被人们誉为"魔力食品"和"健康食品"。

（二）日本豆腐

日本豆腐又称鸡蛋豆腐、玉子豆腐，虽质感似豆腐，却不含任何豆类成分。豆腐的命名是从其制作原料上来讲的，由黄豆、黑豆制作出来的才能称之为豆腐。

日本豆腐以鸡蛋为主要原料，辅之纯水、植物蛋白、天然调味料等，经科学配方制作而成，具有豆腐的爽滑鲜嫩和鸡蛋的美味清香。选择不同口味调料，还可生产出麻、辣、酸、甜等多种风味。

（三）米豆腐

米豆腐是湖南、湖北、贵州、四川等地区著名的小吃。据清末史料："湘南马田墟集，有米豆腐熟食，每碗收制钱一文，亦有以鸡卵一碗，即咸且辣，可以充饥。"

米豆腐是用大米淘洗浸泡后加水磨成米浆，然后加碱（清石灰水）熬制，冷却后形成块状而成的"豆腐"。其颜色有点像刚浮出的鸭仔毛，嫩黄还略透出点青色。

米豆腐食用时切成小块放入凉水中再捞出，盛入容器后，将切好的大头菜、盐菜、酥黄豆、酥花生、葱花等适合个人口味的不同佐料末与汤汁放于米豆腐上即可。米豆腐的口感在凉粉和米粉之间飘忽，软滑细嫩，吃后满口清香。

第七章 坚 果

　　坚果是全球人都喜欢的食品，中国人过年过节，总少不了用瓜子、花生、松子、开心果等坚果来招待客人。外国人也很喜欢吃，尤其是欧洲人，一日三餐或者牛奶里要加一些果仁。坚果丰富的营养价值及特殊的风味，确实让人爱不释手。那么，怎样安全且科学地选择、食用坚果呢？

第一节 坚果的营养价值

一、坚果是最健康、最护脑的食品

坚果类水果的食用部分是种子（种仁），在食用部分的外面有坚硬的壳，所以又称为壳果或干果，如核桃、榛子、开心果、银杏、腰果等。

坚果营养极为丰富。坚果脂肪含量极高，以不饱和脂肪酸为主，有利于提高血液中高密度脂蛋白胆固醇（好胆固醇）的水平，对于防治动脉粥样硬化、高血压、冠心病等疾病都有一定的效果。

坚果的蛋白质含量为 $5.3\% \sim 25\%$；富含多种维生素和矿物质，其中镁、钾、铜等能调节多种生理功能，维生素 E 和硒则具有很好的抗氧化作用，这也让它沾上了抗衰老抗癌的色彩。

荷兰研究人员发现，坚果对人体健康的保护是全方位的，只要每天吃 10 克坚果，就能显著降低人们死于常见疾病的风险。世界卫生组织非常认同坚果是最健康、最护脑食品的观念，允许小朋友把坚果当零食吃。

二、劣质坚果是毒药

坚果种类繁多，营养丰富，但是劣质的坚果却是毒药。如霉变的坚果可能含有黄曲霉毒素。黄曲霉毒素为 1 类致癌物，会损害肝脏，诱导发生肝炎、肝硬变、肝坏死、肝癌等，其毒性比氰化钾、砒霜都要大。

另外，常见瓜子及其他干果类食品，生产者在生产中有滥用工业色素、工业石蜡的行为，而很多非食用色素具有很强的致癌性，工业石蜡也常常含有致癌性的成分。

最后我们也应注意，为了控制坚果的酸败变质问题，化学抗氧化剂的应用十分普遍，但人工合成的抗氧化剂本身也有一定的致癌性。

第二节 坚果的食疗药效

一、四大坚果（核桃、扁桃、腰果、榛子）的食疗药效

（一）益智延寿果——核桃

核桃又称胡桃，原产于中东，自西汉张骞从西域将种子带入中原后才在

我国种植。核桃在我国享有"益智延寿果"之美称，民间有"常吃核桃，返老还童"之说法。

核桃味甘、性温，有温肺、补肾、益肝、健脑、强筋、壮骨的功效。

（二）美国大杏仁——扁桃

在 20 世纪 70 年代美国扁桃仁出口到我国时，被误译成"美国大杏仁"，并广泛传播。扁桃与我国新疆所产的巴旦木属于同一科，它还有一个洋气的别名叫"巴旦杏"。

美国大杏仁和杏仁营养价值相近，长期坚持食用均有助于人的健康。扁桃更多的是作为食物应用，在中医中不作药用。扁桃是高血糖、心血管疾病、胃肠炎患者的好食品。

（三）树花生——腰果

树上的腰果，有一个好像苹果样的大果肉，外国人叫作"腰果 Apple"。因果仁附于果梨下端，我们则生动形象地称其为"树花生"。

腰果味甘、性平，有降压、益颜、延年益寿、利尿降温之功效。

（四）坚果之王——榛子

榛子又称榗子、平榛、山板栗。古时民间，人们把榛子、红枣、栗子并列为妇女喜庆佳果，故榛子常被作为馈赠妇女的珍贵礼品。其寓意含"吉祥生子"之意。

榛子味甘、性平，有补气、健脾、止泻、明目、驱虫等功效。

二、不可缺少的零食——花生、瓜子

（一）花生

花生属豆科植物，因花生起源于南美洲热带、亚热带地区，故又称番豆。花生先在地上开花，花落后才在地下结果，故有"落花生"之称。

花生味甘、性平。归肺、胃、脾经。有健脾和胃、润肺化痰之功效。

（二）瓜子

国人最好瓜子，也最能吃瓜子。国人常闲来无事，听听小曲，嗑嗑瓜子享受生活的乐趣，过年过节更少不了用瓜子来招待客人。

人们在享受嗑瓜子的乐趣时，更多的是在享用瓜子给人们带来的保健作用。人们所吃的瓜子，不论是葵花子、红瓜子、南瓜子，都对人体有很好的营养和保健作用。

1. 黑瓜子

黑瓜子一种形似黑色的子实，俗称打瓜子。

黑瓜子仁含蛋白质、脂肪、维生素、淀粉等营养成分，脂肪为不饱和脂肪酸，具有镇静安神、驱虫、降低胆固醇的作用，对防治动脉硬化、高血压及冠心病颇为有效。

2. 红瓜子

红瓜子子仁色白嫩脆，食味芳香，营养丰富，富含蛋白质、脂肪及钙、磷和多种维生素，含油率达55％左右。经精细加工或咸或甜或五香，乃干货之上乘。因其红艳，寓"福星降临"之意；因其子多，含"人丁兴旺"之喜，是馈赠宾友的佳品。

据国外医学界研究，红瓜子含男性荷尔蒙，对增强性功能有帮助。此外还含有抗癌素，有抗癌的作用等。

3. 葵花子

葵花子是一年生草本植物向日葵的种子。葵花子分食用、油用和兼用型。葵花子油油质纯正，清香味美，含有亚油酸44％~68％和不饱和脂肪酸约30％，对降低血压和胆固醇、防止动脉硬化等具有良好的保健作用。

葵花子油还是人造奶油、巧克力、糖果、糕点等工业食品的辅助原料。

4. 白瓜子

白瓜子是南瓜的种子，故又称为南瓜子。它外壳白净，瓜仁含有丰富的蛋白质、脂肪等营养物质，常被当作零食或用来制作糕点糖果，味香适口。白瓜子还可榨油，所余渣粕是很好的饲料和肥料。

白瓜子因南瓜品种不同而分为雪白瓜子、光边白瓜子和毛边白瓜子三种。南瓜子最主要的药用价值是驱虫，比如说蛔虫、绦虫、寄生虫，每天吃上20克就有杀虫作用。现代医学研究表明，南瓜子还可以防治前列腺肥大，40岁以上的男士可以多吃一些。

第三节　坚果的选购和保存

一、怎样选购坚果

（一）看颜色

坚果看着漂亮不一定好，如太亮的瓜子是用工业石蜡处理过的。未漂白的开心果颜色呈乳白色，而漂白过的一般都明显惨白。

另外要仔细辨别果仁表皮上是否有霉斑。如果怀疑，最好少买少食。

（二）闻气味

细闻如发现果仁有酸败（变哈）的现象或霉变的味道，不要食用。

（三）尝味道

购买或食用前应先取少许品尝一下。发苦、发霉的坚果，千万别凑合着咽下去，需马上吐出来，再用清水漱一下口。果仁有哈味或曾滥用化学品处理以防变质，食后都会引发人体的不适反应，特别是引起口腔的异常感觉。

（四）首选原味产品

尽量选择原味产品，坚果在被加工成各种口味时，会使用糖、盐及

香精、人造奶油等成分，这样坚果的酸败气味会被浓厚的咸味、五香、奶油等味道遮盖，不易被消费者发现。

二、怎么保存坚果

（一）阴凉干燥处储藏

散装的坚果进行充分地晾干，或放入微波炉烘烤一下，使其脱水变脆后再将它们储藏在远离热源的阴凉干燥处，像花生保存湿度要控制在8%以下，大米是13%以下，玉米是12.5%以下，且都应避免阳光直射。

（二）低温保鲜储藏

低温低湿可以延长坚果的保质期。适宜的保存室温为15℃以下，建议保存在密封的玻璃瓶或者塑料包装袋中，也可以放在干净的带盖铁盒里（如洗净的茶叶桶、奶粉桶）储藏。室内温度高时，可以密封后放入冰箱冷藏。

（三）单独保鲜储藏

坚果容易遭异味的渗透，应避免和有刺激性气味的食品存放在一起，并尽量减少与空气、水分的接触。

（四）开袋即食

注意坚果产品的标签标识，特别是包装袋上的保质期和生产日期。开袋即食，不宜久放。开袋的食品长期处于与空气接触的状态，被氧化的可能性就越高。

第四节　安全科学吃坚果

一、坚果油脂高，不宜多吃

坚果虽是健康食品，但绝不是多多益善。坚果含油脂丰富，每100克坚果中含热量达到约2510千焦，即20颗花生产生热能就相当于吃了一两馒头的量。

一般情况下健康成年人每周吃坚果仁70克为宜，每天10克。淀粉类坚果可放宽些，如板栗和莲子。

10克坚果大约等于12颗花生或8～9个杏仁，或6个腰果，或2.5个核桃。

肥胖、脂肪肝、痛风、高脂血症、糖尿病等患者可以放心、大胆地吃坚果，但不要过量，要减量，而且要恒量，每天6克左右。另外，坚果同时富含大量膳食纤维和大量油脂，有较强的"滑肠"作用。凡是正在发生腹泻的人、消化道急性感染者以及脂肪消化不良者，均应暂时避免吃坚果。

坚果热量表（千焦/100克）

坚果名称	热量（千焦/100克）
核桃	2510
扁桃	2104
腰果	2309
榛子	2485
松子	2589
花生	2430
葵花子	2577
西瓜子	2397

二、坚果生吃好，还是熟吃好

生的坚果一般会含有较多的植物酸，其中一种叫单宁的植物酸，人吃多了会出现呕吐、胃胀、食欲减退甚至呼吸急迫等不良反应，而经晒干或炒熟的坚果，植物酸的含量会大大降低，所以吃起来更加安全。

目前市场上的坚果，很大部分都是烤过、炒过、煎过的。经过这些处理，坚果中含有的丰富维生素、不饱和脂肪酸及磷脂遭到破坏，蛋白质的生物利用率下降，还易引起咽喉炎、口腔溃疡。

所以，应尽可能吃没有处理过的自然状态下的坚果、经晒干或者只是经过轻微烤制的坚果。比如说，带皮又没有调味的核桃、没有经过调味品包裹的大杏仁、原味的带皮榛子等。

注意：生杏仁中还含有毒成分，但是经炒熟后毒性会降低不少。花生之类适合煮食，因花生长在泥土里，常被寄生虫卵污染，生吃容易引起寄生虫病。特别是长芽的花生，外皮被破坏后，容易滋生黄曲霉毒素，所以长芽的花生，生吃、熟吃皆不宜。

三、碾碎的坚果更可口、更安全

坚果因为富含植物油和蛋白质，所以往往不好消化，而且吃起来也容易觉得腻。可以把果仁碾碎，做糕点时放进去，或者加在牛奶、酸奶、冰淇淋里，做成坚果乳、坚果奶等。

还可以用坚果仁的碎末做调味料，做菜、熬汤、煮粥的时候，撒上一些，既可以增加菜肴的香味，让人胃口大开，又可以吃上坚果，补充营养，可谓一举两得。

另外，务必注意，孩子生性好动，在食用坚果的时候，安全性不能忽视，尤其是花生大小的坚果，容易误吸入气管。孩子吃坚果的时候，应避免打闹追逐而引发不必要的危险。3 岁以内的小孩应吃磨碎的坚果。

四、脱脂、磨成粉的核桃粉营养价值打折

许多人不喜欢核桃的涩味，于是转向脱了油脂、磨成粉的核桃粉。

其实核桃那层薄薄的涩皮，有良好的平喘等药用价值，而极为有用的欧米伽 -3 和欧米伽 -6 脂肪酸、多种抗氧化物质，也恰好在油里面。抽去了值钱的油脂，再磨成面儿，与空气接触多了，抗氧化物质就失效了。

另外，您在购买核桃粉时一定要注意其含量，目前市场上核桃粉掺杂了大量的淀粉。

五、吃瓜子、花生有讲究

中国人过年过节，总少不了用瓜子、花生来招待客人。瓜子和花生是中国人不可缺少的零食，但是吃瓜子、花生有许多讲究。

（一）怎么吃瓜子

首先选择好的瓜子粒片或籽粒，要均匀整齐，无瘪粒，干燥洁净。也不要吃多味瓜子。多味瓜子使用了人工合成香料和糖精，人工合成香料是从石油或煤焦油中提炼出来的，多吃对人体有害。

其次把握好吃瓜子的量，每次最多吃瓜仁 30 克左右，相当于 3 把瓜子的量。最好泡一杯绿茶，边吃边喝，不仅能生津滋阴，而且有利于对瓜子蛋白质的吸收。

最后，嗑完瓜子后应及时漱口或刷牙，以免瓜子仁碎屑留在牙缝里腐蚀牙齿。

（二）怎么吃花生

花生有很多种吃法，从营养方面考虑，油炸不可取，因为花生本身油脂高，再经油炸，便是油上加油。炒出来的花生，则会使食物的味性发生改变，由平性变成热性。花生最好是煮着吃，经过煮熟的花生较为安全，也易于消化，营养素的损失最小。

花生的种皮有补血、促进凝血的作用，这对于贫血的人和伤口愈合很有好处。

六、全身是宝的白果有小毒，吃法要得当

白果就是银杏果，称其"白果"是因银杏果经霜乃熟，除去果肉取核为果，其果两头尖，色白如银而得名。

白果全身是宝：外种皮俗称果衣子，有臭味，不可食，但可从外种皮中提炼出氢化白果酸和银杏黄酮等，具有与地塞米松相似的对抗急、慢性炎症及免疫性炎症的作用。

核仁含有银杏醇、银杏酸和氢化白果亚酸，有化痰、止咳、补肺、通经、利尿等功效。

银杏叶有以黄酮为主的有效成分。20世纪60年代，西德人从银杏叶中提炼有效成分扩张冠状动脉，保护毛细血管通透性。

注意：白果过多食用会引发呕吐、消化不良、呼吸困难等中毒症状，因为苦白果仁中还含有氰苷，在生物酶的作用下可以水解出剧毒的氢氰酸，但是经炒熟后毒性会降低不少，但也不可多食。如中医水煮白果治咳嗽、哮喘：10~20克白果炒透去壳后，放入水中煮熟，蘸蜂蜜吃。儿童减量，不超过5粒。

另须说明，很多蔷薇科植物的种子（桃、樱桃、沙果、杏、梨、李子、枇杷等）都含有氰苷，其含量比白果仁低很多，如苹果籽，成人需嚼碎吃掉近百个苹果的籽才有可能使机体产生毒害，所以我们不小心吃了些苹果籽，不要过分担心。

七、吃板栗时要细细嚼碎

在板栗上市的季节，街边的糖炒栗子、饭店里的栗子羹、超市里的栗子糕等，都让人一望而生食欲。栗有"肾之果"之称，能益肾，适用于肾虚所致的腰膝酸软、腰脚不遂、小便多等。

然而，板栗与其他坚果不同，鲜板栗的碳水化合物达到40%，干板栗则达到77%，且含油脂少，需要食用得法。

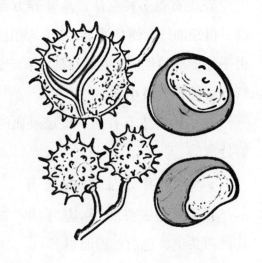

生食难消化，熟食又易滞气，故一次不宜吃得太多，每天只需吃6~7粒，当零食吃，这样能达到很好的滋补效果。吃时要细细嚼碎，口感无渣，成为浆液，一点一点咽下去，才能起到效果。

此外，用栗子治病，需要生吃。李时珍介绍的方法是："以袋盛生栗，悬挂风干，每晨吃十余颗，久必强健。"

注意：栗子味甘、性温。凡有脾虚消化不良、温热甚者均不宜食用。

第五节 小常识

一、慎防坚果过敏反应

在英国，每50个孩子中就有1个对坚果过敏。轻者皮肤长痘，重者呼吸困难危及生命。美国每年约有100人死于食物过敏症，其中大部分是因为吃下了果仁类食物。

如果你吃坚果时，有严重过敏现象，就应该避开这些食品，而不是再试一下。

如果你吃坚果时，有轻微过敏的现象，或你是过敏体质，对鱼、虾等食物过敏，就应少吃，特别是第一次吃的时候应尽可能少吃，而且要吃煮熟的坚果。

二、吃葵花子不会上火

有人认为，吃瓜子易上火，多食后易致口干、口疮、牙痛等症状。

其实也不尽然，中医认为，葵花子性味甘平，入大肠经，有驱虫止痢之功效。葵花子性平，而非温热，何来上火？营养学研究表明，葵花子富含不饱和脂肪酸和维生素E，有促进消化液分泌的作用，在某种意义上说很可能还去火。当然炒后的葵花子性会变温，25克葵花子（带壳）、40克西瓜子（带壳）其热量仅达377千焦，如果控制好量，完全不会有上火问题。

但我们更要注意，长时间嗑葵花子对人体损伤大，因为用牙嗑，容易使舌头、口角糜烂，还会在吐壳时将大量津液吐掉，导致口干舌燥。所以吃瓜子时，最好用手剥皮。

第八章　食用油

　　食用油是人们生活的必需品，它能为人们提供热能和必需脂肪酸，促进脂溶性维生素的吸收。然而高血压、高血脂、高血糖等很多"富贵病"的发生都和没有安全且科学用油有着密切的关系。怎么用油最健康？哪些油对人体有好处？怎么吃油才能吃出美味、吃出健康呢？

第一节　食用油的营养价值

一、食用油在人类膳食中不可或缺

俗话说："油多不坏菜。"确实，油脂在烹调和糕点加工过程中，改善食品的食用品质和感官性状，使食品种类趋于多样化。

当然食用油对我们的影响可不只是调味，食用油为我们的机体提供热能，还为人体提供许多营养素。人体每天所需的脂肪成分 70% 来自食用油。如不饱和脂肪酸是人体不可缺少的物质，不饱和脂肪酸可使皮肤光滑润泽，头发乌亮，容颜更加美丽，如果体内缺乏它，就会出现皮肤粗糙、头发干燥等现象。

另外，它还为人体提供多种脂溶性维生素。如维生素 A 防干眼病、防夜盲症；维生素 D 促进骨骼钙化；维生素 E 和维生素 K，与血液、生殖系统的功能密切相关。

所以说，食用油脂是人类膳食不可缺少的重要食品。

二、如何衡量食用油的营养价值

衡量食用油的营养价值有两个指数，一是不饱和脂肪酸的含量，二是必需脂肪酸的含量。

（一）不饱和脂肪酸的含量

脂肪酸主要有 3 类，单不饱和脂肪酸、多不饱和脂肪酸以及饱和脂肪酸。不同油品的油脂含有不同的脂肪酸。

饱和脂肪酸主要来自动物油和某些植物油（包括椰子油、棕榈油和可可油）；单不饱和脂肪酸主要来自橄榄油、茶油、芝麻油、花生油、菜籽油；多不饱和脂肪酸主要来自玉米油、大豆油、葵花油、葡萄籽油、红花籽油。

食物中的饱和脂肪酸和反式脂肪酸能促使身体合成更多的胆固醇，饱和脂肪酸过多，就会引起身体内胆固醇增高，高血压、冠心病、糖尿病、肥胖症等疾病就容易发生。而不饱和脂肪酸却会降低血液中胆固醇的含量。

（二）必需脂肪酸的含量

必需脂肪酸是指人体维持机体正常代谢，不可缺少而自身又不能合成，必须通过食物供给的脂肪酸。必需脂肪酸不仅能够吸收水分滋润皮肤细胞，还能防止水分流失。

必需脂肪酸有两种，均为多不饱和脂肪酸，包括属于 $\omega-6$ 多不饱和脂肪酸的亚油酸和属于 $\omega-3$ 多不饱和脂肪酸的 $\alpha-$ 亚麻酸。

亚油酸主要存在于植物油中，如豆油、玉米油、葵花籽油含量，占总脂肪酸 50% 以上，花生油占 26%，菜油为 15.8%，而动物油中含量极少，猪油只有 6%。

$\alpha-$ 亚麻酸主要来自亚麻籽油、紫苏籽、核桃油、深海鱼油。淡水鱼只有淡水鲈鱼含量较高，其他淡水鱼几乎没有。

不同油品脂肪酸含量

食用油	主要脂肪种类
猪油、牛油、羊油、奶油、椰子油、棕榈油	饱和脂肪酸
橄榄油、茶油、芝麻油、花生油	单不饱和脂肪酸
玉米油、大豆油、葵花油、葡萄籽油、红花籽油、小麦胚芽油	多不饱和脂肪酸

第二节　食用油的种类和功效

一、食用油的分类

从油脂的来源讲，食用油可分为陆地动物油脂、海洋动物油脂、植物油脂、乳脂和微生物油脂。

（1）草本植物油：大豆油、花生油、菜籽油、葵花籽油、棉籽油等。

（2）木本植物油：橄榄油、茶籽油、核桃油、苹果油等。

（3）陆地动物油：猪油、牛油、羊油、鸡油、鸭油等。

（4）海洋动物油：鲸油、深海鱼油等。

（5）乳脂：奶油、黄油。

（6）微生物油脂：由微生物产生的，目前没有直接用作烹调油，但在保健食品和食品中用作原料，如在婴儿奶粉中加入的不饱和脂肪酸二十二碳六烯酸（DHA）和花生四烯酸（AA）就是来源于微生物的油脂。

二、动物油与植物油的区别

（一）形态不同

（1）动物油含饱和脂肪酸多，动物油的熔点高，在常温下，呈固体状态。鱼油除外，深海鱼油中不饱和脂肪酸的含量高达 70%~80%。

（2）植物油含不饱和脂肪酸多，植物油的熔点低，在常温下，呈液体状态。而椰子和棕榈油虽然来自植物，但饱和脂肪酸含量高，常温为固态。

动物油含饱和脂肪酸多，易导致动脉硬化；植物油、深海鱼油中不饱和脂肪酸的含量高，用它来防治动脉粥样硬化和冠心病能收到一定的效果。

（二）吸收率不同

（1）动物油熔点高。一旦油的熔点超过 50℃，人体就难于吸收。

（2）植物油是熔点低的油。熔点越接近人体体温的油，人体吸收率就越高。

（三）维生素的种类不同

（1）动物油里主要含维生素 A 和维生素 D。维生素 A 可预防干眼病、夜盲症，维生素 D 有促进骨骼钙化的作用。

（2）植物油里主要含维生素 E 和维生素 K，这两种维生素与血液、生殖系统的功能密切相关。

三、食用植物油的分级

我国市场上的一般食用植物油（橄榄油和特种油脂除外）按精炼程度来划分，分为一级、二级、三级和四级（四级为最低等级），共四个等级，而压榨花生油、压榨油茶籽油、芝麻油等则只有一级和二级之分。

（一）一级植物油（又称色拉油）

精炼程度最高，油品特点是色泽澄清透亮，气味新鲜清淡，加热时不变色，无泡沫，很少有油烟，并且不含黄曲霉素和胆固醇，不易氧化，更易保存。

除适合于一般烹调等用途外，还特别适合于西餐中拌制沙拉（一种凉拌菜）用。

（二）二级植物油（又称高烹油）

油品特点是颜色浅黄、酸价低、油烟少。一级、二级植物油在精炼过程中去除杂质的同时，许多维生素等对身体有益的物质也会随之失去。

高烹油适合于一般烹调。

（三）三级、四级植物油

油品特点是油脂无异味，精炼程度不高，却含有丰富的胡萝卜素、叶绿素、维生素 E 等油脂伴随物，保存有植物油原有的风味。

总之，判断一款食用油的营养价值不能单看等级，要综合看食用油的各项成分和质量限定值。当然，无论是一级油还是四级油，只要其符合食品安全标准，消费者就可放心选用。

四、常见食用植物油的食疗药效

（一）花生油

花生油是花生的种子榨出的脂肪油。我国是世界上主要的花生油生产国之一。

花生油脂肪酸成分：饱和脂肪酸 21%、单不饱和脂肪酸 49%、多不饱和脂肪酸 30%，还含有卵磷脂和维生素 A、D、E、K 及生物活性很强的天然多酚类物质，微量元素锌含量也很高。

花生油中白藜芦醇、单不饱和脂肪酸和 β-谷固醇等成分有预防动脉硬化的作用。

注意：花生是最容易遭受黄曲霉菌感染的农作物之一，因此影响花生油品质的主要因素是黄曲霉菌毒素。黄曲霉菌是致癌物质，过了保值期的花生油就不要吃了。

（二）大豆油

大豆油取自大豆种子，大豆油是世界上产量最高的油脂，国内超过一半的油脂消费都是大豆油。

大豆油脂肪酸成分：饱和脂肪酸 15%、单不饱和脂肪酸 24%、多不饱和脂肪酸 61%。含有丰富的卵磷脂、胡萝卜素和维生素 E、D 等。

大豆油含有较多的亚油酸，有降低血清胆固醇含量、预防心血管疾病的功效。

注意：大豆油的色泽较深，有特殊的豆腥味；因含亚油酸高，较易氧化变质并产生"豆臭味"。

（三）菜籽油

菜籽油是油菜籽经过制浸而成的油，又称菜油，是我国主要食用油品种之一，占植物油产量的 1/3 以上。

菜籽油脂肪酸成分：饱和脂肪酸6%、单不饱和脂肪酸58%、多不饱和脂肪酸36%。菜籽油所含的亚油酸等不饱和脂肪酸和维生素E等营养成分能很好地被机体吸收，具有一定的软化血管、延缓衰老的功效。

注意：目前我国普通菜籽油中抗营养物质芥子甙和芥酸含量较高。芥子甙可致甲状腺肿，芥酸可能对心脏有影响。所以有冠心病、高血压的患者不能单纯吃菜籽油。

（四）橄榄油

橄榄油是世界上最重要、最古老的油脂之一。橄榄油在西方还被誉为"美女之油"和"可以吃的化妆品"。

橄榄油脂肪酸成分：饱和脂肪酸15%、单不饱和脂肪酸73%、多不饱和脂肪酸12%。橄榄油其丰富的单不饱和脂肪酸，以及维生素和胡萝卜素，能降低胆固醇，防止心血管疾病，改善消化系统功能，防止大脑衰老。

欧盟将橄榄油分为四级：

1. 特级初榨橄榄油

特级初榨橄榄油是用成熟的橄榄鲜果，在24小时内纯物理地冷压榨出来的，加工环节最少，无任何防腐剂和添加剂，酸度不超过1%，最具保健美容价值、食用价值。

2. 初榨橄榄油

初榨橄榄油是第二次榨取获得，酸度不超过2%，符合规定的食用标准。

3. 精炼橄榄油

符合食用油的标准，酸度为1.5%，它是初榨橄榄油或特级初榨橄榄油和其他油脂的混合物。维生素E和酚类物质含量大大减少。

4. 橄榄果渣油

不能食用，可用于美容或特定行业使用。

（五）茶籽油

茶籽油也称茶油。茶油取自油茶籽（含油58%～60%），是我国特产油脂之一。茶油的化学组成和物理、化学指标与橄榄油相近。

茶油的制取主要有机械压榨法和溶剂浸出法两种。压榨法是用物理压榨方式，从油茶籽中榨取茶油，是一种传统的提取工艺，茶籽油质量好，但出油率较低。浸出法则是用物理化学原理，用食用级溶剂从油茶籽中抽提出茶油的一种方法。

注意：一般企业普遍采用上述两种方法互补的做法，即将油茶籽经过压榨获得压榨原茶油后，油饼内残存茶油，再用浸出法充分地抽提出来，获得浸出原茶油。如果萃取经反复烘烤、蒸炒的茶饼中的残油时，就会导致一些有害物质如致癌物苯并芘的含量升高。

（六）芝麻油

芝麻油取自芝麻的种子。芝麻油古称胡麻油，现在又称香油、麻油，是一种日常生活中常用的调味品。

芝麻油脂肪酸成分：饱和脂肪酸16%、单不饱和脂肪酸54%、多不饱和脂肪酸30%。芝麻油所含的芝麻酚是一种天然抗氧化剂，这是其他植物油所没有的，它的存在使芝麻和芝麻油成了"长寿食品"。

（七）棕榈油

棕榈油，一种热带木本植物油，是目前世界上生产量、消费量和国际贸易量最大的植物油品种，与大豆油、菜籽油并称为"世界三大植物油"，拥有超过五千年的食用历史。

棕榈油主要含有脂肪酸，饱和脂肪酸占50%，单不胞和脂肪酸（油酸）占40%；在多不胞和脂肪酸中，10%为亚油酸，0.4%为α-亚麻酸。

因棕榈油热稳定性强，久炸不变色，口感好，且不易产生致癌物，所以在餐饮业、食品工业有广泛的用途，如油炸方便面、薯条、薯片、炸鸡等，基本都用棕榈油。

五、常见食用动物油的食疗药效

（一）猪油

猪油，又称大油、荤油，在西方被称为猪脂肪。猪油色泽白或黄白，具有猪油的特殊香味，深受人们欢迎。

猪油脂肪酸成分：饱和脂肪酸42%、单不饱和脂肪酸48%、多不饱和脂肪酸10%。猪油含有较高的饱和脂肪酸，维生素和矿物质含量则非常非常低，对营养的作用可以忽略不计。

吃太多猪油容易引起高血脂、脂肪肝、动脉硬化、肥胖等。

但是，猪油所含胆固醇是人体制造类固醇激素、肾上腺皮质激素、性激素和自行合成维生素 D 的原料，猪油中的 α-脂蛋白能延长寿命，这是植物类食用油中所缺乏的。

（二）鸡油

鸡油，即用鸡腹腔里的脂肪熬炼出来的油脂。其色泽浅黄透明，在烹调中通常起着增香亮色的作用。

鸡油脂肪酸成分：饱和脂肪酸 31%、单不饱和脂肪酸 48%、多不饱和脂肪酸 21%。鸡油有健脾开胃、补益强身之功效，适用于产后体虚、食少乏力等症，并可增强机体的免疫力，防止发生疾病。

（三）深海鱼油

深海鱼油是指从深海鱼（三文鱼、金枪鱼、石斑鱼等）中提炼出来的 ω-3 多不饱和脂肪酸系列 EPA（二十碳五烯酸）、DHA（二十二碳六烯酸）。

EPA、DHA 有调节血脂、防止血液凝固、营养大脑、改善记忆等功效。普通鱼体内含 EPA、DHA 数量极微，而且陆地植物油、陆地动物体内几乎不含 EPA、DHA。

在我国，深海鱼油商业炒作厉害，深海鱼油以次充好较严重。其实，深海鱼油并无神奇功效，不能代替药物，更不能治病。

（四）奶油、黄油

奶油是从牛奶、羊奶中提取的黄色或白色脂肪性半固体食品。若将奶油再进一步用离心器搅拌就得到黄油。奶油、黄油含有人体必需的脂肪酸及丰富的维生素 A 和维生素 D 及卵磷脂。

奶油、黄油虽然有口感好、自然香浓的优点，但脂肪含量很高，冠心病、高血压、糖尿病、动脉硬化患者还是少吃为宜。

注意：市场上有一种植物黄油又称人工奶油、人造黄油，音译为玛琪琳、麦琪林等，其实是将植物油部分氢化以后，加入人工香料模仿黄油的味道制成的黄油替代品，并非真正的黄油。植物黄油口感和营养价值均劣于黄油。

第三节　选购和保存食用油

一、如何选购植物食用油

（一）观色泽

食用油的正常颜色呈微黄色、淡黄色、黄色。例如，品质好的豆油为黄色，花生油为淡黄色或浅橙色，菜籽油为黄中稍绿或金黄色，葵花籽油为浅黄色。

（二）看透明度

透明度是反映油脂纯度的重要感官指标之一。

环境温度20℃以上时，高品质食用油在日光和灯光下肉眼观察，应清晰透明、不混浊、无沉淀、无悬浮物。

环境温度20℃以下时，部分食用植物油的外观清晰透明、不混浊、无沉淀、无悬浮物（大豆油、菜籽油、芝麻油等），也有部分食用植物油的外观有部分絮状沉淀物（花生油、橄榄油等），这都是正常的。

总之，透明度越高越好，要选择澄清、透明的食用油。

（三）有无分层

若有分层现象则很可能是掺假的混杂油。优质的同种植物油不应该出现分层现象。

（四）闻味道

取1～2滴油放在手心，双手摩擦发热后，闻不出异味（哈喇味或刺激味）则是可选购的油，如有异味就不要买。

（五）品尝

用筷子粘上一点油，抹在舌上辨其味。质量正常的油无异味。如油有苦、辣、酸、麻等味感则说明油已变质，有焦糊味的油质量也不好。

（六）加热鉴别

水分大的植物油加热后会出现大量的泡沫，且会发出吱吱声。油烟有呛人的苦辣味，说明油已酸败。质量好的油应泡沫少且消失快。

二、识别真假香油

香油是我国传统的食用油，且价格也较贵，所以市场上常有不法商贩见利忘义，将其他植物油掺入香油中，甚至用香油精冒充香油出售。那么，怎样识别香油呢？

（一）看颜色

颜色淡红或红中带黄为正品，色泽透明鲜亮，无混浊物。如颜色黑红或深黄，则可能掺进了棉籽油或菜籽油。

（二）看变化

香油在日光下清澈透明，如掺进凉水，在光照下则不透明，如果掺水过多，香油还会分层并容易沉淀变质。香油放入冰箱中，低温至零下 10℃，纯香油仍为液态，掺假香油则会凝结。

（三）油花扩散

在清水中滴一滴香油，纯香油初呈薄薄的油花，很快扩散，凝成若干小油珠；掺假香油油花小而厚，且不易扩散。

三、食用油的保存

（一）食用油有保存期

食用油在储存较长时间时还会产生对人体有害的醛类和酮类物质，并逐渐失去特有的香味而变得酸涩。

通常，植物油储存不宜超过 1 年半，开封后暴露在空气中，则只能维持 3 个月。动物油虽然不如植物油容易发生酸败，但一般均为散装，存储时间也不宜过长，一般储存温度 0℃时，可保存 2 个月左右；在 -2℃时，可保存 10 个月左右。

（二）保存食用油有"四怕"

一怕阳光，油应放置在阴凉、避光、干燥的地方；

二怕高温，最好进冰箱，或放在室外低温处；

三怕进水，食油内不能混入水分；

四怕空气，应密封瓶口，使油和空气隔绝，以防止食用油氧化变质。

（三）食用油的盛装容器

盛油最好用陶瓷缸或深色的玻璃瓶，或专用盛食用油的金属或塑料瓶（桶）。

油脂的氧化变质是一个链反应，具有很强的"传染性"。如果把新鲜油脂放在旧油罐中，那么新鲜油也会较快地劣变。

第四节　安全科学吃油

一、把握吃油的量，白瓷勺两勺半

近20年里，中国居民的烹调食用油量已从每天的18.2克提高到了41.4克。每10克油脂，大约可供377千焦热能。最近一次卫生部组织的中国居民营养与健康状况调查显示，我国成人超重率和肥胖率近10年间急速上升，全国18岁及以上成人超重率为30.1%，肥胖率为11.9%。所以说，国民控制吃油的量是对健康有绝对意义的好事。

一般成年人每日需要而且只需要60 ～ 85克脂肪，这是合理膳食的基本要求。

食物中脂肪的绝大部分来源于动物性食物、豆类、坚果和烹调油，目前我国城乡居民从动物性食物和豆类食品中摄入的脂肪已接近40克/日，所以每人每天的烹调油摄入量以25 ～ 30克为宜。

25克食用油放在汤用的白瓷勺内，刚好是两勺半。家庭中也可以选择带有刻度的油壶来精确掌握用量。通常，一个三口之家，一个月油脂消费总量控制在2公斤以内。

另外，要防止食用油的"隐形摄入"，如吃一袋方便面，含油量就够一个人一天所需。减少在外就餐的次数，每周2次为宜。

二、烹饪时如何控制好油量

我国有100多种基本烹饪方法，而饭馆餐厅的烹饪方法，其中80%以上都离不开食用油。调查发现，有90%的人家平时炒菜不会有意控制油的用量，并且为了菜更香，倾向于多放油。

烹饪时控制油量有如下方式，值得我们关注：

（1）放油时要使用调羹，不要直接用壶倒油。

（2）采取焯、蒸、烤、凉拌的方式做菜。

（3）先放菜后放油，特别是不要先将油烧开，不要收尾油。

（4）使用微波炉和不粘锅烹饪食物。

（5）煲汤后去掉浮油。

（6）把肉类煮至七成熟再切片炒，如做回锅肉吃。

（7）蔬菜水果可以直接吃一些，用酸奶拌，不用色拉酱拌。为了迎合消费者的口味，市场上大部分沙拉酱，都大量使用食用油，导致其中所含热量越来越高。

三、烹调时要控制好油温，热锅凉油最好

食用油经高温加热，会改变油脂的分子结构，也会释放出不利机体健康的丁二烯成分的烟雾。

食物经高温油炸、煎烤后，其营养成分也发生了改变，不但食物能量增加，还会产生一些过氧化物和致癌物质。

通常油温不能超过150℃。为避免高温危害，制作菜肴时建议先把锅烧热，再倒油，油在锅中较平静，无烟无响，这时就可以炒菜了，千万不要等到油冒烟。

热锅凉油最好，热锅热油危险，热锅火油不能用，热锅黑烟油要下定决心倒掉。

炒完菜后，不妨让油烟机继续运转3~5分钟，确保有害气体完全排出。

四、食用油适合的烹调方式

不同的食用油应采用适合的烹调方式，如下表。

食用油的烹调方式

油品	主要脂肪种类	烹调方式	说明
猪油、牛油、羊油、奶油、椰子油、棕榈油	饱和脂肪酸	凉拌、煎、炒、煮、炸	耐高温，故适合煎、炸。注意控制油温，缩短煎炸时间
橄榄油、茶油、芝麻油、花生油	单不饱和脂肪酸	凉拌、煎、炒、煮皆适宜。不宜油炸	化学性质不甚稳定，建议尽量避免以油炸方式来烹调
玉米油、黄豆油、葵花油、葡萄籽油、红花籽油、小麦胚芽油	多不饱和脂肪酸	凉拌、煎、炒、煮皆适宜，但烹煮温度不宜过高	化学性质极不稳定，不适合高温长时间油炸方式烹煮

五、不同风味的油，做美味的菜肴

（一）动物油

动物油有猪油、牛油、羊油、鸡油、鸭油和奶油。

（1）猪油有让菜肴的味道更加香浓的特点，适宜制作面点，比如，汤圆馅里就含有不少猪油，用猪油烙饼，也会让饼的味道更香。

（2）牛油的特点是味道浓郁，适宜制作川菜，比如毛肚火锅、麻辣烫等。

（3）羊油的特点是肥而不腻，适宜用作炒菜或油炸食品，比如炒麻婆豆腐、炸茯苓等。

（4）鸡油的特点是鲜味浓郁，适宜做浓汤类的菜肴，例如浓汤白菜等。

（5）鸭油的特点是味道独特，适宜做以鸭子为原料的菜，比如烙鸭油饼、煲鸭汤等。

（6）奶油有香甜可口的特点，适宜制作西式糕点和甜品，比如各类奶油蛋糕、奶油面包等。

（二）植物油

植物油有花生油、菜籽油、大豆色拉油、葵花籽油、橄榄油和芝麻油。

（1）花生油、菜籽油、大豆色拉油、葵花子油这四种植物油的应用范围很广，都适宜炸制各种菜肴，炒菜、拌馅、制作中式糕点都行。

（2）橄榄油味道清淡，适宜凉拌菜肴，制作西式热菜。

（3）芝麻油俗称香油，它香气扑鼻，适宜凉拌菜肴以及制作热菜和汤羹。

总体来说，动物油适合做味道浓郁的菜肴，而植物油相对比较清淡，制作菜肴的范围比较广泛。在制作菜品时，如果能结合这些油的不同风味特点，会让菜肴的味道更加可口。

六、动物油与植物油如何兼得

植物油主要油脂是单不饱和脂肪酸和多不饱和脂肪酸，特别是橄榄油在西方还被誉为"美女之油"和"可以吃的化妆品"，它可降低低密度脂蛋白，升高高密度脂蛋白。

动物油（鱼油除外）虽含饱和性脂肪酸，易导致动脉硬化，但它同时又含有对心血管有益的多烯酸脂蛋白等，可改善颅内动脉的营养与结构。

世界卫生组织、联合国粮农组织认为身体里的三种脂肪酸，单不饱和脂肪酸、多不饱和脂肪酸以及饱和脂肪酸，如同等边三角形，三者相互依靠、缺一不可，吸收量大约达到 1 ∶ 1 ∶ 1 的完美比例时，营养才能达到均衡，身体才能健康。

如何做到动物油与植物油兼得呢？

（1）在食用油的选择方面，尽量少用动物油，应选用植物油。

（2）在生活中如果你完全吃素食，不妨加点动物油；如果你有吃肉的爱好，你完全就没必要再用动物油炒菜了。如猪里脊肉含脂肪量高达 7.9%，你吃 2 两里脊肉，实际上你吃的猪油量就达到 16 克了。

（3）高血压、高血脂、高血糖等代谢性疾病的人，尽量不选择饱和脂肪酸动物油，最好在医生指导下制定食谱，以确定吃油种类及食用量。

七、剩油的再利用

很多人舍不得倒掉炸过的油（剩油），还会用来高温炒菜或油炸。剩油里面会有残留苯并芘，还有些醛类、杂环化合物等有害物质。

剩油如何再利用呢？

（一）剩油再利用条件

剩油的油脂色泽不太深、不太稠，且杂质少时，可适当再利用。如果油脂颜色很深、黏度高且杂质多，建议不再使用。在使用前，首先要将油脂静置一段时间，让其中的渣子沉淀，并弃去下面那部分带渣子的浑浊油。

（二）剩油再利用三原则

一是要在避光密封的环境中保存；

二是要尽快用完；

三是要避免高温加热。

（三）剩油烹调的选择

（1）食物的加热温度不超过 100℃，如做饺子、包子等食物时用剩油来和馅；拌凉菜时，可以将剩油轻微加热后，作香油；制作炖菜时，均可加点剩油。

（2）家里制作扯面、拉面等面食时，通常要在面团外面抹油，这时用剩油也无妨。

（3）炒菜时，可以用少量新油先炝锅，等主料下锅后，再适量加点剩油，这样剩油入锅的温度就不会太高。

总之，食用油最好只用一次，在控制好油温的情况下，最多2～3次。

八、喝高汤等同于吃猪油

高汤通常指鸡肉、牛肉、猪肉，特别是猪骨头，经过长时间熬煮而成的汤。人们烹制其他菜肴时，常用高汤替代水，目的是为了提鲜，使味道更浓郁。所以民间有这种说法："鲜味要靠味精，高汤全靠猪油。"

为什么有喝高汤等同于吃猪油之说呢？

首先，肉中含有大量脂肪，在炖制过程中脂肪会溶解在热汤中，多喝汤容易增加血脂，对心脑血管健康不利。同时，肉汤中嘌呤含量高，嘌呤代谢失常的痛风病人和血尿酸浓度增高的患者均应慎食。

其次，高汤在制作过程中，需要反复熬制，使得其中亚硝酸盐含量严重偏高，因此，高汤只能作为调味辅料使用，直接饮用会极大增加致癌隐患。

最后，高汤营养价值并不高，营养绝大多数还在肉里，这应该成为常识。

注意：咸味食品香精"一滴香""火锅飘香剂"，只需一两滴使清水变成香味扑鼻的高汤，能有营养价值吗？

第五节　小常识

一、土榨油有害的杂质多

人们将最简单、最低等级精炼出的毛油，通俗称为土榨油。长沙海关进出口食品安全处邓大为科长指出，土榨油源于植物油料，经过压榨（传统方法）浸泡制得，含有毒、有害的杂质，例如苯并芘、黄曲霉毒素、农残、多环芳烃及色素、树脂等。

土榨油色泽深黑，浑浊，烟点低，不耐久储，因其含杂质会引致水解性的酸败。

过去，中国居民食用此种油，中国卫生部门现已限制使用。

二、调和油配方有点乱

调和油是将两种及两种以上经精炼（香味油除外）的油脂按比例调配制

成的食用油。目前市场上调和油品种很多，同一个品牌的调和油就可以有十几种不同的花样。常见的 "金龙鱼" 调和油就精选了8种原料（花生油、玉米胚芽油、葵花籽油、大豆油、芝麻油、菜籽油、亚麻籽油、红花籽油）。

消费者在购买调和油时可以参看标签侧面的配料表。一般来说，按照从前往后的排列顺序，其添加的原料油成分含量逐次递减。按照国家标准，其标志成分最低含量不得低于5%。

协和医院营养科于康教授，主张不要吃调和油。这是因为，调和油成分太复杂，计算不清楚，还是买单个的油品，吃完了再换个油品。

三、氢化植物油越少越好

氢化植物油是一种人工油脂，它是普通植物油在一定的温度和压力下加入氢催化而成。经过氢化的植物油由不饱和脂肪变成了饱和脂肪，可以使食物更加酥脆，并能够延长食物的保质期。

研究结果表明，植物油氢化过程中会产生反式脂肪酸，会增加低密度脂蛋白胆固醇（常简称为坏胆固醇），同时却减少高密度脂蛋白胆固醇（有利心血管健康的胆固醇），导致罹患心脏病的风险增加。 所以，人们称反式脂肪酸是餐桌上的 "定时炸弹"。

世界卫生组织建议反式脂肪酸供能比应低于1%，大致就是每天不超过3克。假如某食品标注其反式脂肪酸含量为3%，显然你吃100克该食品的话，反式脂肪酸摄入量（3克）就超标了。

哪些食品可能含有反式脂肪酸呢？

凡使用氢化油的煎炸类和烘烤类食品，如炸薯片、炸薯条、方便面、油酥饼、果仁以及蛋黄派、巧克力派、草莓派、饼干特别是威化饼干、薄脆饼、蛋糕、蛋塔等。此外，还有添加植脂末的咖啡伴侣、花生酱、冰激凌、奶油糖、珍珠奶茶、奶昔和热巧克力等。

如何远离反式脂肪酸：市场上凡标有植物奶油、植物黄油、人造奶油、麦淇淋、起酥油、植脂末的产品，无一例外都是用氢化油制成的。

四、转基因油吃与否

由转基因食品加工而成的食用油称之为转基因油。

我们所说的转基因食品是指通过基因工程将一种或几种外源性基因移至某种特定生物体内，并使之表现出相应的性状，以这样的生物体直接或间接加工成的食品。其中，消费者接触最频繁的是转基因食用油。

转基因食品是一个新生事物，仅仅出现十多年，研究还不够深入，目前尚未发现它有任何急性毒性。食用转基因食品是否真会影响健康，目前尚未完全定论。

但是，维护消费者在转基因食品问题上的知情权和选择权，已成了国际社会的一种共识。

五、地沟油危害大、鉴别难

地沟油实际上是一个泛指的概念，是人们在生活中对于各类劣质油的通称。地沟油来源于劣质猪肉、猪内脏、猪皮加工以及提炼后产出的油，甚至是下水道中的油腻漂浮物或者泔水经过简单加工、提炼出的油。地沟油极大地危害人体健康。

网络上流传许多鉴别地沟油的方法，绝大多数不具有可信性。从事食品安全研究的原湖南出入境检验检疫局技术中心丁利研究员指出，地沟油成分复杂、差异性大，给检测带来很大的不确定性，因此仅靠个人的知识和方法是无法辨别的。这需要执法部门从源头来控制地沟油流向餐桌，并建立专门的废油回收处理系统。

第九章　调味品之食盐

　　盐的制作与使用起源于中国。盐是一种调味品，也是一种生活必需品，还是一种最古老的防腐剂。在古代，许多战争就是为了争夺盐而引起的。人们对盐充满了感情，一度认为多吃盐有劲、多吃盐有味。然而盐是一把双刃剑，盐吃多了坏处也多。

第一节 盐的营养价值

一、盐有"百味之王"之誉

大约 6000 年前，中国人发现食盐有使食物保鲜的特性。从那时候开始，全球的食盐量大幅度上升。山珍海味离不开盐，再好吃的东西离了盐也就显得无味了。南朝梁代名医陶弘景说："五味之中，唯此不可缺。"可见，盐在人们的饮食中有着何等重要的地位。

从烹饪的角度看，食盐则为五味之主、味中之王。无论是煮、调、炒、煎都离不开盐。这是因为盐溶液有很强的渗透能力，它不但能提出各种原料中固有的鲜味，而且有解腻、除膻、去腥的作用。

盐还能促进胃消化液的分泌，增进食欲，是调味品中用得最多的。盐号称"百味之王"一点也不为过。

二、盐是一把双刃剑

(一) 盐的生理作用

盐的主要成分是氯化钠，它能维持细胞外液的渗透压，影响着人体内水的动向；参与体内酸碱平衡的调节，维持人体内环境的变化，并能保持人体心脏的正常活动。

(二) 盐的医疗作用

中医认为，盐味咸、性寒，入胃、肾、大肠、小肠经；有补心润燥、泻热通便、解毒引吐、滋阴凉血、消肿止痛、止痒之功效。

盐水漱口还能治疗牙龈出血、缓解咽喉痛；用盐水清洗伤口可以防止感染；食盐、绿茶、生姜煎汤 500 毫升，可治夏季汗后烦热、口渴、腹泻等。

另外，盐水有杀菌、保鲜、防腐的作用，盐撒在食物上可以短期保鲜，用盐腌制食物还能防止变质。

(三) 多吃盐危害大

盐也的确是人体不可缺少的一种物质，但食盐过多，对人体害处也多，食盐带给人们的健康优势远远不如它带给人们的损害大。

摄盐过量与高血压有不解之缘，容易引发呼吸道疾病，易引起钙质流失，甚至与消化道恶化肿瘤的关系也很密切。

著名营养学专家李瑞芬要我们远离"三白，即盐、白糖和猪油"。

第二节　食盐的分类

一、食盐怎样分类

我国盐的资源很丰富，产盐区遍及全国，产量也很大。我国所产的食盐主要有海盐、井盐、池盐和矿盐等。

按精制程度可将盐分为粗盐和精盐。

（一）粗盐

粗盐也称原盐，粗盐是从海水、盐井水中直接制得的食盐晶体，除氯化钠外，还含有氯化钾、氯化镁、硫酸钙、硫酸钠等杂质和一定量的水分，所以粗盐含杂质多且又咸又苦，不能作烹调用。

（二）精盐

精盐也称再制盐，是把粗盐溶解，去除粗盐中的氯化镁等杂质，再加入少量营养物质而制成的。精盐的杂质少，质量较高，晶粒呈粉状，色泽洁白，多作烹调之用。

二、什么是加碘盐

食用加碘精制盐是将碘酸钾或碘化钾按一定比例，加入食盐中配制而成的。

碘是人体必需的微量元素之一，是合成必需的甲状腺激素的重要原料，有"智力元素"之称，如在胚胎期、婴幼儿期缺碘，将导致患者终生不同程度的智力障碍。

根据年龄和生理上的差别，14 岁以下儿童每天摄碘推荐剂量为 85~115 微克，14 岁以上成年人每天碘推荐剂量为 120 微克，孕妇和乳母每天碘推荐剂量为 200 微克左右，适宜摄入量范围 120~299 微克，安全摄入量上限范围 600 微克。中国营养学会推荐的食盐日摄入量小于 6 克，6 克加碘盐中的碘就达到了推荐剂量 120 微克。

需注意，碘虽是人体不可缺少的微量元素，但多了也有害。碘盐主要供缺碘及少碘地区居民食用。高碘地区则应选购非碘盐，因高碘同低碘一样，也会引起甲状腺肿，甚至造成甲状腺机能亢进。如果你患有甲状腺结节、甲亢、甲状腺肿瘤（癌症）等疾患，就要控制食用碘盐，减少食盐量了。

三、何谓低钠盐

顾名思义，低钠盐就是一种含钠离子比较少的盐，一般来说是用氯化钾代替了氯化钠起到一定的咸味。通常氯化钾含量约为25%。虽然钾的咸味不如钠，但增加用量之后的钠离子含量还是低于普通盐，这样的低钠盐也还是有意义的。

另外，我国居民具有高钠低钾的饮食方式。世界卫生组织发表的最新饮食准则，除了原有的每日钠摄取量应低于2 000毫克外（相当于5克盐），特别推荐每日钾摄入量应达3 510毫克，以有效预防高血压等心血管疾病。所以，低钠盐的使用有了一定的市场。

低钠盐的问题在于，肾脏、心脏等有障碍的人和糖尿病患者，钾的代谢可能存在问题，所以过多摄入钾就可能导致高血钾症状。对这些人群来说，以氯化钾为基础的低钠盐就存在着风险，没有医生的指导，最好不好使用。由于一般低钠盐同样含有碘且达到20~50毫克/千克，甲状腺功能亢进患者，也不宜选择低钠盐，而应当选用无碘盐。

第三节　选购和保存食盐

一、食盐的选购

优质盐：颗粒均匀，色泽洁白，用手抓捏呈松散状，入口咸味纯正。外包装袋字迹清晰，封口整齐严密。

劣质盐：颗粒大小不一，色泽淡黄或暗黑色，用手抓呈团状，不易松散，有刺鼻气味，口尝咸中带苦涩味。外包装袋字迹模糊，封口不严密。

二、食盐的保存

食盐遇热、受潮、风吹和日晒等均易发生潮解、干缩和结块，如果空气相对湿度在70%以上时，食盐就会潮解。因此，应将买回的盐放入有盖的瓶、罐内，不可开口存放，不能与其他商品混放，并且要求存放地干燥、通风、清洁卫生。

第四节　安全科学吃盐

一、国人怎么减盐都不过分

古代哲学家老子的饮食养生智慧很独特，他提出"淡"为饮食养生的基本原则，体悟"味无味"的"道"味。元代养生学家贾铭的《饮食须知》记载："喜咸人必肤黑血病，多食则肺凝而变色。"

现代医学证实，成年健康人每日对钠离子的生理需求量仅为 0.5 克，约为 1.3 克食盐。世界卫生组织推荐的最新食盐日摄入量"低于"5 克，其下限为 3 克。该标准可充分满足人体的正常需要，并可避免过度限盐对心血管系统产生的不利影响。

然而，我国是食盐大国，人均每日接近 11 克，中南大学湘雅医院心血管康复中心博士生导师刘遂心指出，中国人怎么减盐都不过分。根据我国的实际情况，中国营养学会推荐的食盐日摄入量小于 6 克。

二、摄盐量有"信号灯"

可用"信号灯"来提示摄盐量。普通成人：红灯 10 克，黄灯 8 克，绿灯 6 克。高血压、心脏病患者：红灯 6 克，黄灯 5 克，绿灯 4 克。

糖尿病患者：主食每日少于 5 两者，食盐每日 2.5 克；主食每日 5~6 两者，食盐每日 3 克；主食每日少于 7 两者，食盐每日 3.5 克。当糖尿病合并有高血压、冠心病时，食盐量每日少于 2 克。

慢性肾病患者：通常情况下每日盐的摄取量最多不超过 4 克。如出现尿少、高血压、明显水肿三种情况之一时还应进一步严格限盐。

如何估计盐量：如盛满一个啤酒瓶盖，相当于 4 克盐；盛满一矿泉水瓶盖，相当于 6 克盐。最好的办法是使用有克度的盐罐和盐勺。

怎样计算一天用盐的量呢？米饭和菜中本身含有少量的盐，我们一天所吃的米饭和菜约为 2 克盐，所剩的 3 克盐是从平时炒菜的过程中放进去的。根据每天 5 克盐量计算，一家三口一般每月最多用盐 200 克、酱油 500 毫升（约含 70 克盐）就足够了。

三、限盐从娃娃抓起

研究显示，盐对血压的影响从很小的年龄就开始了。美国心脏协会调查发现,小孩才是吃盐大户。父母早限盐有利于避免子女沿袭口味重的饮食习惯,特别是要限制儿童吃盐分超标的炸薯片、奶酪、披萨等。

限盐的最好办法,就是从现在开始,从小开始。

3岁以下的幼儿每天摄入量按千克体重计算,每千克体重摄入0.2~0.3克盐。6个月内的婴儿不要吃盐,6个月~1岁每天不超过1克,1~3岁不超过2克,4~6岁不超过3克。

四、烧制菜肴时怎么放盐

烧制菜肴时,不要太早放入食盐,菜熟九分再放盐。更不可将食盐放入油锅中爆炒。应在肉炖好后再放盐。炒菜用精盐。汤要少放盐,吊汤不用盐。

另外,要注意,甜和盐可相补,咸味可以衬托出甜味,降低实际的甜度。甜度也可以掩盖咸味,可加大我们的食盐量。如在1%~2%的食盐溶液中添加10%的糖,几乎可以完全抵消咸味。生活中1斤广式香肠含有15克盐,你吃2两广式香肠,就相当于吃3克盐,也不觉得有多咸。

五、烹饪时怎样做到少放盐

目前,我国居民食盐的摄入接近11克/日,这些盐的来源中,烹调过程中加的盐占第一位(70.0%左右),来自加工食品的盐占30%。所以在日常的烹饪中,要控制盐,并利用以下方法改善因为少放盐所导致的食物口感上的寡淡。

(一)利用食物的鲜味少放盐

海产品本身有咸味,且很鲜,通常单独烹饪时不需要放盐。正是因为原料中有咸味,可以和蔬菜互相搭配,只要放一点点盐口味就非常鲜美了。番茄、洋葱、辣椒、芥末、姜、大蒜、胡椒粉、香菇等与其他食物搭配时,即使少放一点盐也能保证非常可口的味道。

(二)含盐的调料品代替盐

用酱油、蚝油、豉汁等酱料代替盐的使用,这种方法非常好,做起来方便,吃起来又非常可口。但是千万要注意,这些酱料和调料当中也含有盐分,不要随心所欲地放,最好酌量使用。如酱油含有15%~20%的盐。

另外,许多提鲜的调料均依赖咸味而存在,如味精的主要成分为有机盐谷氨酸钠，每 100 克味精相当于 34 克盐。味精虽然对人体无害，但过量食用味精也会造成口渴、嗜睡等生理现象。鸡精的配料显示主要成分为，核苷酸钠、谷氨酸钠、氯化钠以及各种含钠的添加剂，民间有"一袋鸡精半袋盐"之说。所以说，鸡精与鸡的关系基本不存在，但却是盐的"老干妈"。

（三）酸味强化咸味可减少食盐用量

酸味可以强化咸味，在 1% ~ 2% 的食盐溶液中添加 0.01% 的醋酸就可以感觉到咸味更强，因此烹调中加入醋调味可以减少食盐的用量，从而有利于减少钠的摄入。

六、警惕不可见盐

大多数国家，约 80% 的人摄入的盐是从加工产品和饭馆食物中摄取。2 两腌芥菜头含有 19 克食盐，2 两酱萝卜含有 18 克食盐，2 两酱油含有 15 克食盐，2 两香肠含有 4 克食盐，2 两榨菜含有 11 克食盐，2 两豆酱含有 9 克食盐，2 两腌雪里蕻含有 8.5 克食盐。

盐较多的食品有各种酱类、腌制品、热狗、沙拉、罐装制品、薯条、乳酪、火腿、午餐肉、熏猪肉、橄榄、鱼子酱、比萨饼等。

判断食品是否高盐的方法很简单。如食品包装上注明每 100 克含 1.25 克以上的盐或 0.5 克以上的钠（盐含量等于钠含量乘以 2.5），就表示超标了。

第五节　小常识

一、限盐如同戒烟、戒酒一样困难

吃高盐食品习惯了的人，改成低盐摄入是非常困难的。人对盐是有依赖性的，口味很重的人变成口味淡的人首先要有心理准备，限盐过程不容易，这相当于人们在戒烟、戒酒。

人的口味容易适应缓慢的变化，通过"温水煮青蛙"的思路，可以循序渐进地使自己适应低盐饮食。如果你限盐 4 周，口味会变轻，坚持三个月以上的时间，就会从口味重的人变成口味淡的人。科学研究还证实，只要坚持21 天，就能养成一项好习惯。

常见食物中的含盐量速查表 （每100克中的含盐量）

分类	食物名称	含盐量（克）	分类	食物名称	含盐量（克）
速食食品	方便面	2.9	鱼虾类	咸鱼	13.5
	油条	1.5		虾皮	12.8
	咸大饼	1.5		虾米	12.4
	咸面包	1.3		鱼片干	5.9
	法式面包	1.2		鱿鱼干	2.5
	牛奶饼干	1.0		龙虾片	1.6
	苏打饼干	0.8	禽类	烧鹅	6.1
肉类	咖喱牛肉干	5.3		鸡肉松	4.3
	保健肉松	5.3		盐水鸭	4.0
	咸肉	4.9		酱鸭	2.5
	牛肉松	4.9		扒鸡	2.5
	火腿	2.8		北京烤鸭	2.1
	午餐肉	2.5	坚果	炒葵花籽	3.4
	酱牛肉	2.2		小核桃	1.1
	叉烧肉	2.1		花生米	1.1
	广东香肠	2.0		腰果	0.6
	火腿肠	2.0	调味品	味精	20.7
	生腊肉	1.9		豆瓣酱	15.3
	小红肠	1.7		酱油（平均）	14.6
	红肠	1.3		辣酱	8.2
豆制品	臭豆腐	5.1		花生酱	5.9
	五香豆	4.1		甜面酱	5.3
	素火腿	1.7		五香豆豉	4.1
	豆腐干	1.6		陈醋	2.0
酱菜类	酱萝卜	17.5	腐乳	红腐乳	7.9
	酱莴苣	11.8		白乳腐	6.2
	酱大头菜	11.7	蛋类	咸鸭蛋	6.9
	什锦菜	10.4		皮蛋	1.4
	萝卜干	10.2			
	酱黄瓜	9.6			
	腌雪里蕻	8.4			

二、盐浴的保健作用

盐浴，就是温水浸湿皮肤后用食盐粉末涂抹在皮肤上进行洗浴。这种方法最早在美国流行。实践证明，盐有消除疼痛和寒凉作用，还可以对皮肤起到消炎、杀菌、快速治愈小伤口的作用，令肌肤柔滑细嫩。

洗浴方法：从头到脚用盐粉末涂抹全身，并进行搓揉，然后用清水冲洗干净后再一次在温水中浸泡，擦干身体后就结束了盐浴。

注意事项：

（1）盐浴前后，人要及时补充身体水分，盐浴中应该防止盐水进入口、眼、鼻内。

（2）盐浴过程中人的全身应舒适、清爽，如出现全身皮疹、呕吐等不良反应要停止浸浴。

（3）患有严重高血压病人、心功能失代偿的心脏病人、脑中风急性期病人等不适合盐浴。

第十章　调味品之酱油

我们都知道，酱油是日常饮食中非常普通的一种调味品，但说到酱油对人体的好处，可能很多人就说不清楚了，更不要说面对超市里那成排几十种不同类别的酱油了。

究竟吃酱油有哪些好处？哪些酱油比较好？怎样安全且科学选购及食用酱油呢？

第一节 酱油的营养价值

一、酱油是最传统、最大众化的调味品

酱字的下半部分是一个"酉"字，意为发酵变质。三千多年前，酱油是我们的祖先用牛、羊、鹿和鱼、虾的肉等动物性蛋白质酿制的，只有皇帝和贵族才吃得起。为了满足口腹之欲，后来才逐渐改用豆类和谷物的植物性蛋白质酿制。如今吃的酱油，就是当初大豆酱的衍生物。

现代酱油酿造方法是将大豆或豆粕蒸熟，拌和面粉，接种上一种霉菌（如曲霉菌、乳酸菌和酵母菌等），让它发酵生毛，经过日晒夜露，原料里的蛋白质和淀粉分解，就变化成滋味鲜美的酱油了。

酱油色泽红褐，有独特酱香，能使菜肴色泽诱人、香气扑鼻、味道鲜美，是中国最为传统的、最大众化的、最能促进食欲的调味品。

二、少量酱油抗氧化能力与一杯红葡萄酒相当

中医学认为，酱油有解热、除烦、解毒的作用，可用于治疗暑热烦懑、疗疮初起、妊娠尿血等病症。此外，还可治疗食物、药物中毒及汤火灼伤、虫兽咬伤。

现代医学研究表明，酱油中含有17种氨基酸，维生素B的含量也很丰富，还有一定量的钙、磷、铁等，这些物质都是人体健康所必需的营养素。酱油含有异黄醇，这种特殊物质可降低人体胆固醇，从而降低心血管疾病的发病率。

2006年新加坡国立大学的一项研究表明，酱油能产生一种天然的抗氧化成分，它有助于抑制自由基对人体的损害，其功效如同维生素C和维生素E等。用少量酱油所达到的抑制自由基的效果，与一杯红葡萄酒相当。

第二节 酱油的分类和特点

一、酿造酱油和配制酱油的特点

酱油按生产工艺分为酿造酱油和配制酱油。

（一）酿造酱油

（1）酿造酱油是用大豆或脱脂大豆，或用小麦或麸皮为原料，采用微生物发酵酿制而成的酱油。

（2）酿造酱油发酵时间长，产量低，成本也相对较高。

（二）配制酱油

（1）配制酱油是以酿造酱油为主体，与酸水解植物蛋白调味液、食品添加剂等配制而成的液体调味品。

（2）配制酱油产量大、成本低、生产周期短，但风味较差。

（3）毒理研究数据发现，配制酱油中添加的酸水解植物蛋白调味液中含有的 3- 氯丙醇具有致癌作用。按照国家的有关规定 3- 氯丙醇含量的控制标准为 1 毫克 / 公斤以下。英国对同类产品的相应要求为少于 0.05 毫克 / 公斤，马来西亚为 0.02 毫克 / 公斤。

市场上销售的无论是酿造酱油还是配制酱油，只要符合食品安全标准，消费者食用都是安全的。

二、生抽酱油和老抽酱油的特点

根据烹调及饮食习惯，在南方酱油分为生抽酱油和老抽酱油。

（一）生抽酱油

生抽酱油是酱油中的一个品种，以大豆、面粉为主要原料，人工接入种曲，经天然露晒、发酵而成。

生抽酱油色泽红润，呈红褐色，滋味鲜美协调，豉香浓郁，体态清澈透明，风味独特。生抽用来调味，因颜色淡，故做炒菜或做凉菜的时候用得较多。

（二）老抽酱油

老抽酱油是在生抽酱油的基础上，把榨制的酱油再晒制 2~3 个月，经沉淀过滤即为老抽酱油。

老抽酱油比生抽酱油味道更加浓郁，颜色很深，呈棕褐色有光泽，吃到嘴里后有种鲜美微甜的感觉。一般用来给食品着色用。比如做红烧等需要上色的菜时使用比较好。

三、草菇酱油和海鲜酱油的特点

（一）草菇酱油

草菇酱油是用大豆与草菇提取液一起进行微生物发酵而制成的，具有草菇的鲜美和营养价值。草菇老抽，色泽浓烈，热稳定性好，口味醇厚，香气浓郁，能显著增加菜肴的色泽，特别适用于烹制各类红烧菜肴及捞拌粉面，几滴就能上色，美味香浓。

（二）海鲜酱油

海鲜酱油是以特级酱油为主料，再配以某些海产品制成，味道鲜醇，豉香诱人，使用时直接点蘸清蒸河鲜、海鲜，能起到鲜上加鲜的作用，也可用于烹制各种肉食菜肴。

四、无盐酱油的特点

无盐或低盐酱油是以药用氯化钾、氯化铵代替钠盐，采用无盐固态发酵工艺等方法酿制而成，特别适宜于高血压患者食用。

但无盐或低盐酱油虽是含盐量较少的酱油，但这类产品是否以提高钾含量来替代钠还需要厘清，有肾脏病患者使用会出现危险。

肾功能不全者，需要注意食物含钾是否高；肾病患者血钾过高，尿量又少，应禁止食用无盐酱油，否则会出现高血钾症，引起生命危险。

第三节 选购和保存酱油

一、酱油的选购

（一）先看标签

1. 看制造工艺

酿造酱油为首选。酿造工艺生产的酱油都会在包装上写明"传统工艺""酿造产品""精心酿造"等字样。

2. 看属哪种"盐"

以高盐稀态为好。高盐稀态用的是大豆和小麦，是慢工出细活的传统工艺。低盐固态使用的是大豆和麸皮。前者颜色比后者要深但香味不浓郁。

3. 看氨基酸态氮含量

氨基酸态氮含量 ≥ 0.8g（克）/100mL（毫升）为特级酱油，≥ 0.7g/100mL 为一级，≥ 0.55g/100mL 为二级，≥ 0.4g/100mL 为三级。特级酱油最好。

4. 看防腐剂

山梨酸钾更理想，苯甲酸钠次之。目前也有不添加防腐剂的酱油。

（二）酱油的品质

酱香浓郁，味鲜，咸淡适中，无异味，为优质酱油。买酱油要"一看二摇三闻四尝味"。

1. 看

优质酱油大都呈鲜艳的红褐色、棕褐色，有光泽而发乌，不混浊，无沉淀，无霉花浮膜。如酱油颜色太深了，则表明其中添加了焦糖色，这类酱油仅仅适合红烧用。

2. 摇

优质酱油摇起来会起很多的泡沫，不易散去。劣质酱油摇动只有少量泡沫，并且容易散去。

3. 闻

优质酱油往往有一股浓郁的酱香和酯香味。劣质酱油无酱香和酯香味，甚至有刺激性气味。

4. 尝

优质酱油尝起来味道鲜美，劣质酱油尝起来则有些苦涩。

二、酱油的储存

酱油易霉变，盛放酱油的瓶子，切勿混入生水；瓶子要注意密闭，尽量避免酱油与空气的接触，并应置于阴凉干燥处存储。

另外，为有效防止酱油发霉长白膜，可以采用往酱油中滴几滴食油、放几瓣去皮大蒜或滴几滴白酒等方法。

消费者在市场上购买酱油时，特别要注意生产日期和保质期。酱油保质期一般为 6 个月，瓶装的不高于 12 个月。开启后的酱油，如果瓶口不密封，在常温下 1~2 个月会长白膜，最好在短时间内用完。

第四节　安全科学吃酱油

一、把握吃酱油的量

酱油里加入了较多的食盐，使酱油除了香味外还有咸味，这能防止酱油发霉变质。酱油含盐量为 15%～20%。因酱油含有盐分，烹饪时应酌量使用，每次 10～30 毫升为宜。特别是高血压、冠心病、糖尿病患者应严格控制酱油，如同控盐一样重要。

另外，酱油中含有来自大豆的嘌呤，而且很多产品为增鲜还特意加了核苷酸，所以痛风病人也不能多食酱油。还有，酱类食用后易产生酸，胃酸过多的胃病患者要慎食。

二、烹饪时正确使用酱油

（1）在烹饪绿色蔬菜时不必放酱油，因为酱油会使这些蔬菜的色泽变得黑褐暗淡，失去原有的清香。

（2）菜肴将出锅前加入酱油，略炒煮后即出锅，因为酱油中含有丰富的氨基酸，这样可以避免锅内的高温破坏氨基酸，使营养价值得到保全，而且酱油中的糖分也不会焦化变酸。

（3）酱油中含有鲜味物质，因此用了酱油后就应当少放或不放味精、鸡精。特别是增鲜酱油，更可替代所有鲜味调料。

三、酱油生吃好还是熟吃好

酱油是可以生吃的，酱油瓶身都会标注供佐餐用或供烹调用。佐餐酱油一般是生抽，是可用于凉拌菜肴的酱油，因此对微生物的指标要求要严于普通的烹调酱油。国家规定佐餐酱油每毫升检出的菌落总数不能大于 30 000 个，这样在生食的时候才对健康没有危害。所以说，佐餐酱油和烹调酱油并不是鲜味上的区分，而是卫生程度上的区分。

特别强调，佐餐酱油买回来后最好放在冰箱冷藏室内保存，且注意瓶口密封。

虽然酱油不经过加热也可以食用，但是由于酱油在生产、储存、运输、销售等过程中常因卫生条件不良而被污染，甚至混入了肠道传染的致病菌，人吃生酱油后，对健康很不利。据科学实验证实，伤寒杆菌在酱油中能生存 20 天，痢疾杆菌在酱油中可生存 2 天，很多人食用不经过加热的酱油拌凉菜，就有发病的危险。

所以，酱油还是经过加热的好。

第五节　小常识

一、酱汁、辣酱油、调味汁不是酱油

超市里，可以看到一些和酱油颜色、包装都差不多的酱汁、辣酱油、调味汁等调味剂，它们和酱油是不同的。

国家在酱油的标准中明确规定，酱油的氨基酸态氮每100毫升不得低于0.4克，氨基酸态氮含量越高，品质越好。

而调味汁、酱汁等调味剂不执行酱油的国家标准，基本不含氨基酸态氮。调味剂只能起到给菜肴增加鲜度的作用，基本上没啥营养价值。

二、吃酱油不会让伤疤变色

在临床工作中，我们经常会听到人们说手术后不能吃酱油，不然手术伤口会变成酱油色。其实酱油和皮肤的黑色素沉淀是没有任何关系的，这种说法是没有科学依据的。

在古代，酱油曾是一种常用药，会把酱油敷在伤口上，来缓解疼痛和促进伤口愈合。如果你将酱油涂抹在伤口上，也许伤口愈合过程中，酱油里的色素会残留在皮肤中或者使伤口感染，从而导致伤疤变色。

第十一章　调味品之食醋

　　醋是人们日常生活中必不可少的烹饪作料，也是防治各种疾病的良药，珍爱醋的日本人更是把醋视为预防百病的万灵丹。现在都市许多人流行吃醋蛋、醋豆来降血脂、减肥。醋真是预防百病的万灵丹吗？怎么安全且科学吃醋呢？

第一节　食醋的营养价值

一、食醋是最"古老的调味品"

常言道："开门七件事，柴米油盐酱醋茶。"醋是一种发酵的酸味液态调味品，是每个家庭厨房的必备品。

醋以含淀粉类的粮食（高粱、黄米、糯米、籼米等）为主料，谷糠、稻皮等为辅料，经过发酵酿造而成。

我国酿醋有 3 000 多年历史。醋，又称酢、醯、苦酒、米醋。醋早于酱油的发明，是最古老的调味品。当先民们把饮食推向烹饪阶段的时候，醋就列入酸、甘、苦、辛、咸五味之中，成为中国烹饪的原始定味。

中国四大名醋分别是：山西老陈醋、镇江香醋、永春老醋、四川保宁醋。

二、药不是天天吃的饭，醋是天天吃的药

俗话说："药不是天天吃的饭，醋是天天吃的药。"《圣经·旧约》中有喝醋解渴的故事。

中医学认为，醋味酸、甘，性平。归胃、肝经。能消食开胃，散淤血，止血，解毒。

现代医学研究表明，醋的主要营养来自醋酸、琥珀酸、乳酸，以及多种维生素和矿物质，这些成分使醋具有独特的酸味和香味，又因原料和制作方法的不同，醋的不同成品风味迥异。

醋有多种功效：

（1）帮助消化，有利于食物中营养成分的吸收，如醋可使肉中的钙、磷、铁等矿物质溶解，也可防止青菜中的维生素 C 遭破坏。

（2）醋对食物有保鲜、解腥、减辣、催熟的作用。

第二节　食醋分类

一、酿造食醋和配制食醋的特点

食醋按制醋工艺流程区分，分为酿造食醋和配制食醋。

（一）酿造食醋

酿造食醋主要是以粮食为原料酿造而成，包括香醋、米醋、老陈醋等，以及用酒精发酵变成的白醋。

（1）香醋是以糯米为主要原料酿造，以香而微甜、酸而不涩著称。

（2）米醋是以大米为原料酿造而成，颜色较浅，常和白糖、白醋等调制成酸甜盐水来制作泡菜。

（3）老陈醋是以高粱为主要原料陈酿而成，其特点是色泽黑紫，醋液清亮，醇厚不涩。

（4）酿造白醋是以食用酒精为原料，经醋酸发酵而成，颜色淡黄，略有香气。

（二）配制食醋

配制白醋，是以食用冰醋酸加水配制成白醋，再加调味料、香料、色料等物，使之成为具有近似酿造醋的风味的食醋。配制白醋颜色纯白，醋味很大，但无香味。这种醋不含食醋中的各种营养素，因此不容易发霉变质，但也没有营养价值，只能调味。

所以，醋以酿造为佳。但酿造醋的品种因选料和制法不同，性质和特点有很多差异。总的来说，以酸味纯正、香味浓郁、色泽鲜明者为佳。

二、果醋是一种酸味调味品

果醋是以水果，包括苹果、山楂、葡萄、柿子、梨、杏、柑橘、猕猴桃、西瓜等，或果品加工下脚料为主要原料，利用现代生物技术，经发酵酿制而成的一种营养丰富、风味独特的酸味调味品。如苹果醋一般总酸量为 2.5～8 克／100 毫升。

20 世纪 90 年代，在美国、法国等国家流行起喝果醋饮料，果醋的总酸含量 0.3 克／100 毫升左右，曾经一度受到减肥女性的追捧。我国果醋饮料标识混乱，但总的原则是应符合低糖或无糖的标准。

注意：果醋饮料好喝，酸度低，但长期饮用也会对胃黏膜有刺激作用。勾兑型的果醋饮料，其醋味比较突出，而发酵型的果醋饮料，口感更加柔和，香味更加醇厚。

第三节 选购和保存食醋

一、食醋的选购

（一）看标签

看标签应注意以下内容：

（1）是酿造食醋还是配制食醋。

（2）生产日期。

（3）总酸含量。

总酸含量是食醋产品的一种特征性指标，其含量越高说明食醋酸味越浓，并对微生物的抑制作用越好。一般来说食醋的总酸含量要 ≥ 3.5 克/100 毫升，优级醋为 5 克/100 毫升以上。

另外，醋不能说加了防腐剂就不安全，只要符合国家标准就行。当食醋总酸度大于 > 6 克/100 毫升时，企业可以选择使用或者不使用防腐剂。

（二）看色泽、体态

优质酿造食醋，颜色呈棕红或褐色（白醋为无色澄清液体），澄清，无悬浮物和沉淀物。质量差的醋，颜色偏深或偏浅，混浊，存放一段时间后有沉淀物。

酿造醋摇晃醋瓶可以看到丰富的泡沫，持久不消。一般配制食醋摇晃醋瓶没有泡沫或很快消失。

（三）闻香气、尝滋味

优质酿造食醋有特有的香气和酯香，酸味柔和，回味绵长，有醇香，不涩。用筷子蘸一点醋入口中，酸度适中，微带甜味，入喉不刺激的是优质醋。

配制食醋醋味较淡，除尖酸味外，还有苦涩味，没有回甘。

二、食醋的保存

（1）食醋要存放在凉爽干燥之处，用后盖紧，将瓶口残留醋抹干净，不能放在高温高湿之处。也可将食醋放入冰箱内冷藏。

（2）食醋有强烈的腐蚀性，故不可用金属容器或普通塑料容器盛放，以防止金属或塑料单体毒物溶出。

（3）用食用醋做泡菜时，可在做泡菜的容器中加入几滴白酒和少量食盐，或放一段葱白、几个蒜瓣，或加入少许香油，可防止醋发霉变质。

第四节　安全科学喝醋

一、把握食醋的量

现代医学研究发现，空腹时过量摄入食醋伤胃，无节制地吃醋是不可取的，特别是胃溃疡病患者和胃酸过多的人，吃醋过多会使胃溃疡加重。胆石病患者过多吃醋可能会诱发胆绞痛。

一般来说，健康成人每次 5 ~ 20 毫升，每天 2 ~ 3 次，醋饮料 200 毫升左右。老弱妇孺及病人则应根据自己的体质情况，适当减少食量。

另外，如果你食醋时发生皮疹、瘙痒、水肿、哮喘等症状，说明你对醋过敏，此时你就不应喝醋了。

二、炒菜放醋有时间要求

炒菜放醋时间不同作用不同。在炒土豆丝、炒豆芽、炒藕片时最好在原料入锅后不久就加醋，能让菜肴脆嫩爽口。这是因为醋能够保护蔬菜植物细胞的细胞壁，使其保持坚挺。

而糖醋排骨、葱爆羊肉等菜最好加两次醋：原料入锅后加醋可以祛膻、除腥，临出锅前再加一次醋，可以增香、调味。

三、陈醋、香醋、米醋对应不同的菜肴

（1）陈醋最酸，常用于需要突出酸味而颜色较深的菜肴，如酸辣海参、醋烧鲶鱼等。另外，老醋花生米、老醋海蜇头这些凉拌菜也常用陈醋。

（2）香醋味香，多用于凉拌菜，也可以作为蘸饺子的调料。另外，在烹饪海鲜或蘸汁吃螃蟹、虾等海产品时，可用香醋加些蚝油等配成调味汁。

（3）米醋凉热菜都适用，几乎一般的传统菜肴都会用它，如醋熘白菜、糖醋里脊、酸辣汤等。

四、炒菜时巧用醋，妙处多

我们也知道，烹调时适当加点醋，可以减少蔬菜维生素 C 的损失。煮排骨汤时放点醋，可使骨头中的钙、磷、铁等矿物质溶解出来，营养价值更高。另外，炒菜时巧用醋还有以下妙用：

（1）烧鱼加醋能去鱼腥，烧羊肉加醋能去羊膻味。有些菜，在烹调时加点醋，可减油腻，增加香味。

（2）醋能减辣，也能引甜。如菜中辣味过重，加醋可减辣味；在煮甜粥时，加点醋，会使甜粥更香甜。

（3）炖肉、煨肉、炖老鸡和做海带、土豆等菜时，加少量醋，易熟易烂。

（4）炒茄子时加醋，茄子不变黑。

（5）烹调水产品如蟹、虾、海蜇时，先用含1%的醋溶液浸泡1小时，可防止因嗜盐杆菌引起的食物中毒。

第五节　小常识

一、醋是调味剂，不是消毒剂

在"非典"肆虐的非常时期，我国很多人均有用食醋熏蒸消毒的经历。其实，消毒专家早就做过实验，证明食醋熏蒸对消毒、杀菌没有任何效果，更不能杀死病毒。因为，醋酸在一定浓度时才有消毒、杀菌作用，而食醋所含醋酸浓度很低，远远达不到消毒的要求。而且熏醋的醋酸味对呼吸道黏膜有刺激作用，会导致气管炎、肺气肿、哮喘等病人的病情发作或病情加重。预防感冒以及消毒最好的办法就是通风，增强体质。

另外要特别纠正，有些人在吃不干净的凉拌菜时，认为加了醋，便能收到杀灭病菌的效果，能避免感染疾病，这也是错误的。

总之，醋作为调味品味道是不错的，但不能作为消毒剂使用。

二、喝醋能减肥，不敢苟同

喝醋减肥曾经风行一时，日本、我国台湾省就流行过将黄豆泡在醋里腌渍成醋豆，声称每天早晚各吃10~20颗，就能达到减肥效果，不少女性都深信不疑。但是营养专家对此都不敢苟同，目前并没有确切的研究结论支持这种说法。

喝醋能减肥，可能是大量喝醋喝饱了，吃不下其他东西，或是以吃醋豆取代了平常的高热量零食，相对而言热量摄取减少了。不过，这种减肥法无法持久，长期下来会造成营养缺乏、不均衡，有损身体健康。

另外，醋含有丰富的钙、氨基酸、维生素 B、乳酸等物质，对人体皮肤有一定好处。喝醋美容主要是针对油性皮肤而言的。

三、服用某些药物时不宜吃醋

醋酸能改变人体内局部环境的酸碱度，从而使某些药物的药效打折扣。如磺胺类药物在酸性环境中容易形成结晶，从而损害肾脏。服用碳酸氢钠、氧化镁等碱性药物时吃醋，会使药物失去作用。服用庆大霉素、卡那霉素、链霉素、红霉素等抗生素时也最好不要吃醋，以免降低药效。

另外，中医认为，酸能收敛，当复方银翘片之类的解表发汗中药与之配合时，醋会促进人体汗孔的收缩，还会破坏中药中的生物碱等有效成分，从而干扰中药的发汗解表作用。

四、鱼刺卡喉咙，喝醋吞饭不可取

如果你在吃鱼时不小心被鱼刺卡住了，生活经验告诉我们，赶快喝醋、吞饭。其实这是不可取的。

确实，醋在一定时间内可以使鱼刺或者一些骨头变得酥软，但对于体积较大、质地较硬的异物来说，并不能达到软化的效果，并且醋中所含的醋酸也会对伤口造成刺激、腐蚀，引起炎症。另外，吞饭则更不可取，因为吞饭可能使异物刺入食管更深，造成更大的损伤。

因此，在进食质地较硬的食物时要细嚼慢咽，一旦食管被异物卡住，要尽快到医院就诊，时间越长越难处理。

第十二章　调味品之甜食

　　糖是甜蜜、平安、吉祥的代名词。甜的味道给人的印象是非常美妙的。但是甜食吃得太多易患各种疾病，如破坏牙齿、导致肥胖等，于是就有"嗜糖之害，甚于吸烟"之说。但糖毕竟是重要的副食品，也是饮料、食品和制药工业不可缺少的重要原料，糖是过日子不可或缺的东西。

　　糖到底该不该吃、该吃多少、该怎么吃呢？

第一节 糖的营养价值

一、糖是机体的能源库，也是快乐的制造者

（一）糖是机体的能源库

通常我们将糖分为广义的糖和狭义的糖。

1. 广义的糖

广义的糖是指各种可消化的碳水化合物，以淀粉、纤维素等不同的形式存在于粮、谷、薯类、豆类以及米面制品和蔬菜水果中，吃起来没有明显甜味或感觉不到甜味。它供给人体的热能占人体所需总热能的60%～70%，有"机体的能源库"之称。

2. 狭义的糖

狭义的糖是指日常生活中的食用糖（由甘蔗、甜菜提取的白糖、冰糖、红糖等）和食品及饮料加工中常用的高果糖浆（由淀粉水解成的葡萄糖和果糖），大家普遍觉得就是那些吃起来有甜味的碳水化合物。世界卫生组织也称其为游离糖，我们也称之为添加糖。添加糖是我们生活中甜味的主要来源。

（二）添加糖是"快乐的制造者"

在日常生活中添加糖是"快乐的制造者"，是甜蜜、平安、吉祥的代名词。

人对甜的味道有一种天生的喜好。有些地区习俗，给刚出生婴儿先喝点黄连水，再喝点甜水，预示婴儿一生先苦后甜。我们会发现当婴儿嘴里蘸点黄连水时，会皱眉头，然后蘸点甜水就会流露出愉悦的表情。可见，人对甜的味道有天生的喜好。

另有实验研究表明，添加糖或高淀粉食物，吃下去后会被人体迅速吸收，导致胰岛素快速增加，而胰岛素会使酪氨酸与苯丙氨酸在血液中浓度降低，使色氨酸在竞争上处于优势，很快进入细胞中转换成血清素，进入脑中，使人有愉悦感。

二、嗜糖之害，甚于吸烟

添加糖、食用盐与毒品、香烟、白酒一样，使人上瘾，越陷越深，损害健康。科学研究表明，只要每天有足够的淀粉，精制后的蔗糖和食品、饮料中常用的糖浆等小分子糖并非人体绝对必需的养分。人们可以终生不吃添加糖的食

品而保持健康。

如果你吃食用糖或加工糖浆太多，对机体的危害却是巨大的。

（1）吃糖过多可影响体内脂肪的消耗，造成脂肪堆积，还会影响钙质代谢。

（2）吃糖不注意口腔卫生，会为口腔内的细菌提供良好的生长繁殖条件，容易引起龋齿和口腔溃疡。

（3）食糖摄入过多会导致心脑血管及高血糖、高血压病患的发生，甚至可以引起低血糖反应。

（4）长期嗜好甜食的人，容易引发多种眼病。如老年性白内障就与甜食过多也有关。

所以说，嗜糖之害，甚于吸烟。对人危害大的白糖和糖浆，我们要敬而远之。添加糖的摄入量应控制在每日饮食总热量的10%以内，最好控制在5%以内。

第二节　添加糖的分类

一、不健康添加糖——白糖、冰糖、高果糖浆

不健康添加糖是指只有"空白热量"的精制糖，常见的有白糖、冰糖、糖浆，缺乏维生素、矿物质和蛋白质等，在某种程度上来讲几乎只提供能量。

（一）白糖

白糖是红糖经洗涤、离心、分蜜、脱光等几道工序制成的。白糖性平，纯度较高，白糖有助于提高机体对钙的吸收，但过多又会妨碍钙的吸收。

（二）冰糖

冰糖是白糖在一定条件下，通过重结晶后形成的。冰糖养阴生津，润肺止咳，对肺燥咳嗽、干咳无痰、咯痰带血都有很好的辅助治疗作用。

（三）高果糖浆

高果糖浆是用玉米等来源的淀粉水解为葡萄糖，再将部分葡萄糖通过生物催化的方式转化为果糖而形成的。高果糖浆可以用来调制各种饮料、做各种甜食及配制药物所不可缺少的重要原料。

二、健康添加糖 ——红糖、饴糖、蜂蜜

相对健康的添加糖是粗制的或天然的糖类，如红糖、饴糖、蜂蜜、糖醇类天然甜味剂等。相比精制糖保留了一些营养成分。

（一）红糖

红糖是以甘蔗为原料压榨取汁煮炼，挥发其中水分所获得的低纯度带蜜棕红色或黄色的糖膏或砂糖。红糖精炼程度不高，杂质较多，保留了一些维生素及矿物质。

白糖、冰糖、红糖又称食用糖，都是从甘蔗和甜菜中提取的，都属于蔗糖的范畴，蔗糖含量一般在95％以上。

（二）饴糖

饴糖是以米、大麦、小麦、粟或玉米等粮食经发酵糖化制成的糖类食品。如高粱饴、麦芽糖等。

我国两千年以前就学会了制作麦芽糖。麦芽糖主要存在于发芽的谷粒里，小麦芽中尤其多，故而得名。其制作过程是先把麦粒发芽再发酵，而后榨汁熬成即可。麦芽糖是富有黏性、软滑的糖类食品。麦芽糖味甘、性温，有补虚健脾、润肺止咳、滋养强壮的作用，治胃寒腹痛、气虚咳嗽。

（三）蜂蜜

蜂蜜主要是由葡萄糖和果糖组成的，总含糖量为65％~80％，其中蔗糖的含量极少，不到5％。蜂蜜是一种天然的食用糖，是上天赐与人类的礼物。

三、糖的替代品 ——甜味剂

甜味剂是糖的替代品，是指来自蔗糖和淀粉水解物的糖（包括葡萄糖、麦芽糖、果糖、淀粉糖浆、葡萄糖浆、果葡糖浆）等糖类之外，能够产生甜味的物质。

有些甜味剂的甜度是蔗糖的几百倍，只要很少的用量就能提供人们所需要的甜度。如今已经广泛应用于食品、饮料、调味料、酿酒、医药、日用化工、酿酒、化妆品等行业。

一般将甜味剂分为天然、半天然和人工合成的甜味剂等三类。

（一）天然甜味剂

天然甜味剂来自自然界，能够产生甜味。如从甜叶菊、甘草、罗汉果等天物植物中提取的"甜味甙类"糖替代品；又如从白桦树的汁液中提取的木糖醇，从麦芽糖中提取的麦芽糖醇，从藻类和高等植物中提炼的山梨糖醇等"糖醇类"糖替代品。

（二）半天然合成的甜味剂

半天然合成的甜味剂的主要代表是阿斯巴甜、三氯蔗糖。阿斯巴甜（甜味素、蛋白糖）是天然的肽衍生物，是一种广泛使用的半天然合成的甜味剂。可口可乐公司的无糖可乐，最常用的甜味剂就是阿斯巴甜。三氯蔗糖则是以蔗糖等为原料经脱氧、氯化衍生而得到的半天然半合成产品。

三氯蔗糖广泛应用于饮料、口香糖、乳制品、蜜饯、糖浆、面包、糕点、冰激凌、果酱、果冻、布丁等食品中。

（三）人工合成甜味剂

人工合成甜味剂的代表有糖精、甜蜜素、安赛蜜。

糖精是最古老的甜味剂，在 1879 年由美国科学家合成，当初人们把糖精誉为"糖之精华"。

注意：糖精可食用，但不可多量和长期食用。婴儿食品中不得使用糖精。

甜蜜素也是美国人于 1937 年偶然发现的。甜蜜素开始仅供糖尿病患者使用，后来广泛应用于食品、医药和化妆品中。

安赛蜜，其甜味来得快、无不愉快的后味，广泛用于食品和医药添加、掩蔽剂。

总之，人工合成甜味剂的安全性经过国内外多项研究表明，只要生产厂家严格按照国家规定的标准使用，并在食品标签上正确标注，对消费者的健康就不会造成危害。

食用糖及甜味剂的相对甜度表

(一般常见甜味剂的甜度，以蔗糖作为标准)

名称	相对甜度	名称	相对甜度
蔗糖	1	麦芽糖醇	1
葡萄糖	0.7	果葡糖浆	1
乳糖	0.3	甜蜜素	50
木糖	0.4	甜菊糖	200
低聚木糖	0.5	甘草甜素	200
木糖醇	0.6	阿斯巴甜	200
山梨醇	0.6	安赛蜜	200
赤藓糖醇	0.7	糖精	500
三氯蔗糖	600		

第三节　制糖原料甘蔗、甜菜、玉米

一、"脾之果"——甘蔗

甘蔗属禾本科多年生草本植物，古时称蔗为柘。

甘蔗栽培具有悠久的历史，中国是世界上古老的植蔗国之一。早在公元前4世纪，我国就有种植甘蔗的历史记载，至唐朝大历年间已有甘蔗制冰糖的记载。

中医认为，甘蔗味甘、性寒，具有助脾、清热解毒、生津止渴、和胃止呕、滋阴润燥等功能。甘蔗遂有"脾之果"的美誉。

研究表明，甘蔗含糖量十分丰富，可为18%～20%。此外，还含有对人体新陈代谢非常有益的各种维生素、脂肪、蛋白质、有机酸、钙、铁等物质。甘蔗不但能给食物增添甜味，而且还可以提供人体所需的营养和热量。甘蔗还是口腔的"清洁工"，甘蔗纤维多，在反复咀嚼时就像用牙刷刷牙一样。同时咀嚼甘蔗，对牙齿和口腔肌肉也是一种很好的锻炼，有美容脸部的作用。

注意：不能食用那些被真菌感染霉变的甘蔗，否则，吃后会引起呕吐、抽搐、昏迷等中毒症状。

二、"红宝石"——甜菜

甜菜又名恭菜或红菜头，为藜科甜菜属下的一个种。原产于欧洲西部和南部沿海。在18世纪，欧洲人发现甜菜的块根中也含有大量糖的成分，制取出来的糖在化学结构上与蔗糖完全一致，但它"委屈地"失去了署名权。

研究表明，甜菜块根中含蔗糖高，一般达 15％～20％，是热带甘蔗以外的一个主要糖来源。因其甜菜（根）色似红宝石，所以有人称之为"红宝石甜菜"。

甜菜块根和叶子中都含有一种很重要的化学物质——甜菜碱，这种物质为其他蔬菜所没有，它接近胆碱和卵磷脂，是新陈代谢的有效调节剂，它能加速人体对蛋白质的吸收，改善肝功能。

甜菜还含有皂甙类，这种物质能与肠内的胆固醇结合成不易吸收的混合物；甜菜中含有对治疗高血压颇为有益的镁元素，镁能调节血管的紧张程度和阻止血液中形成血栓；甜菜中还含有大量的维生素和果胶，其中比较少见的维生素 U 是一种抗胃溃疡因子。

三、高果糖浆——玉米

高果糖浆是一种以玉米为原料加工制成的营养性（含热量）甜味剂。它被广泛运用在碳酸饮料、果汁饮料和运动饮料以及小吃、糖浆、果冻和其他含糖产品中。尤其是 1984 年，两大可乐公司开始用高果糖浆代替蔗糖，更是大大加速了它的盛行。

高果糖浆形成过程，把玉米淀粉水解，就是把大分子打碎变成比较大的碎块，叫作糊精。再碎一点，叫作麦芽糊精。再断成两个糖基团的小片段，就叫作麦芽糖。分解到最后，不能继续再碎了，就是人体需要的葡萄糖，葡萄糖再用异构酶转化得到的就是果糖。高果糖浆就是葡萄糖和果糖的混合物。

第四节　安全科学吃糖

一、把握好吃糖的量，提防隐性糖

（一）把握好吃糖的量

营养学家推荐，每天添加到食品与饮料中的添加糖的摄入量应控制在每日饮食总热量的 10％ 以内，最好控制在 5％ 以内。按体重计算，每公斤为 0.4 克，一个健康体重 60 公斤成年人，每日可吃大约 25 克（约二平瓷勺）糖。

然而，一项调查显示，每个中国人每年会吃下 19.6 千克的糖，相当于每天吃 50 克，是世界卫生组织推荐量的两倍。

如何判断你一天吃进的糖未超量呢？一大勺果酱含糖量约 15 克，1 罐可乐含糖量约 37 克，3 小块巧克力含糖量约 9 克，1 只 100 克蛋卷冰激凌含糖量约 15 克。如果你吃了一大块巧克力或喝了一罐可乐便已达到你一天的糖摄入量了。

如果您已经超重，是个肥胖的人，那吃糖的量就不能按体重计算，而是越少越好。

（二）提防隐性糖

生活中有很多尝起来并不太甜、名字也听不出"甜味"的食物，恰恰是意想不到的藏糖大户。

（1）薯片、虾条等膨化食品，豆奶粉、藕粉、核桃粉等速冲糊糊类食品以及速溶咖啡等调制饮品，是添加糖最大的藏匿者。

（2）饼干、面包以及蛋糕中含糖量也不少。如常见的白面包每 100 克含糖量就达到 10 ~ 20 克。

（3）红烧排骨、红烧鱼、鱼香肉丝、广式香肠等含糖的菜肴，如一份红烧肉含糖量约 40 ~ 50 克。

（4）烧烤汁、甜面酱等调味酱里，也藏着不少糖。如番茄酱除了番茄泥外，还会添加糖、盐、增稠剂、增鲜剂等，糖量可高达 30% 以上，每汤匙番茄酱含糖量相当于一块半方糖。全聚德烤鸭酱含糖量大概占到 30%。

二、烹调时正确使用食用糖

食用糖也是人们日常生活中离不开的调味品，炒菜、熬粥、制作点心和小吃，样样都要用到它。

一般而言，白糖、黄糖适合加在咖啡或红茶中调味，黄糖也常被用于烹调菜肴时调味。红糖有特殊的糖蜜味，适于煮红豆汤、制作豆沙、蒸甜年糕等。冰糖的口感更清甜，多用于制作烧、煨类菜肴和羹汤，如冰糖银耳、冰糖肘子等。冰糖除了使菜肴具有特殊风味外，还能增加菜肴的光泽。冰糖性温，有止咳化痰的功效，广泛用于食品和医药行业生产的高档补品和保健品中。

使用砂糖制作糕点，不光可以让味道香甜，更可以使糕点蓬松柔软，蛋糕就是最好的例子。炒鸡蛋时加点糖，使蛋更嫩滑。此外，和盐一样，糖也可以延长食物的保存期限，例如蜜饯与果酱。

三、快乐享受糖果

糖果是以白砂糖、粉糖浆或允许使用的甜味剂、食用色素为主要原料，按一定生产工艺要求加工制成的固态或半固态甜味食品。

糖果种类很多，如水果糖、软糖、奶糖、奶油糖、酥糖和坚果类糖以及巧克力等。糖果不是营养价值很高的食品，而是一种用来开心品味的食品。吃糖果要适量，越少越好。如何选购和安全且科学吃糖果呢？

（一）水果糖和软糖

水果糖也称硬糖，主要原料是蔗糖，含水量低于4%。硬糖品种有：酸三色、椰子糖、话梅糖、黄油球、薄荷糖、球形棒棒糖、各种果汁糖等。

软糖更应叫"弹软糖"，这主要是因为含有凝胶和树胶等凝水功能的原料，如淀粉软糖（高粱饴、土耳其软糖）、果胶软糖（果汁酸软糖）、明胶软糖（QQ糖、瑞士糖）等。

水果糖和软糖的糖含量极高，维生素和矿物质含量很少，脂肪含量极少，在营养上相当于吃白糖。

（二）奶糖和奶油糖

奶糖和奶油糖等于吃植物奶油和白糖，例如，奶油软糖当中糖含量为75%左右，脂肪含量在6%以上，甚至可达10%以上。而太妃糖的脂肪含量更高，可达25%，而糖含量低一些，在70%左右。

目前，市场上大部分奶油糖中所添加的都不是真正的奶油，而是用氢化植物油（反营养物质）制成的植物奶油，这就更加不利于健康了。

（三）酥糖和坚果类糖

酥糖一般是用花生、芝麻之类做糖心的原料，或者直接做成豆面酥糖等，所以它的脂肪含量可以达到10%以上，有5%以上的蛋白质，还有一定含量的矿物质和少量B族维生素，其余占比75%以上是糖。酥糖要做出"酥"的好口感，是不能离开脂肪的。高脂血症、高血压、糖尿病患者不宜吃这类糖果。

坚果类糖就是传统的芝麻片糖、花生糖、核桃片糖等，它的坚果比例能占到三分之一到二分之一，故而含有较多的脂肪、蛋白质、维生素和矿物质。对于儿童来说，坚果类糖的营养价值高于水果糖。

（四）巧克力

巧克力是一个外来词"chocolate"的译音，巧克力是以可可浆和可可脂为主要原料制成的一种甜食。巧克力可以直接食用，也可被用来制作蛋糕、冰淇淋等。在浪漫的情人节，它更是表达爱情少不了的主角。

优质巧克力中黑巧克力是首选，它的可可的成分超过70%，糖和脂肪含量低，并含有相当高的抗氧化多酚类物质，相当多的钾、钙和镁等矿物质，其味苦涩，颜色浓黑，对心脏健康具有一定的功效。

注意，目前市面上出售的大部分巧克力可可的成分只有20%～30%，而糖分则高达50%以上，脂肪含量约30%，其营养价值低，这样的巧克力属于高脂肪、高糖分、高热能的食品。

所以，我们尽量选择含可可成分多的黑巧克力及含坚果多的糖果如花生糖，水果糖和软糖、奶糖、酥糖应尽量少吃。

四、快乐享受冷冻甜品类食品（冰淇淋、冰棒、雪糕）

酷暑中吃冷冻甜品（冰淇淋、雪糕、冰棒）是一种不错的享受。但这类食品被营养学家称为"糖衣炮弹"，甜在嘴里，伤在身上。

（一）冰淇淋

冰淇淋是以饮用水、牛奶、奶粉、奶油（或植物油脂）、食糖等为主要原料，加入适量食品添加剂，经混合、灭菌、均质、老化、凝冻、硬化等工艺制成的体积膨胀的冷冻饮品。

冰淇淋要求总固形物大于30%，其中含糖量比甜饮料还要高，高达15%，蛋白质含量不低于2.2%，脂肪不低于6%，而且油脂越高味道也越细腻、越美味。

注意：冰淇淋少不了添加剂。为了降低成本，部分冰淇淋可能用植物奶油代替纯奶油。

（二）雪糕

雪糕是以饮用水、乳品、食糖、食用油脂等为主要原料，添加增稠剂、香料，经混合、灭菌、均质或轻度凝冻、注模、冻结等工艺制成的带棒的硬质冷冻食品。

雪糕要求总固形物大于16%便可，含糖量通常为12%~18%，对脂肪、蛋白质含量无特别要求。

（三）冰棍

冰棍是以饮用水、食糖等为主要原料，添加增稠剂、香料或豆类、果品等经混合、灭菌（或轻度凝冻）、注模、插扦、冻结、脱模等工艺制成的冷冻饮品。

冰棒可以说得上就是白糖水，如北京老冰棒含糖量高达 12%。另外往往含有香精、色素等大量添加剂，颜色越炫，添加剂就越多。

所以，世界卫生组织将冷冻甜品称为垃圾食品。如果你或者你的小孩抵挡不了冷冻甜品的诱惑一定要吃，每周吃一次，每次吃一小份还是可以的。老人和小孩还应注意因为冷冻甜品温度低会刺激胃肠道。

五、含热量的甜饮料不是好饮料

饮料是指以水为基本原料，添加了不等量的糖、酸、乳、钠、脂肪、能量以及各种氨基酸、维生素、无机盐等营养成分，能直接饮用的液体食品。

按照 GB10789《饮料通则》的分类，我国饮料可分为：碳酸饮料（汽水）类、果汁和蔬菜汁类、蛋白饮料类、饮用水类、茶饮料类、咖啡饮料类、植物饮料类、风味饮料类、特殊用途饮料类、固体饮料类以及其他饮料类 11 大类。

在市面上的饮料柜台，其中的九成位置都被高热能甜饮料所占满。甜饮料，主要特点是以高糖、高能量为主，其他营养素却非常少。含热量的甜饮料降低了钙和钾的摄入量，增加了蔗糖的摄入量，可能是引起肾结石风险升高的重要因素。此外，甜饮料还是人们肥胖、营养素摄入量降低、促进糖尿病发病、导致骨质疏松和骨折、形成龋齿、促进痛风的罪魁祸首。

如今，人们不得不把日常喝的"水"和肥胖这种全球蔓延的疾病联系起来。世界有氧运动创始人、美国库珀教授对儿童健康状况也深感忧虑，建议对儿童含糖饮料忍受为零。

含糖饮料指糖含量在 5% 以上的饮品。多数饮品在 8%～11%，有的高达 13%。

六、传统甜味食品蜜饯，偶尔品尝

蜜饯是我国的传统甜味食品，是由桃、杏、李、枣等水果，经煮熟或者暴晒后，用糖或蜂蜜腌制后而加工制成的甜味食品。

蜜饯是古人在当时的技术条件下为人们提供的保存水果的一种方法。如今，蜜饯除了作为小吃或零食直接食用外，也可以用来放于蛋糕、饼干等点心上作为点缀。

但是蜜饯，只能偶尔品尝。

（1）水果制成蜜饯过程中，维生素、抗氧化剂等有价值的营养成分部分或大部分会丧失。

（2）蜜饯因大量糖的加入，不但改变了水果的味道，而且糖过多也是一个巨大的健康隐患。同时隐性盐的问题也不宜忽视，每100克蜜饯中含盐量达7.7克，超过我们一天的食盐量。

另外需注意，有些不法厂家在蜜饯中添加过多的防腐剂、甜味剂、色素等物质，以及使用了劣质水果等。

七、改掉嗜糖的坏习惯

对浓缩糖品（白糖、糖果、甜点、果干、纯果汁）的喜爱，通常是童年时代养成的饮食习惯。当甜食被用于奖励之后，它们就会变成人们精神上的安慰剂。

全世界最权威的学术杂志《自然》的一篇论文指出，应像对待烟酒那样采取加税等限制措施，严格控制人们摄入精制糖。

如何改掉嗜糖的坏习惯呢？

（1）替代法，以稀释的果汁以及吃水果等方式代替甜食、甜点。

（2）递减法，慢慢减少食物中的甜味成分，就能逐步适应清淡口味。

八、喝红糖水补血几乎没用

我国有妇女月经期和产妇喝红糖水补血的习俗，甚至还说"女子不可百日无红糖"。其实吃红糖、喝红糖水补血几乎没用。

营养分析，红糖精炼程度不高，杂质较多，比起白糖与冰糖而言，只是保留了较多的维生素及矿物质。虽100克红糖含钙157毫克，但含铁仅只有2毫克左右，不到猪肝的1/10，且红糖中的铁是以非血红素铁形式存在，机体吸收率极低。

除了铁元素外，叶酸、维生素B_{12}和维生素C，也是衡量红糖能否补血的重要指标，因为这些物质是促进铁吸收的重要元素，只可惜红糖中这些物质含量极低。

　　如果一位每月正常来月经的健康成年女性，每天需要20毫克的铁，所以吃红糖、喝红糖水补血不靠谱。

　　《本草纲目》记载，红糖性温，有化瘀生津、散寒活血、暖胃健脾、缓解疼痛之功效。红糖的作用是活血，而非补血，如果大量饮用红糖水后，只会增加体内的热量，而达不到补血的作用。

九、糖尿病人不能对无糖食品毫无禁忌

　　虽然没有足够多的证据表明多吃糖就会得糖尿病，不吃糖或少吃糖就不会得糖尿病，但我们都明白属于"空白能量"的精制糖，会引起人体血糖短时间内升高，这对糖尿病患者血糖控制不利。另外，过食糖和脂类物质，导致肥胖，这样可增加患糖尿病的风险。

　　所以，糖尿病患者大都选择热量低、能满足人的甜感、用甜味剂替代的无糖食品。

　　中南大学湘雅医院营养科戴民慧医师却指出，糖尿病和肥胖者对无糖食品也应悠着点，因无糖食品是添加了甜味剂的食品，尤其是添加了高效甜味剂或人工合成甜味剂的食品，不但不调节血糖，反而有刺激食欲的作用。

　　另外，特别要注意，无糖麦片中往往添加糊精作为白糖的替代品，而糊精是淀粉的水解产物，虽然不甜，却也能在人体中很快变成葡萄糖。这完全是商家在"玩概念"。

　　所以，糖尿病患者，应多了解食物血糖生成指数（GI）。控制血糖最好的饮食方法是多吃粗粮、豆类、薯类，用新鲜水果替代甜食。而肥胖者，控制体重最好的办法是管住嘴、迈开腿。

　　GI高的食物主要有：蛋糕、饼干、甜点、薯类（水多、糊化的）、精制食物、精加工且含糖量高的即食食品等。

　　GI低的食物主要有：粗粮、豆类、乳类、薯类（生的或是冷处理的）、含果酸较多的水果（苹果、樱桃、猕猴桃等）、全麦或高纤食品、混合膳食食物（饺子、馄饨等）等。

第五节 小常识

一、白糖竟是中华人民共和国第一个保健食品

20 世纪 30 年代末曲作家冼星海在延安一座简陋的土窑里，给具有历史意义的大型声乐作品《黄河大合唱》谱曲时，得到的犒劳竟然是经延安有关部门领导特批的两斤白糖。中华人民共和国成立后，令人意想不到的是白糖居然成为第一个保健食品。

细想一下，在物质匮乏的年代，白糖的主要成分是蔗糖，就像汽油给汽车供能一样，直接给人提供能量，白糖被当作保健品也就不足为怪了。甚至在 1992 年 8 月，国内召开食糖与健康研讨会，有专家还认为，中国公民应适量多吃糖才有益健康。

如今，精制的白糖作为"空白热量"（即含高热量，却缺乏维生素、矿物质和蛋白质）不再是人们需要的保健食品了。保健食品必须具有一般食品的共性，能调节人体的机能，适于特定人群食用，但不能治疗疾病。

二、白米做成稀饭后如同吃白糖有点夸张

白米做成稀饭后如同吃白糖，虽然有点儿夸张，但也说明一个问题。

精白大米烹调为稀饭后，淀粉结构发生改变，许多大分子淀粉水解成糊精或麦芽糖，后二者在消化道中很容易被酶水解成葡萄糖而且迅速吸收，使血糖在短时间内升高，并产生大量的热能。另外，白面包、白馒头、米饼之类，升高血糖的速度都很快。

那么粗粮煮的稀饭呢？确实要好一些，粗粮煮的稀饭在体内消化的速度要慢一些，血糖升高的速度也慢一点。但糖尿病患者仍需悠着一点 ——白米粥和粗粮粥均应是清汤型的，不是呈黏糊糊的状态。

三、天然的蜂蜜食用量与白糖一样不可过多

蜂蜜又称蜜糖，是蜜蜂从植物花朵上采集花蜜并经过自身酿制而成的一种食品。在我国各种古代医书中，它具有各种各样的"保健"作用，甚至"医疗"效果。其治疗或辅助治疗食用量，可达到 100 克，甚至 200 克。

其实，蜂蜜是一种天然食用糖，热量极高。营养分析表明，蜂蜜中含有180 多种不同物质，主要成分就是天然糖和水，其中水分占 17.1%，糖类占

82.4%（果糖 38.5%、葡萄糖 31%、麦芽糖蔗糖和其他糖类 12.9%），而蛋白质、氨基酸、维生素、矿物质等加起来才占 0.5%。

蜂蜜其主要作用是代替白糖进行调味而已。人们千万不能把蜂蜜当成一种神奇的保健品了。蜂蜜食用量与食糖量一样，大约 25 克（约二平瓷勺）。

蜂蜜的食用时间大有讲究，一般均在饭前 1 ~ 1.5 小时或饭后 2 ~ 3 小时食用比较适宜。

第十三章　饮用水

　　对于现在的人们来说，喝水已不仅仅是补充水分那么简单了。人们往往利用各种各样的饮料，既补充水分，又选择自己喜爱的口味，还从中摄取相应的营养。然而，喝水是有等级之分的，最营养、最经济、最实用、最解渴的饮用水是白开水，而我们钟情的各种碳酸饮料及其他加糖饮料是最差等级的饮用水。

　　当您选对饮用水还不够，还应知道什么时候饮水以及饮多饮少。然而八成国人不懂如何饮水。看来，怎样喝水的问题还不可忽视。

第一节　水的营养价值

一、水是"生命的源泉"

阳光、空气和水是地球上人类和其他物种赖以生存的三大条件。科学研究表明，人七天不吃饭可以，三天不喝水就不行，可能就死亡了。

水是生命物质的溶剂，也是生命的营养物质。人是水孕育的，在胚胎期人体当中90%是水，出生以后水分也达80%。随着年龄不断地增长，水分也在不断地失去，最后到老年时只有50%的水分了。水伴随了人的一生，水的存在对人是非常非常重要的一件事情。

一般来说，健康成人每天需水量在2 500毫升左右。在机体内，水一部分与蛋白黏多糖等生物分子结合存在，在塑造细胞组织方面起着重要作用；另一部分非结合状态的水，主要作为细胞内外的重要溶剂发挥作用。

人体如果脱水的话，可能出现很多症状，比如口渴，这是最典型的初期症状。如果长期缺水的话，轻则会导致代谢率降低，身体发胖，以及背部和关节疼痛，患癌率也大增；重则会导致浑身无力、没有精神、皮肤干燥，最后导致昏迷，直至死亡。

所以说，水是生命的源泉，是生命赖以生存的基础。

二、喝水过多会发生"水中毒"

传统观点认为，大量饮水可增加血液的流动性，能及时把体内代谢产物排除干净。而现代观点则认为，过量饮水会对身体有危害。科学研究表明，饮水过多会冲淡血液，使全身细胞的氧交换受到影响。特别是脑细胞一旦缺氧，人就会变得迟钝，此种情况就是发生了"水中毒"。可见不是饮水越多越好。曾有国际新闻报道，比赛喝水导致死亡。

通常，健康成人每天需水量2 500毫升左右，其来源有饮水、食物中含的水和体内代谢的水。在温和气候条件下，轻体力活动水平的成年人，每日最少饮水1 500～1 700毫升（7～8杯水）。在高温或身体活动水平增强的条件下，应适当增加。

第二节 饮用水的分类

一、饮用水怎么分类

在2011年《中国水与生命质量认知调查报告》中，超八成的中国人对于饮用水种类区分模糊，不重视水质，不懂如何选择好水。

确实，饮用水的分类选择，在学术界其实也是一个很热门的话题。经过较长时间的研究和论证，专家和学者从饮用水满足人们需求的层次，饮用水的属性、品质，饮用水的生产工艺等角度出发，以"金字塔"形式，形象地总结出了"饮用水分类"。

"饮用水金字塔"利用各层位置和面积的不同，客观反映了不同层次饮用水的地位和作用。

（1）塔基是生活饮用水。生活饮用水是人工二次处理后的非包装用水（如自来水）。生活饮用水的特点，水源丰富，轻度污染或无污染，属于安全饮用水的范畴，解决人们有水喝的问题。

（2）第二层是普通瓶装水（天然水、纯净水、矿物质水等）。水源较丰富，可能微污染或轻度污染，加工工艺较复杂，以满足日常饮水方便需求。

（3）第三层是普通天然矿泉水。含有矿物质，给消费者带来健康、便利。水资源相对较多，无污染或微污染，水质符合国家饮用天然矿泉水标准。

（4）金字塔塔尖为天然雪山或冰川矿泉水。来自无污染水源的高海拔（通常雪线在3000米以上）天然雪山冰川矿泉水，矿物质含量丰富均衡，资源珍稀，满足人体的健康优质饮水需求。

二、自来水是最普通的饮用水，纯净水非主流

（一）自来水是人们最普通的生活饮用水

自来水是抽取江河水、湖库水、地下水到自来水厂，经过一系列工艺处理如沉淀、过滤、消毒后，再到市政供水管网，然后到二次供水设施（包括小区的供水箱和蓄水池），最后进入我们家庭的水。

自来水水源丰富，通常水质达到或优于Ⅲ类的水源可作为饮用水水源，属于安全饮用水的范畴，满足消费者的基本生活需求，解决有水喝的问题，也是人们的基础饮用水。

1. 自来水存在的问题

（1）自然界中的污染物是很复杂的，自来水生产工艺的改进和水质改善仍是社会重要科研课题。

（2）自来水也存在管道二次污染和余氯问题。

2. 有关自来水的谣言

谣言一，自来水余氯致病、致癌。其实，自来水的余氯非常低且不会致病，更不会致癌。喝烧开的自来水，余氯基本挥发掉了。

谣言二，自来水是酸性水，会加速人体老化。其实正常人的酸碱度是恒定的，不可能靠喝自来水来调节。

（二）纯净水在国外也是非主流

纯净水均以符合生活饮用卫生标准的地表水为水源（自来水），采用蒸馏、电渗析、去离子、离子交换、反渗透等加工方法制成，去除了水中的矿物质、有机成分、微生物等。纯净水是酸性水，pH 值低于 6.5，纯净水口感较好，可直接饮用，满足洁净水的要求。

纯净水在国外的瓶装水里是没有作为主流产品的。因不含对人体有益的矿物质，对能否可以长期饮用纯净水争议较大。其实矿物质的来源主要是食物而不是水，大约 95% 来自食物，因此喝纯净水并无不良反应。

所以，可以这样认为，喝纯净水不会导致体内营养元素流失，也不会影响人的健康。但不建议婴幼儿、老年人长期饮用。

有部分商家把纯净水包装为纳滤水、超纯水、太空水等所谓的"概念水"，宣传其具备降血压、降血糖、降血脂等保健作用，这是不科学的。凡是宣传有疗效的纯净水，都是违反国家相关规定的。

三、矿物质水，不能等同于矿泉水

矿物质水是在纯净水的基础上，添加矿物质元素，或是按照天然矿泉水的矿物质含量和比例向纯净水中添加而制成的，是对纯净水的再加工。

然而，人体吸收矿物质和微量元素是一个协同和相互制约的过程，只有当各种矿物质和微量元素以均衡的比例存在于膳食之中（自然状态下，干净澄澈的水含有的营养素也超过 30 种）人体方能充分饱满吸收。这些营养物质也才能发挥最大的"生物学有效性"，从而维持人体的各项生理活动。

人工添加的矿物质，是不容易与水完美地形成水合离子的。国内相当流行的某品牌矿物质水中只添加了钾和镁两种矿物质。这样单调的矿物质种类和含量远远达不到饮用水的"均衡状态"，自然也难以起到真正的协同作用。

著名水研究专家凌波指出，喝矿物质水实际上喝的就是化学溶液，甚至有可能造成其他营养元素的流失（镁过多时，钙等会流失；钾过多时，铁等会流失）。

所以，矿物质水不能等同于矿泉水。

四、天然矿泉水的分类及选购

（一）天然矿泉水的分类

天然矿泉水分为普通天然矿泉水、雪山或冰川矿泉水。

1. 普通天然矿泉水

普通天然矿泉水是利用水质较好的江河湖泊等一类地表水，井水、山涧水（人们习惯称之为山泉水，但从地理学的角度上讲，其并非是真正意义上的泉水）等浅层地下水，以及冰川水所生产的各种饮用水。

普通天然矿泉水，含有矿物质，水资源相对较多，无污染或微污染，水质符合国家饮用天然矿泉水标准。但是天然水除冰川水外，均属地理分类上的地表水，受环境影响较大，水质稳定性较弱，品质控制成为天然水难以逾越的瓶颈。

2. 雪山或冰川矿泉水

雪山或冰川矿泉水（通常雪线在3000米以上）的水源是通过一系列复杂漫长的过程形成的，首先是天空雨水由于重力作用下降形成固态晶体雪，积雪再经过积压形成固态冰，固态冰融化成液态冰川水，溶化的冰川水再渗入地下，通过地下岩石的净化、矿化、活化（地磁作用）等作用，然后通过地压作用自然涌出形成的既干净、安全、无污染，又富有营养的冰川泉水，简称冰泉水。

高品质天然雪山或冰川矿泉水，成为欧洲国家日常饮水的第一选择，不仅代表着健康，同时也是品质生活的象征，但价格不菲。

（二）天然矿泉水的选购

（1）看标签上的标示内容，看产地是否在一些自然保护区等人迹罕至的地方。

（2）看矿物质含量，选择适合自己健康的矿物质含量。绝大多数矿泉水碳酸钙的含量在 150～450 毫克／升，属弱碱性，是最有利于人体健康的，可以长期放心地喝。如果长期饮用碳酸钙的含量超过 450 毫克／升的高硬水，则会增加泌尿系统结石生成的风险，并会引起胃肠不适。

（3）看资质，选择具有采矿许可证、生产许可证的厂家；看执行标准，可以知道是否是天然矿泉水。

第三节 水饮料等级

一、水饮料怎么分等级

《美国医学营养学期刊》上发布了世界上第一份"健康水饮料指南"，喝水也和吃饭一样，有个金字塔。

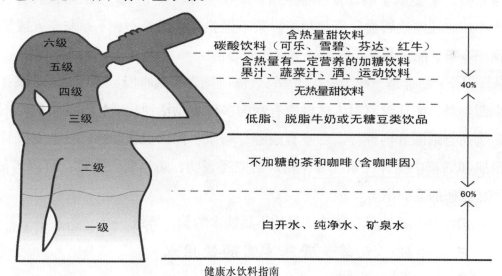

健康水饮料指南

（1）每日饮用的无热量水的比例应超过 60%，最好的饮料是白开水。

（2）茶水和纯咖啡都是理想的饮用水。

（3）牛奶、豆浆营养丰富，不得被低营养、高热量的饮料所替代。

（4）无热量甜饮料，是用人工甜味剂制造的甜饮料。其安全性有待进一步明确。

（5）100% 的蔬菜汁和果汁，其营养价值不如吃整只水果和蔬菜。果汁饮料及蔬菜饮料营养价值低。

（6）加糖饮料、碳酸饮料的摄入必须减少，越少越好，最好不喝。

二、白开水、茶、纯咖啡是理想的饮用水

（一）白开水是第一等级的饮用水

自来水及其他可饮用水煮沸后自然冷却就是白开水。它通过加热煮沸此时可除去某些化学物质，如水的硬度下降，氯化物和硫酸盐等盐类也下降。同时，人们日常所需要的微量元素如碘、氟、铁等元素都保留下来了。

白开水（pH 值为 6.5 ~ 8.5）所含的矿物质虽不如矿泉水，但却足以满足人体日常生理的需要，解决了有水喝的问题。

（二）茶和纯咖啡可作为理想的饮用水

不含热量的茶和纯咖啡都是理想的饮用水。

（1）茶有"万病之药"之誉。茶的主要成分是茶多酚、咖啡碱、脂多糖、茶氨酸、γ 氨基丁酸及多种维生素、矿物质等。其中，茶多酚不仅具有抗氧化作用，还能改善血管舒张功能。茶不但养身更能养心，不妨与亲人或朋友泡一壶茶、品一壶茶，放松一下自己的心情。

（2）咖啡是一种"天然饮品"。咖啡除含有咖啡因、可可碱、茶碱 3 种刺激物外，它还含有对人体健康有利的多种生物活性化合物，如抗氧化剂、矿物质、烟酸和内酯等。咖啡有强心、利尿、扩张冠状动脉、松弛支气管平滑肌和兴奋中枢神经系统等作用。研究还表明，适当喝点咖啡，可以降低 2 型糖尿病的发病率。

请注意，茶饮料、咖啡饮料均不属饮水的第二等级。

三、牛奶、豆浆是营养丰富的饮用水

（一）牛奶是"白色血液"

牛奶营养极为丰富，牛奶蛋白质是全价的蛋白质，其生物学价值为85，且牛奶中的矿物质和微量元素都是溶解状态，很容易消化吸收。

（二）豆浆有"植物奶"的美誉

豆浆含有丰富的植物蛋白，磷脂，维生素 B_1、维生素 B_2，烟酸和铁、钙

等矿物质。特别是豆浆还含有丰富的保健功能物质大豆多肽、大豆磷脂、大豆低聚糖、大豆异黄酮等。豆浆也是防治高血脂、高血压、动脉硬化等疾病的理想食品。豆浆还可调节中老年妇女的内分泌系统，减轻并改善更年期症状。

　　牛奶、豆浆每日各一杯是很不错的选择，牛奶、豆浆不得被低营养、高热量的饮料所替代。加有甜味剂、果味剂的饮料其营养价值不能与纯牛奶、豆浆相提并论。

四、 碳酸饮料是最差级别的饮用水

　　碳酸饮料，也称汽水，是在一定条件下充入二氧化碳气体的饮料。研究表明，足量的二氧化碳在饮料中能起到杀菌、抑菌的作用，二氧化碳到了人体胃部后在"打嗝"时把人体的热量带走，可以散热。

　　碳酸饮料主要成分包括：碳酸水、柠檬酸等酸性物质、白糖、香料，有些含有咖啡因、人工色素等。除糖类能给人体补充能量外，充气的碳酸饮料中几乎不含营养素。

　　碳酸饮料可分为果汁型、果味型、可乐型、低热量型和其他型等，常见的有：可乐、雪碧、芬达、七喜、美年达、尖叫、脉动等。特别提醒，目前市场上很多"高大上"的苏打水实际上就是碳酸饮料的一种，不是天然苏打水。天然苏打水稀少。它是一种兼具矿泉水与苏打水两种特性的饮用水，除含有碳酸氢钠物质外，还含有多种微量元素，算得上健康饮料。

　　为什么说碳酸饮料是最差级别的饮用水呢？

　　碳酸饮料是腐蚀青少年牙齿的重要原因之一。牙齿受到腐蚀（保护层变薄、牙容易受损），是酸性物质作用所致。龋齿则是吃过多的糖引起的。有学术报告称，每天喝 4 杯碳酸饮料，12 岁的青少年牙齿受损高达 25.2%，14 岁的青少年则高达 51.3%。另外，常喝碳酸饮料对消化系统、神经系统、人体免疫力功能均有损伤。需要说明一点，喝碳酸饮料会阻碍钙吸收，损害骨骼健康，没有科学依据。

　　总之，碳酸饮料是最差级别的饮用水，我们尽量少喝碳酸饮料。

第四节　安全科学喝水

一、安全喝水的首要条件是水质问题

据世界卫生组织调查发现，人类疾病的 80% 与饮水有关。发展中国家 80% 的疾病和 1/3 的死亡是由饮水不洁造成的，每年因此死亡的人数达 2500 万。上海理工大学环境与建筑学院的徐国勋教授指出，"我国的水质问题可能比空气 PM2.5 的问题还严重得多、复杂得多"。

所以，我们喝水首要条件是要保证水质问题。饮用水必须是无臭、无味而又透明的液体，符合国家饮用水标准的规定。不要随便喝生水，未经有效措施处理的河、溪、井、库的生水中可能存在氯气、细菌、虫卵、重金属及各种各样残留有机物质等，对人体健康构成潜在威胁，导致急性胃肠炎和部分传染病。

二、把握喝水的剂量

人体对水的需要主要受年龄、身体活动、环境温度等因素的影响，故其变化很大。体力活动增加和环境温度等变化会改变水的排出量和排出途径。

一般来说，健康成年人，在温和气候条件下，轻体力劳动者，水的摄取和排出量每日维持在 2500 毫升左右。喝进去的水和排出来的水基本相等，处于一种动态平衡状态。

体内的水有三个来源：饮水约占 60%，食物中含的水为 30% 左右，体内代谢产生的水占 10% 左右。每天平均从食物中获得 700 ~ 1000 毫升的水，蛋白质、糖类和脂肪代谢可供给 300 毫升代谢水。此外的水，就是人们日常饮水量，为 1500 ~ 1700 毫升（6 ~ 8 杯），必须以液态食物和白开水、饮料来补充，才能保证体内水的平衡。

体内水的排出主要是通过肾脏，以尿液的形式排出，约占 60%（约 1500 毫升），其次是经肺呼出（约 350 毫升）、经皮肤蒸发和排汗（约 500 毫升）和随粪便（约 150 毫升）排出。

正常人体每日水的出入量平衡

来源	摄入量（毫升）	排出途径	排出量（毫升）
饮水或饮料	1500 ~ 1700	肾脏（尿）	1500 ~ 1700
食物	700	皮肤（蒸发）	500
内生水	300	肺	350
		大肠（粪便）	150
合计	2500		2500

三、什么情况下，喝水需要加量

喝水喝茶都不可过量。所谓喝水不可过量，这只是指一般情况而言，并非不能加量。下列情况则需要加量，人体补水也需多多益善。

1. 高温作业或运动者

人体在高温环境下的出汗量，因气温及劳动（运动）强度不同而异，如果不注意及时补充水分，很容易发生中暑，甚至危及生命。

2. 感冒发烧者

感冒发烧时，人体出于自我保护机能的反应而自动降温，这时就会有出汗、呼吸急促、皮肤蒸发水分增多等代谢加快的表现，这时就需要补充大量的水分。

多多喝水，不仅促使出汗和排尿，而且有利于体温的调节，促使体内细菌病毒迅速排泄掉。再有腹泻、呕吐、多尿或昏迷以及炎热出汗时，都会失去大量水分，这都要加量补充。

3. 便秘者

有些便秘的主要原因是肠道有宿便，缺乏水分，所以需要多喝水。喝水时最好是缓慢、匀速将一整杯200 ~ 250毫升水喝完，这样水就能够尽快地到达结肠，刺激肠蠕动，促进排便。特别是，清晨起床喝加有淡蜜蜂的凉开水，刺激肠蠕动的效果会更好。

4. 其他病症

痛风、结石症等患者均需适当多饮水；高血压、心衰等疾病引起心功能不佳者及肾功能不良者要适当控制饮水量。

总之，饮水不可过量，但并不排除特定情况下某些人可加量饮水。

四、切莫感到"口渴"时再喝水

据相关部门调查表明，我国居民60%的人，要等到感觉"口渴"时再饮水，而只有 4.7% 的人有定时喝水、补水的习惯。其实，当我们出现"渴"的感觉时，这是机体在警告我们要赶快补水了，机体正处于脱水的状态，身体健康已受到伤害了。

所以说，喝水不但要"定剂量"，也要"定时间"，不要等口渴了以后再喝水，应该把被动饮水变成主动饮水。

我们应按照自己的起居、生活和工作特点建立自己的饮水时间表，并持之以恒。

北京市政府组织营养专家编写的《首都市民健康膳食指导》科普小册，介绍的具体饮水模式如下：

（1）清晨 6 至 7 点：刷牙后饮水 250 毫升，饮水后 30 分钟进食早餐。

（2）上午 9 点：上班后 30 至 60 分钟饮水 200 毫升。

（3）上午 11 点：午餐前 1 小时饮水 150 毫升。

（4）下午 3 点：饮水 200 毫升。

（5）下午 5 点：下班前 1 小时饮水 150 毫升。

（6）晚 10 点：晚上睡前 1 小时饮水 250 毫升。

五、喝水也要一气呵成

我们的喝水方式多种多样，有人大口大口地喝，才感觉到解渴；有人小口小口地呷，才觉得有品味；还有些人喝水马马虎虎，随便喝两口。

而真正有效的饮水方法，是指一口气（或称一次性）缓慢、匀速地将一整杯 200 ~ 250 毫升水喝完。一次喝 200 毫升左右的水，才能基本满足机体吸收使用的需要，才有利于机体物质代谢。特别是便秘患者，需要一次喝适当多的水，才能给胃肠道一个好的蠕动刺激。

当然，心脏、肾脏功能不好，并非一定要一口气喝完，在规定时间内分几次喝也可。

六、喝水时的水温有要求

喝水时，最佳的水温为 18℃ ~ 45℃，接近人体体温为佳。温水的生物活性强，较容易透过细胞膜，并能促进新陈代谢，加强人体的免疫功能。凡是习惯常喝温水的人，体内脱氧酶的活性较高，新陈代谢状态好，肌肉组织中的乳酸积累减少，不易感到疲劳。

而过烫的水不仅会损伤牙质，还会强烈刺激咽喉、消化道和胃黏膜，诱发其器官发生病变，如广东潮汕地区长期喝烫的工夫茶，其食管癌的发生率较其他地区高。如今，世界卫生组织规定65℃以上的饮用水或饮品均是致癌物，且温度越高，患癌风险也越高。

当然，也有不少人钟情于凉饮料。其实，凉水喝得越多，反而不解渴。有些人喝了凉饮料后，会引起胃肠不适。

怎么简单判断杯中的水是最佳喝水温度呢？通常我们的手温为35℃，可用手掌触摸水杯，就可立马感觉出来。

七、饮用水也有保质期

在日常生活中，如果白开水在空气中静止暴露4小时以上，气体更易溶入，生物活性丧失70%以上，细菌杂质易发生污染。暴露在空气中的白开水最好4小时喝完，家里凉瓶中盛有的凉白开水，热水瓶保温的热水，已开瓶的瓶装水，最好当天喝完。

一瓶水的保质期是多久呢？桶装水保质期一般在3个月，密封的瓶装水约为1年，保温瓶或带盖的水瓶盛装的白开水约24小时。如果桶装矿泉水、纯净水开封最好3天内饮用完，一般不要超过7天，时间长了则很容易滋生细菌。

另须说明，网络上有许多文章说，隔夜水、久置的开水，亚硝酸盐会升高，3天后的开水喝了会致癌，这些话太过于夸张，没有科学道理。

八、晨起喝一杯水，睡前喝一杯水

晨起喝一杯水，是因为早晨人的血液黏稠度高，通常比晚上高1.6倍，此时是血压波动最大的时候。如果此时喝一杯水可把血液中的黏稠度降低，改善机体血氧供应，同时也能补充运动和夜晚丢失的水分。另外，水对胃肠来一个刺激，也可加速胃肠蠕动。

必须注意的事，有人晨起习惯喝一杯淡盐水，这是非常错误的。喝淡盐水会加重心血管的负担。

睡前喝一杯水，是因为夜里在代谢过程中没有水的补充，实际上机体是处于缺水状态的，这个时候补充水是有益的。特别对心脑血管疾病是大有益处的。

其实，我们不仅要强调睡前补水，你如果夜间起床，不妨喝点水。最好的办法是，你在床旁备一杯水，夜间起来时，就能准时、方便地喝到水了。但是我们不要有意地在夜里起来喝水，那样就会影响睡眠了。

九、老年人、孕妇、儿童喝水方式有何讲究

（一）老年人

老年人对口渴很不敏感，这与其口舌部的感觉神经功能减退有关。另外老年人血浆肾上腺素水平下降，而心钠分泌增加，从而导致体内钠离子丢失，使体内对口渴的反应程度减低。再者，老年人结肠直肠肌肉易萎缩，排便能力较差，加上肠道中黏液分泌减少，所以大便容易秘结。

所以老年人即使不口渴，喝水也要定时、定量，以满足机体需要。老年人喝水要缓慢，一次补水量不一定非要达到200毫升不可，可再细分为两次100毫升慢慢喝下去。

（二）儿童

儿童新陈代谢旺盛，排泄水的速度较成人快，再加上儿童体表面积相对较大，呼吸频率快，因此年龄越小，对水的需要量也相应增多。

儿童每日水的需要量，按体重计算：1岁以内120～160毫升/公斤，1～3岁100～140毫升/公斤，4岁以上70～110毫升/公斤，10～14岁50～90毫升/公斤，到成年人只有30～40毫升/公斤。这些水分的总量包括每天的乳类、饮料及其他食物在内的水分的总和。

必须注意：儿童肾脏排水速度慢，且排钠、排酸、产氨能力差。一次给儿童补水不宜过多，特别是甜味饮料。

（三）孕妇

水对于健康怀孕是非常重要的。孕期内，准妈妈体内的血液总容量将增加40%～50%，所以孕妇必须补充足够多的水。水还可以防止孕妇膀胱感染。

但是，如果孕妇喝得过多，则会引起或加重浮肿。因此，孕妇饮水也要适度增加饮水量，一般一天1400～1800毫升，不超过2000毫升，且应少量多饮，如一天分8次喝，每次200毫升左右。

十、运动时怎样补充水分

运动时，人体不仅消耗热能，同时也丧失部分水分。

医学研究表明，因出汗而失去 1% 的体重，可使血浆容积下降 2.5%；当失水量占体重的 2% 时，心血管系统负担就开始加重，并影响散热速度；当失水量占体重的 10% 时，则会造成循环衰竭。另外，大量出汗还可造成电解质丢失、血液浓缩、运氧能力下降等一系列问题。

人们在运动时应注意补充水分，以保证生理机能正常运行。

运动中失去水分的补充，应采取多次少量的办法，补充水分的总量应视运动者的失水情况而定。运动中每 10 ~ 20 分钟饮水 150 毫升左右，这样既随时补充了水分，又未增加胃肠和心脏的负担。一次补充水最大量每小时以不超过 800 毫升为宜。

运动时间在 1 小时内，补充白开水即可。而运动量大，运动时间长，流汗多于 1 000 毫升才推荐补充含糖和电解质的运动饮料。运动饮料的含糖量在 4% ~ 8%，且无咖啡因成分。

运动饮料与其他饮料营养的区别

饮料种类	糖种类	糖含量 (%)	电解质	其他营养素	渗透压	碳酸气	咖啡因
碳酸饮料	蔗糖	≥ 10%	微量	无	高	有	无或有
矿泉水	无	无	微量	无	极低	无	无
果汁	果汁或加蔗糖	≥ 10%	不均衡	维生素	高	无	无
乳饮料	乳糖或加蔗糖	≥ 10%	不均衡	维生素	高	无	无
茶饮料	蔗糖	≥ 10%	微量	微量	高	无	有
运动饮料	低聚糖、葡萄糖、蔗糖、果糖	5%~10%	适量	牛磺酸、肌醇 VB、VC	低	无	无

十一、怎么判断自己补充水分已够量

判断补充水分足够的依据主要有两点。

(一) 口渴的感觉

当人体丧失1%～2%的水分时，口渴机制就开始起作用，身体已经处于缺水状态，这时你补充水分时间已过晚，你必须立即补充水分。

当然人体丧失水分在1%以下时，口渴感觉并不灵敏，即使身体已经处于轻微缺水状态，仍然不会觉得口渴，或是喝进去的水虽然并不足以完全补充流失的水分，却足以缓解口渴。所以，即使已经不觉得口渴，还是需要再喝至少2～3杯的水，才能补充足够的水分。

(二) 排尿的情形

另一个明显的指标是排尿的情形，就是观察你排尿的情况和尿液的颜色。如果排尿量很少或是完全没有，且尿液的颜色很深，如褐色或茶色，甚至呈血色，那就表示身体仍然处于缺水的状态，需要赶快补充水分，直到排尿量恢复正常、尿液颜色变成正常的淡黄色（麦秆颜色），这时，身体已经有了足够的水分。如果你的尿液澄清得像水一样，说明你摄入水分过多了。

务必注意：

（1）糖尿病或糖耐量异常患者经常感觉口渴，是因为他们的血糖水平过高，因此机体希望通过摄入更多水分来稀释血液中的葡萄糖，防止其浓度过高而毒害细胞。

（2）必需脂肪是维持正常的水平衡的重要因素，缺乏必需脂肪是让人感觉口渴的另一个原因。

解决上述两种口渴的原因，关键是糖尿病基础疾病治疗，补充必需脂肪（鱼类、种子、冷榨植物油）营养物质。

十二、烧开水有讲究，千滚水也能喝

你会烧开水吗？大多数人会在水刚烧开后，马上关火或水烧开后再盖着壶盖沸腾一会儿。其实这些做法都不对，正确烧开水的方法是尽可能地挥发水中污染物。

安全且科学地烧开水，要做到两点：

第一点：接一壶自来水，静置 20 分钟以上，让自来水余氯挥发。注意尽可能不要接从自来水管道出来的第一道水，以避免管道可能存在二次污染。

第二点：在水沸腾时马上把盖子打开，然后再等 1 ~ 2 分钟，尽量让水中那些易挥发的化合物全部挥发掉。

当然，在特定条件下，你需要喝湖水、井水、山泉时，如果你不能保证水的安全性，通常推荐要煮沸 5 ~ 7 分钟，然后自然冷却。在高原，水的沸点低于 100 摄氏度，也需要延长煮沸的时间。

须说明一点，网络传言千滚水会致癌。事实上，反复多次或长时间加热的自来水、矿泉水、纯净水，其水质无明显变化，其致癌也就危言耸听了。

第五节　小常识

一、服药时喝水有学问

吃药喝水，是再平常不过的事。吃药用水来送服，这样可以使药物更为顺利地进入胃部，从而被吸收到达全身各器官发挥作用。如果你不喝水，直接吞服，药物可能会卡在食管里，无法到达胃部，会削弱药效，而且药物会刺激食道黏膜而引起不适等。

如何安全且科学用水送药呢？

（1）选用一杯温水送服，因为有些药品遇热后会发生物理或化学反应，进而影响疗效。如胃蛋白酶合剂、多酶片、酵母片等助消化类药，整肠生、酵母片、丽珠肠乐等含活性菌类药及清热类中成药等遇热均会受影响。

（2）把握好送水的量。一般的口服剂型，例如大部分片剂、颗粒，通常用 150 ~ 200 毫升水送服即可。用水太多会稀释胃液，加速胃排空，反而不利于药物的吸收。胶囊至少 300 毫升水，因为胶囊是由胶质制成的，遇水会变软变黏，服用后易附着在食道壁上，造成损伤甚至溃疡，所以送服胶囊时要多喝水，以保证药物确实被送达胃部。

（3）注意喝水送药的动作。应采取站位或坐位，先喝一小口水，润湿咽喉，然后把药放入口中，抿一口水，再将头向后一仰，把药与水同时咽下。

（4）务必要注意不要选用茶水、牛奶、碳酸饮料、果汁水送药。

另外，有一些药物不宜用水送服，如治疗胃溃疡的常用药硫糖铝和氢氧化铝凝胶，这类药物需要覆盖在受损的胃黏膜上；止咳糖浆、川贝枇杷膏类止咳药需要黏附在咽部，直接作用于病变部位；还有蒙脱石散（思密达）只需50毫升水冲服即可。

二、吃饭时也可大胆喝水

吃饭时该不该喝水呢？我们会理所当然地认为，喝水会冲淡消化液，不利于消化，不要喝。而在欧美国家，不管在什么地方，哪怕在吃饭时，桌子上都会放一个杯子，边吃饭边喝水，这与中国人的习惯大不相同。

其实水是营养素良好的溶剂，可使体内大分子、蛋白、脂肪等生化反应在溶液中或其界面上顺利进行，也有利于激发消化酶的活性。

在吃饭时适当补充水，如多增加些汤羹食品不是有害而是有利于消化的。但一定要记住吃饭时不能喝过多的水。

三、桶装水并非是最干净、卫生的水

桶装水是自来水或地下水的改良品，可直接饮用，也可在饮水机上不断加热及时供应热水，深受人们喜爱，曾一度改变了人们的饮水习惯。后来，随着喝水知识的普及，人们发现桶装水也并非完美无缺。

桶装水并非是最干净、卫生的水，开封桶装水3天喝完最好，最迟不要超过7天。我们可以选择一些小容量的桶装水，以便适时喝完。另外，要定期清洗饮水机。

据《中国卫生检验杂志》一项检测显示，桶装水的微生物含量随时间延长变化明显，饮用5天后，卫生状况急剧下降。第7天合格率只有20%，到第10天时，所有检测的桶装水，菌落总数全部超标。

四、怎样选择水杯

人们在重视水质的同时，对饮水工具也给予了很多的关注。那么，选用什么样的水杯好呢？

（一）玻璃杯

玻璃杯由无机硅酸盐类烧结而成，不含有机化学物质，而且玻璃杯表面光滑，容易清洗，细菌和污垢不容易在杯壁孳生，所以人们用玻璃杯喝水是最健康、最安全的。

（二）陶瓷杯

陶瓷杯是用黏土经过上千摄氏度高温烧制而成的。陶瓷杯便于携带和清洗。陶瓷杯和玻璃杯一样也最适合用来喝水，可作为喝水用具的首选。

但不要选用涂有五颜六色釉的陶瓷杯。

（三）不锈钢杯

不锈钢是合金制品，通常含有铁、镍、铬、碳、锰、硅、铝等元素。不锈钢杯的铁元素是对人体有益的，铁元素是人体日常必须摄入的金属元素。这也是为什么炒菜的锅必用铁锅，是同样的道理。

不锈钢杯的质地和质量参差不齐，无法保证你使用的不锈钢杯是质量上乘的杯子。

（四）搪瓷杯

搪瓷杯，是在金属表面涂覆一层或数层瓷釉，通过上千摄氏度的高温搪化后制成的。

搪瓷杯美观大方，瓷釉的颜色炫彩多变，且干净、防锈、卫生，耐酸碱腐蚀。可用明火、电磁炉或电炉加热，但不可在微波炉内加热。掉瓷后搪瓷杯露出的金属胎芯易生锈，颜料也会容易溶出，则不宜泡茶喝水了。

（五）塑料杯

塑料杯多变的造型、鲜艳的颜色、不怕摔打的特性，受到了许多人的喜爱。但塑料杯用来喝水存在许多安全隐患。

1. 增塑剂

塑料中常添加有增塑剂，其中含有一些有害的化学物质，用塑料杯装热水或开水的时候，有害的化学物质就很容易稀释到水中。

注意：塑料制品底部三角形内的数字标志，相当于塑料的身份证。三角形内的标有数字，其中只有"5号，PP，聚丙烯"和"7号，AS，丙烯腈 - 苯乙烯树脂"塑料杯可盛装热水。

2. 隐藏着污染物

塑料的内部微观构造有很多的孔隙，其中隐藏着污染物，清洗不干净就容易孳生细菌。

总之，你用塑料杯喝水时，请选择 5 号或 7 号杯，最好是装凉水喝。

（六）纸杯

喝水的纸杯根据杯的涂层也为三种：涂蜡杯、纸塑杯及直壁双层杯。

1. 涂蜡杯

杯壁表面涂有用来隔水的蜡，只可以装冷饮，不能盛开水和油，因为蜡在 50℃左右就会融化，油能溶解蜡。

2. 纸塑杯

纸塑杯外面是一层纸，里面是一层内聚乙烯塑料膜。聚乙烯塑料溶点高达 110 摄氏度，冷饮热饮都不是问题，但卫生安全隐患同塑料杯一样。

3. 直壁双层杯

直壁双层杯杯壁有两层纸，纸之间是空气，隔热性能好，常用来做热饮杯和冰淇凌杯。

务必注意，选纸杯和买食品是一样的，需要看清楚纸杯包装上面有没有清晰的 QS 标志、生产商信息、生产日期。另外，纸杯子越白越不安全，一次性纸杯少用为佳。

（七）磁化杯

只有负极的磁化水才能改善人体生理功能，起到保健的作用，而正极的磁化水不宜多喝。

我们在市场上所见到的磁化杯大多采用普通磁铁，正负极不分。因此，消费者在选择磁化杯时应该仔细鉴别，宜选购单极磁片（负极）为原料制成的磁化杯。

（八）能量杯

目前市场上许多生产能量杯的厂家并没有对此功能进行切实的生理功效验证，夸大了能量杯的作用，消费者在购买具有保健功效的能量杯时，要慎之又慎。

五、选购净水器，须了解净水器的"心脏"滤芯

自然界中的污染物是很复杂的，要知道自家的自来水水质如何很不容易。所以，许多人选择家用净水器净化水，来保障用水安全。

其实，不论选择任何一种净水器，一定要注意滤芯，因为它是净水器的"心脏"。

（一）净水机的滤芯

净水机滤芯的特点及功能

滤芯品种	微孔结构	功能	更换日期
PP 棉	0.5 ~ 1 微米	可去除水中大颗粒物质，如泥沙、杂质、铁锈、悬浮物等	3 ~ 6 月
活性碳	0.5 ~ 1 微米	吸附水中异色、异味、余氯、卤化泾等，改善水质口感	3 ~ 6 月
超滤膜	0.1 ~ 0.01 微米	可以过滤细菌、病毒、炭粉等大分子有机物，但对于农药、除草剂、洗涤剂等小分子的有机物、重金属不能有效去除	12 ~ 24 月
纳滤膜	0.01 ~ 0.001 微米	能够滤除抗生素、激素，农药、石油、洗涤剂、重金属、藻毒素等化学污染物，能够有效保留有益的矿物质	12 ~ 24 月
反渗透膜	0.000 1 微米	能滤除水中极细微悬浮物、有机物、重金属、矿物质、细菌、病毒等，出来的就是纯水	18 ~ 36 月

（二）净水器的品种

1. 前置净水器

前置净水器是一种安装在入户水管总管处的净水器，其滤芯仅只有一层不锈钢滤膜，仅可去除肉眼可见的颗粒杂质和大量铁锈及泥沙等，这样可延长其他昂贵净水器的使用寿命。

2. 龙头净水器、净水壶、净水桶

此类净水器，含有 PP 棉、活性碳和超滤膜滤芯。这类设备对水质的改善其实并不明显，如地表水仅细菌超标时可选用。

3. 软水机

软水机的滤芯叫离子交换树脂，有降硬度（去除 Ga、Mg 离子）、去碱性的作用，但不能去除污染物，不能直接饮用，只能作其他使用。

4. 净水机

净水机除 PP 棉、活性碳外，还配置超滤、微孔滤膜滤芯或陶瓷滤芯或 KDF 滤芯，能够过滤掉自来水中的氯、杂质等，有的还有去除细菌、病毒等功能，保留了自来水中的对人体有用的矿物质。

5. 纯水机（直饮机）

除 PP 棉、活性碳外，配置反渗透膜，过滤掉自来水中的所有物质，出来的水是纯净水，相当于市场上卖的纯净水。

6. 其他

沸石、麦饭石、矿化球滤芯，能在水中释放有益健康的矿物质，其净水作用不大，保健功能也不可信。

第十四章　茶

茶对于老百姓来说，是开门七件事（所谓"柴、米、油、盐、酱、醋、茶"）之一；茶对于古代文人墨客来说，也是很雅的事，可以和琴、棋、书、画、诗并列。茶即俗，也雅，是人们生活中不可缺少的一部分。把怎么安全且科学地喝茶引入研究范围更是必要的。

第一节 茶的营养价值

一、茶有"万病之药"之誉

中国，是茶的故乡，也是茶文化的发源地。石器时代的炎帝神农氏曾尝百草，日遇七十二毒，得茶而解之。茶虽不是药，但老百姓仍认为茶是"万病之药"。

中医认为，茶性有温凉之分，如绿茶性凉，红茶性温，青茶不温不凉。茶入心、脾、肺、肾五经。茶甘则补，茶苦则泻。茶具有提神清心、清热解暑、消食化痰、去腻减肥、清心除烦、解毒醒酒、生津止渴、降火明目、止痢除湿等药理作用。

现代医学研究表明，茶对我们的健康十分有益。茶叶中所含的成分丰富，将近 500 种。茶叶中的主要成分为茶多酚、脂多糖、茶氨酸、咖啡碱等。

茶多酚又称茶单宁、茶鞣酸、茶鞣质，是茶涩味的来源。茶多酚是人体自由基的清除剂，有延缓衰老、改善人体脂肪代谢的功能。

脂多糖在茶叶中的含量大致为 3% 左右，有增强机体的特异性免疫能力、改善造血功能的作用。

茶氨酸是茶叶中特有的游离氨基酸，在茶叶中的含量为 1% ~2%。茶氨酸会让人在喝茶时有鲜爽的感觉，有加强记忆力的功效。

茶中咖啡碱是茶苦味的来源，咖啡碱能提神醒脑、强心利尿。

二、茶的"俗"与"雅"

茶很俗，俗在哪里呢？"柴米油盐酱醋茶"，茶成为老百姓居家过日子的开门七件事之一，到了各家各户了。茶也很雅，雅在哪里呢？古有文人墨客的"琴棋书画诗酒茶"，现在的文化人也流行以茶会友。茶也早就进入了文化层面，进入了上层社会。

茶的俗，贵在于"养身"，茶是为了人们解渴、提神、祛火、消食之用。茶的雅，贵在于"养心"，此时的茶是人们抒情、礼仪、悟道之用。许多人因为社会竞争及工作节奏加快等原因容易产生焦虑情绪，所以，人们要适当过一过"慢生活"，不妨与亲人或朋友泡一壶茶、品一壶茶，放松一下自己的心情。

第二节 茶怎么分类

一、茶叶分绿茶、白茶、黄茶、青茶、红茶、黑茶六类

（一）绿茶

绿茶是不经过发酵的茶，其制作工艺皆经过"杀青→揉捻→干燥"的过程，茶多酚等多种成分基本不变。

绿茶性微寒，口感微苦，醇美清爽。

品种：洞庭碧螺春、西湖龙井、黄山毛峰。

（二）白茶

白茶的制作工艺是最自然的，加工时不炒不揉，让其自然萎凋，晾晒至七八成干时，再用文火慢慢烘干即可。白茶的抗氧化剂含量最多，咖啡因含量则最少。

白茶性凉，色白隐绿，汤色黄白，口感清香甘美。

名贵品种有：白毫银针茶、白牡丹茶。

（三）黄茶

黄茶，制法有点像绿茶，由于干燥前后增加了一道"闷黄"工序，从而促使茶多酚进行部分自动氧化。

黄茶性寒，叶黄汤黄，汤色金黄明亮，口感甘香醇爽。

品种：君山银芽、霍山黄大茶、蒙顶黄芽。

（四）青茶

青茶，又称乌龙茶，其制作工艺经过"萎凋→摇青→炒青→揉捻→烘焙"的过程，是一类介于红绿茶之间的半发酵茶。青茶的茶叶周围一圈是红的，中间是绿的，故有"绿叶红镶边"之称。

青茶不温、不凉，汤色青绿金黄，口感清香醇厚。

品种：武夷岩茶、铁观音、凤凰单丛。

（五）红茶

红茶，是全发酵的茶，其制作工艺经过"萎凋→揉捻→发酵→干燥"的过程。经过发酵，茶多酚氧化成茶色素，叶色也由绿变红。

红茶温性，叶红汤红，口感浓厚甘醇。

名贵品种有：安徽的祁门红茶、云南的滇红和英红。

（六）黑茶

黑茶，为后发酵的茶，其制作工艺皆经过"杀青→揉捻→渥堆→干燥"的过程。黑茶茶多酚明显减少，黄褐素、水化果胶、水溶性糖类增多。

黑茶性温，茶色黑褐，口感陈香醇厚。

名贵品种有：普洱茶、安化黑茶、六堡茶。

二、普洱茶有生、熟之分

普洱茶因产地旧属云南普洱府（今普洱市），故得名，现在泛指普洱茶区生产的茶。普洱茶是以公认普洱茶区的云南大叶种晒青毛茶为原料，再经过加工而制成的散茶和紧压茶。普洱茶依制法不同可分为生普洱茶和熟普洱茶。

（一）生普洱茶

生普洱茶是新鲜的茶叶采摘后以自然的方式陈放，未经过渥堆发酵处理的茶。生茶含有较多果胶、单宁等成分，所以茶性较烈、刺激性强。生茶则必须再经多年储存、经过"陈化"，茶性才会转向温和。在清代之前的普洱茶都是普洱生茶。

其品质特征为：外形色泽墨绿、香气清纯持久、滋味浓厚回甘、带苦涩味、汤色绿黄清亮、叶底肥厚黄绿。

（二）熟普洱茶

熟普洱茶是制作过程中经过渥堆发酵使茶性趋向温和的茶，通常普洱茶渥堆发酵约在二个月就变得顺滑甘甜。如今市场上的普洱茶大部为熟普洱茶。

熟普洱茶才称得上黑茶，其品质特征为：汤色红浓明亮，香气独特陈香，滋味醇厚回甘，叶底红褐均匀。

注意：许多人错误地认为，普洱茶经过发酵后，导致人兴奋的咖啡因会明显减少，普洱茶主要功能是养胃、降脂，可晚上喝。然而，我国和日本学者研究表明，经过发酵后的普洱茶中的咖啡因含量并无多大变化，甚至还有增高趋势。所以睡眠欠佳者，晚上均不适宜喝普洱茶，当然其他茶也不适合喝。

三、春茶、夏茶和秋茶的特征

人们依据季节变化和茶树新梢生长的间歇将茶划分为春茶、夏茶与秋茶。古人云："春茶苦，夏茶涩，要好喝，秋白露（指秋茶）。"

（一）春茶

通常 2 ~ 4 月间采收的茶为春茶，以清明节后 15 天内采收的春茶为上品。

春季温度适中，雨量充沛，再加上茶树经过了半年冬季的休养生息，使得春季茶芽肥硕，色泽翠绿，叶质柔软，且含有丰富的维生素，特别是氨基酸。春茶滋味鲜活，且香气宜人，富有保健作用。

（二）夏茶

5 ~ 7 月间采收生产加工的茶叶，为夏茶，因夏季是雨水最集中的季节，所以也称雨水茶。

夏天茶树新梢生长迅速，但很容易老化。茶叶中的氨基酸、维生素的含量明显减少，花青素、咖啡碱、茶多酚含量明显增加，所以夏茶味涩，稍显苦。

（三）秋茶

秋茶于 9 月末至 11 月初采收。那时正是丰收季节，谷花飘香，田野一片金黄，故又称谷花茶。

秋茶的汤色、滋味在春茶和夏茶之间，香气平和，在营养成分方面一般不如春茶。

四、花茶是中国独特的一个茶叶品类

花茶又称熏花茶、香花茶、香片，为中国独特的一个茶叶品类。花茶是根据茶叶善于吸收异味的特点，以香花和新茶一起闷，茶吸收香味后再把干花筛除制成的。花茶香味浓郁，茶汤色深，所以深受人们喜爱。

花茶一般是用绿茶做茶坯，少数也有用红茶或乌龙茶做茶坯的。所用的香花品种有茉莉花、桂花等好几种，以茉莉花最多。

五、袋泡茶和速溶茶的特征

（一）袋泡茶

袋泡茶起源于 20 世纪初，是由特种长纤维纸包装而成的。袋泡茶因采

用的特种长纤维纸不同，可分为热封和冷封两种。又因其原料不同，可分为袋泡绿茶、袋泡红茶、袋泡乌龙茶。

（二）速溶茶

速溶茶，又称萃取茶、茶精。20世纪40年代始于英国。速溶茶是一种能迅速溶解于水的固体饮料茶。速溶茶制造工序包括：水处理、选料、浸提、过滤、净化、浓缩、配料拌和、干燥等。

速溶茶有纯茶与添料调配茶两类，纯茶常见的有速溶红茶、速溶乌龙茶、速溶茉莉花茶等。添料调配茶有含糖的红茶、绿茶、乌龙茶以及柠檬红茶、奶茶、各种果味速溶茶。速溶茶香味不及普通茶。

袋泡茶、速溶茶因茶叶粉碎后能充分接触开水，能快速冲泡出浓香的热茶，但也失去了喝茶的文化内含。大文学家林语堂总觉得，吃袋泡茶、速溶茶的人，是对中国茶文化的不尊重。

六、酥油茶和蒙古奶茶的特征

居住在青藏高原的藏族和北方草原的蒙古族，由于独特的自然地理环境不宜于蔬菜的生长与贮存，但是蔬菜所含有的营养成分可以通过茶叶来补充，所以形成藏族的酥油茶和蒙古族的蒙古奶茶。酥油茶、蒙古奶茶分别是藏族、蒙古族民众每日必不可少的食品。

（一）酥油茶的制作

酥油是从牛、羊奶中提炼出来的一层黄色的脂肪物质。制作酥油茶时，先将茶叶或砖茶用水久熬成浓汁，再把茶水倒入酥油茶桶，再放入酥油和食盐，用力搅拌，使油茶交融后，最后进锅里加热，便成了喷香可口的酥油茶了。

（二）蒙古奶茶的制作

先用开水浸泡茶叶，然后趁热把它倒进煮沸的牛奶中。至于加糖或加盐，则可根据个人的口味而定。牛奶中加入茶叶以后，两者特有的香味融于一体，营养成分可相互补充，抑制了牛奶的腥味和茶叶的苦涩味，饮用起来味道更加浓郁、绵长。

第三节　茶叶选购与保存

一、选茶须辨色、香、味、形

（一）茶叶的色泽

不同茶类有不同的色泽特点，茶叶色泽包括干茶色泽、汤色和叶底色泽。

好茶叶颜色均匀，粗细一致，光泽自然；汤色各有特征，如红茶的汤色是红的，绿茶的汤色是绿黄色的；叶底色泽，绿茶呈黄绿色，青茶绿叶红镶边，红茶橙黄明亮或乌条暗叶，黑茶乌亮、黑褐。

（二）茶叶的香气

各类茶叶本身都有香气，若香气低沉，定为劣质茶；有陈气的为陈茶；有霉气等异味的为变质茶。

（三）茶叶的滋味

茶叶的本身滋味有苦、涩、甜、鲜、酸等。好茶的滋味鲜醇可口。不同的茶类，滋味也不一样。平淡而无味，甚至涩口、麻舌则为劣制茶。

（四）茶叶的外形

茶叶的好坏与茶采摘的鲜叶直接相关，也与制茶相关，好的茶叶必须干燥完全、叶形完整。

二、茶叶储存应干燥、避光、密封

茶叶若不注意贮藏或贮藏不当，则易造成品质下降，甚至劣变而失去饮用价值。故贮藏时，应当密封绝氧，隔湿，不能混入有异味的物品，避免阳光照射，最好放在低温处。

绿茶、黄茶：密封后，放冰箱冷藏。

白茶、乌龙茶：常温密封保存；长时间不喝，放冰箱冷藏。

红茶：常温密封保存，切记防潮。

黑茶：常温保存，阴凉通风，切记日晒。

第四节 安全科学喝茶

一、酒醉人，茶亦醉人

喝酒会醉，饮茶也同样会醉。古人云："寒夜客来茶当酒。""茶醉"较之"酒醉"，又另是一种境界。

茶醉多发生在空腹之时，饮了过量的浓茶而引起。茶醉之时，头昏耳鸣，浑身无力，还恶心，想吐又吐不出来，严重时还站立不稳、手足颤抖、胸闷。

导致茶醉的原因，主要是茶中咖啡碱促使人体中枢神经兴奋，增强了大脑皮层的兴奋。

茶醉了实在不比酒醉轻松，一旦发生醉茶，可以喝一碗糖水或嚼几粒糖丸来缓解头昏、恶心等不良症状。当然，没喝茶习惯的人要少喝浓茶，也不要空腹喝过多的茶。有喝茶习惯的人也要适可而止，当您"唯觉两腋习习清风生"之时，千万不可再喝了。

二、掌握喝茶的量

要泡好一杯茶或一壶茶，首先要掌握茶叶用量。饮茶量的多少决定于饮茶习惯、年龄、健康状况、生活环境、风俗等因素。

长沙海关进出口食品安全处邓大为科长指出，一般健康的成年人，平时又有饮茶的习惯，一日饮茶12克左右，分3～4次冲泡是适宜的。没有饮茶习惯的人，一日饮茶量3克左右便可。

冲泡一般红、绿茶时，茶与水的比例掌握在1：50～60，即每杯放3克左右的干茶，加入沸水150～200毫升。如饮用普洱茶，每杯放5～10克。用茶量最多的是乌龙茶，每次投入量几乎为茶壶容积的二分之一，甚至更多。

总之，泡茶用量的多少，关键是掌握茶与水的比例，茶多水少，则味浓；茶少水多，则味淡。

三、泡茶讲究水质、水温、时间

（一）水质要求

不同水质所含的溶解物质不同，对茶汤品质影响很大。

陆羽在《茶经》上说："山水上，江水中，井水下。"陆羽看重山中流泉，从山上慢慢流出的泉水泡茶为最佳。泉水必须符合"清、轻、甘、活、洁、列"六个要素,清是清澈而透明,轻是水的表面张力大,甘是甘甜可口,活是活水而非死水,洁是清洁无污染,冽是冷冽。

一般家庭泡茶用天然矿泉水就很好了。当然自来水、纯净水烧开后也适合泡茶。

(二) 水温要求

陆羽在《茶经》云:"其沸,如鱼目、微有声,为一沸;边缘如涌泉连珠,为二沸;腾波鼓浪为三沸,以上水老、不可食也。"

青茶、红茶、黑茶泡茶用水的温度要达到100℃,不沸滚过度,这样茶才香,营养浸出物也多,达到了评茶的最佳效果。优质绿茶、白茶、黄茶泡茶用水温度75~90℃更科学,这样也可泡出茶叶的"鲜、嫩、甘、滑"等特点。

注意:喝茶不宜趁热,过热的茶水容易烫伤食管上皮细胞,长此以往,可能会诱发食管的癌变。合理喝茶应等热茶凉了4~5分钟,茶水温50℃左右时,茶最香,味最美。

(三) 时间要求

茶叶冲泡的时间和次数,差异很大,与茶叶种类、泡茶水温、用茶数量和饮茶习惯等都有关系,不可一概而论。

茶杯泡饮绿茶或红茶,每杯放干茶3克左右,用沸水约150毫升冲泡,加盖4~5分钟便可饮用。

品饮乌龙茶,多用小型紫砂壶。在用茶量较多(约半壶)的情况下,第一泡1分钟就要倒出来,第二泡1分15秒,第三泡1分40秒,第四泡2分15秒。也就是从第二泡开始要逐渐增加冲泡时间,这样前后茶汤浓度才比较均匀。

袋泡茶和速溶茶用沸水冲泡3~5分钟后,其有效成分大部分浸出,便可一次快速饮用。

泡茶水温的高低和用茶数量的多少,也影响冲泡时间的长短。水温高,用茶多,冲泡时间宜短;水温低,用茶少,冲泡时间宜长。

四、喝茶讲究,天时、地利、人和

喝茶还讲究天时、地利、人和。许多人一年四季都喝同一种茶,这样不太科学。喝茶时要根据人的特征及不同时节而选用不同品种的茶。

（一）不同体质的人需对"性"喝茶

（1）阴虚燥热体质者，宜喝凉性茶，如绿茶和青茶中的铁观音。

（2）阳虚体质，肠胃虚寒，或体质较虚弱者，宜喝温性茶，如红茶、普洱茶等，也可以喝中性茶，如青茶中的乌龙茶、大红袍等。但不宜喝绿茶。

（二）不同病症的人需对"症"喝茶

（1）有失眠症的人，下午特别是晚上不要喝茶，以免更加不能入睡。另外，吃药后一小时内不要喝茶，因为茶叶的化学成分能中和某些药效。

（2）吃油腻食物较多、烟酒量大的人也可适当增加茶叶用量。

（3）孕妇、儿童、神经衰弱者和心动过速者，饮茶量应适当减少，适合喝淡茶。

（三）不同季节如何饮茶

（1）春季，天气乍暖还寒，以饮用香气浓郁的花茶为好，有利散发冬天积在体内的寒邪，促进人体阳气的生发。

（2）夏季，气候炎热，易上火，适宜饮用绿茶。因绿茶性苦寒，可消暑解热，又能促进口内生津，有利消化。

（3）秋季，秋高气爽，选用青茶最理想。青茶性味介于绿、红茶之间，不寒不热，既能消除体内余热，又能恢复津液。也可用绿、红茶混合一起饮用，取其两种功效。

（4）冬季，天寒地冻，应选用味甘性温的红茶为好，以利蓄养人体阳气。红茶含有丰富的蛋白质和糖分，还有助消化、去油腻的作用。

五、少年儿童和妇女也可适当喝茶

临床上发现，有些女性因长期喝绿茶，出现重度贫血的病例。确实，茶中含有大量有涩味的单宁类物质，会和铁结合，降低它的吸收率。再加之女性因为每月有月经失血，就更容易发生贫血了。所以女性不能喝太浓的茶，特别是绿茶。

是否女性就不宜喝茶呢？如无贫血的女性喝点淡茶无妨，喝不出明显的涩味就好。通常淡茶的量，一杯150毫升冲泡1克茶叶。如有贫血的女性就不要喝茶了，更不要吃茶叶了，同时要注意补充含铁丰富的食品，如动物的肝、红肉等。

另外，茶中有咖啡因而不适合少年儿童是事实，所以少儿是绝对不能喝浓茶的。但是茶中多种营养素对少儿的好处也多。如果把茶对得淡一点，少儿喝一点也是完全无害的，而且有益少儿成长。解放军总医院营养科研究员赵霖，非常主张少儿学会喝茶，还要喝出品位来。

其实有些甜饮料含大量的咖啡因，如可乐、红牛对儿童的伤害更大，家长更应迫切地限制少儿喝甜饮料。

六、饭前、饭后均可喝茶

生活经验告诉我们，饭前喝茶，咖啡因对胃有刺激作用，容易引起胃酸过多。餐后喝茶，除了妨碍铁的吸收，还会冲淡胃液，妨碍消化。

中国农业大学范志红教授却不认同这种生活经验，提出餐前、餐后喝茶，都是无碍健康的。餐前30分钟喝一杯水，包括茶水和饮料，能够很有效地缓解饥饿感。餐后喝不含盐、不含糖的淡茶是最好的餐后饮料了。

须注意：

（1）茶不能太浓，餐前、餐后要喝淡茶。

（2）茶的量不要大，1～2杯茶即可，以胃里感觉舒服不沉重为好。假如患有胃下垂之类的疾病，那就建议用餐时茶水、汤水都少喝。

七、怎么品评新茶、陈茶

（一）新茶，并非越新越好

春茶是从茶树上采摘的头几批鲜叶经过加工而成的茶叶，称为新茶。

对于大部分茶叶品种而言，新茶的确比陈茶好。隔年陈茶或过了保质期的陈茶，无论是色泽还是滋味，总给人一种"香沉味晦"的感觉，茶叶中的一些酸、酯、醇类及维生素类物质发生缓慢的氧化或缩合，营养也打了折扣。

但需注意，新茶并非越新越好，喝法不当易伤肠胃。由于新茶刚采摘回来，存放时间短，含较多的未经氧化的多酚类、醛类及醇类等物质，人饮用后可能会出现腹泻、腹胀等不舒服的反应，原本胃肠功能较差的人更容易诱发胃病。

绿茶、黄茶、白茶、红茶、青茶都有保质期，一般为 18 个月。对有胃肠疾病的人，存放不足 1 个月的新茶不宜喝。

（二）陈茶，并非越陈越好

"茶要喝新，酒要喝陈。"在习惯上，将上年甚至更长时间采制加工而成的茶叶，统称为陈茶。

但是，并非所有的茶叶皆如此，黑茶系列如普洱茶、沱茶、六堡茶、安化黑茶等几种特别的茶叶就属例外，只要存放得当，反而是越陈品质越好。好的陈茶汤色偏红、偏浓，香气不很明显而"喉底"极好，滋味醇厚深沉。

需注意，黑茶超过 10 年营养会打折，也会影响口感，并非越陈越好。

茶的新与陈和质量概念上的好与次，并无对应的关系。新茶与陈茶各有特点，各领风骚。选用什么样的茶叶，全凭饮用者的喜好，与其他事情一样，不应该而且实际上亦无法强求一律。

八、隔夜茶能喝么

隔夜茶通常是指暴露在空气中超过 8 小时的茶。许多人认为，隔夜茶喝不得，喝了容易得癌症。确实，隔夜茶水比现泡的茶水的亚硝酸盐略高点，但这点量的亚硝酸盐进入机体，也不会产生多大的危害。

但从营养卫生的角度来说，隔夜的茶水会产生氨基酸等物质，容易导致微生物繁衍，特别是茶水暴露在空气中，更易滋生腐败性微生物。另外，茶水放久了其茶多酚、维生素 C 等营养成分容易氧化减少，甚至都没有了。

所以，喝茶还是随时泡、随时喝的好，变馊茶千万不能喝。

九、怎么喝花卉茶

日常生活中我们常以花作茶饮或与茶混合在一起冲水喝，通常我们称之为花卉茶。常见的花卉有：菊花、金银花、玫瑰花、南瓜花、啤酒花。

花原本是植物的繁殖器官，姿态优美、色彩鲜艳。花点缀着大自然，也点缀着我们的生活。花有食用与药用之分，神农氏曾尝遍百草百花，使花草成为华夏民族品种繁多的食物和药物来源。

据科学测定，花朵中花蜜和花粉含有可供人体吸收的物质近百种，花卉中的蛋白质含量远远高于牛肉、鸡肉，维生素 C 的含量也高于水果，并含有氨基酸和微量元素，还含有多种活性蛋白酶、核酸、黄酮类化合物等活性物质。

（一）菊花

菊花为菊科多年生草本植物，是中国传统的常用中药材之一。菊花味甘，性微寒，有散风清热、清肝明目和解毒消炎等作用。常用剂量为 3～6 克，冲水泡茶喝。

（二）金银花

金银花又名忍冬、银花、双花等，味甘性寒，自古就被誉为清热解毒的良药。常用剂量为 6～15 克，冲水泡茶喝。

（三）玫瑰花

玫瑰花又有"金花"之称，味辛、甘，性微温，有柔肝醒胃、行气活血之功效。常用剂量为 1.5～6 克，冲水泡茶喝。

（四）啤酒花

啤酒花又称为蛇麻花，被誉为"啤酒的灵魂"。啤酒花性平，味苦。有健胃消食、化痰止咳、抗痨、安神、利尿等作用。常用剂量为 1.5～6 克，水煎服，或水煎当茶饮。

十、吃茶的提取物，不能代替喝茶的好处

喝茶好处多，在于茶的丰富的营养。是否把茶中的营养成分提炼出来，价值就更大呢？不是说浓缩的都是精华吗？

其实不然，一项最新动物研究当中，研究者给一组小鼠吃绿茶，另一组小鼠吃绿茶提取物茶多酚，并每周给小鼠称重，实验结束时测定腹部脂肪和血液中各种指标的变化。结果发现，绿茶可以大幅度地降低腹部白色脂肪组织的数量，而茶多酚提取物则没有这种效果。

实验结果表明吃茶多酚的提取物，未必能够替代喝茶的好处。市场上宣传吃茶多酚胶囊可降脂、瘦身没有科学道理。

好生活、好品位，还是需要我们自己泡上一杯清香的茶，细细地品尝。

第五节 小常识

一、粗茶叶并非都是差茶叶

中国有句古语："粗茶淡饭，方能延年益寿。""一芽一叶"茶叶细致细嫩的一级茶，尽管等级高、别具风味，但冲泡后所释放的有益于人体健康的浸出物质，其含量却少于"一芽二叶""一芽三叶"低等、茶叶粗大的粗茶。

古代药书《神农本草经》记载，粗老茶治"消渴"，消渴病即为糖尿病，究其原因乃茶中茶多糖有降血糖作用的缘故。粗茶叶中茶多糖含量是一级茶的二倍，日本就非常流行喝粗茶叶。

看来，古语说得不错"粗茶淡饭，方能延年益寿"。粗茶，并非是差茶。

二、茶饮料营养价值不高

茶饮料是指用水浸泡茶叶，经抽提、过滤、澄清等工艺制成的茶汤或在茶汤中加入水、糖液、酸味剂、食用香精、果汁或植（谷）物抽提液等调制加工而成的制品。

茶饮料品种有茶汤饮料（浓、淡型）、果汁茶饮料、果味茶饮料、碳酸茶饮料、奶味茶饮料和其他茶饮料。茶饮料均会添加食用香精、防腐剂等，而且普遍含糖量高。

茶最好还是现喝现沏，这样喝茶，营养价值更大。

三、茶垢不能当宝贝

"新茶不洗、剩茶不扔、茶垢不清"是人们喝茶中容易犯的错误。特别是有些人不愿洗掉茶壶上的茶垢，长年累月，杯壁、壶壁上积了厚厚一层茶垢，并自以为趣，谓其已到无茶也有三分香的境界。其实，茶垢不但对健康不利，还会影响茶的味道。

茶垢是由于茶叶中的茶多酚与茶锈中的金属物质在空气中发生氧化反应而产生的。茶垢中铅和汞是以沉淀物的形式存在的，虽然经过多次累积集中了起来，但因为难溶于水，不会对健康产生多大危害，更不会致癌。但是，长年不清洗茶垢的做法也不可取，因为容易滋生霉菌，这对健康是非常不利的。

怎么巧除茶垢呢？

茶垢的主要成分呈碱性，小苏打水的溶胀作用使得茶垢难以附着在茶具表面，所以使用小苏打水清洗茶垢非常有效。另外可口可乐为酸性饮料，用其清洗也非常有效。

四、洗茶不科学，不宜列为茶艺规范

许多人喜欢喝茶时先洗茶，然后再泡茶。洗茶的目的和意义就是洗去茶叶中不清洁不卫生的夹杂物，如茶灰、尘埃及茶农使用过的农药、化肥的残留物。广东人和福建人在喝工夫茶时多有洗茶的习惯。甚至茶学学术界亦有人把洗茶列为茶艺规范。

其实，这种做法走进了一个误区。我国茶学专家陈宗懋院士不建议将第一泡茶水倒掉，因为绝大多数茶叶都很干净，无需洗茶，且第一泡水中含有丰富的茶多酚，倒掉很可惜。

人们出于对自身健康考虑的初衷，应该去购买有质量保证的产品，如选用有机茶，而不是通过洗茶工序来寻求"精神安慰"。当然在根本无法保障茶叶卫生的情况下，可不得以而"洗"之。

五、水为茶之母，器为茶之父

俗话说："水为茶之母，器为茶之父。"由此可知，茶借水性而发，借壶而蕴香、育香。所以说要品好茶，就得用好器，选择冲茶器具十分有讲究。

通常饮茶器具分为陶土茶具、瓷器茶具、玻璃茶具、竹木茶具等，其特点如下：

（1）竹木茶具：因其易吸收茶味，且不便观察汤色，所以较少使用。

（2）玻璃茶具：玻璃质地透明，光泽夺目，性质稳定，价格低廉。用玻璃杯泡茶，可观看水中茶的舒展，既赏心也悦目，缺点则是其易碎且烫手。玻璃茶具适合冲泡绿茶和青茶。

（3）瓷器茶具：现在运用较多的是白瓷茶具和青瓷茶具。青瓷色泽高雅，古代的文人雅士尤其爱用。白瓷茶具则有"玉器"之美，其质薄光润，白里泛青，雅致悦目。瓷器茶具适合冲泡青茶、绿茶及黄茶、白茶。

（4）紫砂茶具：紫砂茶具产于江苏宜兴，北宋初期崛起，明代大为流行，成为别树一帜的优秀茶具。紫砂茶具和一般陶器不同，其里外都不敷釉。由于烧制火候较高，烧结密致，胎质细腻，既不渗漏，又有肉眼看不见的气孔，经久使用，还能吸附茶汁，蕴蓄茶味；且传热不快，不烫手，夏天盛茶不易酸馊。即使冷热剧变，也不会破裂。紫砂茶具特别适合冲泡青茶和黑茶。

第十五章 咖 啡

全世界有 10 多亿人每天的第一件事就是喝一杯咖啡，以此开始他们新的一天。一杯香醇美味的咖啡可以使人头脑清醒、神清气爽、信心倍增。然而，仍有许多人认为喝咖啡是不健康的享受。他们认为咖啡中含有咖啡因，不利于健康。喝咖啡是一种幸福还是被祸害，怎么看待这个问题呢？

第一节 咖啡的营养价值

一、咖啡是一种天然饮品

鲜红色的咖啡豆，经焙炒后研细为咖啡粉，再加水煮沸便成为一种很好的饮料。咖啡是目前世界公认的三大饮品（咖啡、茶叶、可可）之一。

（一）关于咖啡的起源

最普遍且为大众所乐道的是牧羊人传说。大约4 000年前，非洲的埃塞俄比亚咖法地区的牧民发现，羊群吃了一种热带小乔木红色果子后"欢腾跳舞"兴奋不已。于是有人大胆尝试，发觉这种植物可以提神解乏，后广而食之。现在咖啡的名称就取之于"咖法"的近似音。我国主要产于海南岛和云南。

（二）关于咖啡的营养

1.咖啡因

咖啡因是咖啡中的一种较为柔和的兴奋剂，它可以提高人体的灵敏度、注意力，加速人体的新陈代谢。另外，还有研究认为咖啡中的咖啡因，能刺激胆囊收缩，并减少胆汁内容易形成胆结石的胆固醇。

2.可可碱和茶碱

咖啡中可可碱含量低，与咖啡因产生同样效果，有利尿、兴奋心肌、舒张血管、松弛平滑肌等作用。茶碱主要以干扰正常睡眠模式而闻名，茶碱有强心、利尿、扩张冠状动脉、松弛支气管平滑肌和兴奋中枢神经系统等作用。

3.其他

咖啡除含有上述3种刺激物外，它还含有对人体健康有利的多种生物活性化合物，如抗氧化剂、矿物质、烟酸和内酯等。挪威的研究还发现，抗氧化剂含量，一份煮咖啡比蓝莓、木莓、凤梨等很多果汁都要高。

如果成年人习惯用一杯咖啡代替一杯含酒精的饮料，将拯救更多的生命，包括自己。说咖啡是一种天然并且健康的饮品，一点也不为过。

注意：咖啡中的抗氧化成分有防癌作用，但咖啡在烘焙过程中会产生致癌物丙烯酰胺。文献报导也对咖啡是致癌物还是防癌物，说法不一。喝咖啡对肝细胞癌和子宫内膜癌的预防作用似乎比较强，对结肠直肠癌则只有很弱的预防作用，对于膀胱癌则是可能的致癌物。

二、咖啡让人着迷的原因

咖啡吸引人的魅力主要是因为其恰如其分的酸苦味，芬芳的香醇，加以咖啡因的魔力，以及高情调享受让人欲罢不能。

（一）咖啡的物质享受

咖啡所有的颜色、香气和味道，是经过烘焙的工序，在咖啡生豆中发生某些化学变化所形成的。是什么原因导致咖啡有"四味一香"的特色呢？

（1）咖啡的苦味来自咖啡因，这是咖啡基本味道要素之一。

（2）咖啡的酸味来自鞣酸，这是咖啡基本味道要素之二。

（3）咖啡的浓醇源于咖啡浓厚、芳醇的味道。

（4）咖啡的甜味是咖啡生豆内的糖分形成的。经过烘焙咖啡豆糖分焦化后，余下的就更甜了。

（5）至于咖啡的香味，主要来自咖啡豆里的脂肪、蛋白质、糖类，这是香气的重要来源。

（二）咖啡的心灵享受

当然人们去咖啡馆凑热闹，不单单是为了喝咖啡，更多的是去那里放松身心。不管你是失意文人、潦倒的艺术家，还是热恋的情侣，

只要是一杯热咖啡就可以放松自己、满足自我。当然与心爱的人或好朋友在优美的环境里一起品尝，这是高情调享受了。

有的人甚至工作中如果不喝咖啡便无法保证其正常的工作效率。确实，长期喝咖啡的人，忽然停止喝咖啡，可能会引起诸如头疼、疲劳、焦虑、抑郁和注意力不集中等症状出现。

第二节　咖啡品种及其特色

一、咖啡的分类

（一）按产地及树种分

全世界咖啡品种有100多种，但这百余种的咖啡，都是由阿拉比卡咖啡、罗布斯塔咖啡以及利比利卡咖啡这3大原树种培育而来的。

1. 阿拉比卡种咖啡

原产地为埃塞俄比亚，其他产地为阿根廷和巴西、哥伦比亚、肯尼亚、牙买加、也门、印度、巴布亚新几内亚、依索匹亚等地。我国云南咖啡也属于阿拉比卡种咖啡。阿拉比卡种咖啡豆产量占全世界产量的70%。世界著名的蓝山咖啡、摩卡咖啡等，几乎全是阿拉比卡种，其特征为香浓而品质佳。

2. 罗布斯塔种咖啡

原产地为非洲刚果，其他产地为科特迪瓦、安哥拉、马达加斯加、菲律宾、越南及印度尼西亚（爪哇）等地，其产量占全世界产量的20%～30%。其风味比阿拉比卡种咖啡苦涩，品质上也逊色许多，所以大多用来制造即溶咖啡。

3. 利比利卡种咖啡

产于非洲的利比里亚等少数几个地方，产量占全世界不到5%。其特征是香味淡而且苦涩，品质、产量都欠佳。

（二）按添加调味剂分

（1）黑咖啡：又称"清咖啡"，是咖啡豆煮出来的咖啡，只含咖啡。

（2）拿铁咖啡：蒸汽加压煮出的浓咖啡加上同比例的热牛奶。

（3）卡布奇诺：卡布奇诺是拿铁的衍生品，蒸汽加压煮出的浓咖啡加上搅出泡沫的牛奶制作而成。通常咖啡、牛奶和牛奶泡沫的比例各占1/3。

（4）摩卡咖啡：是在拿铁或卡布奇诺上加了巧克力酱。

（5）其他调味咖啡：依据各地口味的不同，在咖啡中加入糖浆、果汁、肉桂、肉豆蔻、橘子花等不同调料。

二、世界上最贵的咖啡，竟然来自猫的"粪便"

谁会想到，世界上最贵的咖啡，竟然来自猫的"粪便"，但确确实实印度尼西亚"麝香猫咖啡"是世界上最贵的咖啡，一杯售价高到400元人民币。

麝香猫咖啡的发现实为偶然，早期印度尼西亚的咖啡农民视专吃饱满多汁、成熟香甜咖啡果实的麝香猫为死敌，但不知什么时候哪个农民将这些粪便收集起来在太阳底下晒干，然后进行清洗和轻度烘焙，发现咖啡味道如此独特、温和，如黑巧克力般润滑，还带有泥土和麝香的气息。

后来人们研究发现，咖啡豆在猫肚子里经历一个小小"旅行"过程后，被消化掉的只是咖啡果实外表的果肉，原豆则原封不动地排出体外。咖啡豆经过猫消化系统的"自然发酵"后，破坏了咖啡豆中的蛋白质，让由于蛋白质而产生的咖啡的苦味少了许多，反而增加了这种咖啡豆的润滑口感。

三、速溶咖啡如何制成

1930 年，巴西咖啡研究所同瑞士雀巢公司商量，请求他们设法生产一种加热水搅拌后立即成为饮料的干型咖啡。

雀巢公司花了 8 年时间来进行研究。他们发现最有效的方法，是通过热气喷射器来喷射咖啡提取物。热使咖啡提取物中的水分蒸发掉，留下干燥的咖啡粒。这种粉末因容易在开水里溶解而成为受大众欢迎的饮料。

速溶咖啡是从炒磨咖啡豆中提取有效成分后经干燥而生产的，此过程中不免会有一部分芳香物质散失而使成品的风味、口感不如直接炒磨的咖啡浓郁纯正。香气不足往往通过各类香精、添加剂来调和。

第三节　如何选购和保存咖啡

一、咖啡的选购

（一）咖啡豆外形的判断

优质咖啡豆，豆大肥美，光泽佳，颜色均匀，无色斑。

（二）咖啡豆研磨时的判断

优质的咖啡豆在研磨时会轻轻地发出沙啦沙啦的声音，将手轻轻地摇咖啡，咖啡的原始香味四溢。劣质的咖啡豆则会有喀吱喀吱的声音，研磨时有种卡住的感觉。

（三）冲泡咖啡时的判断

充分烘烤抽出水分后的咖啡在冲泡时，会有漂亮细致的泡沫膨松地胀起，咖啡液是澄清的，即使是 30 分钟过后依然是色泽澄清，而且味道也不会改变。

（四）咖啡的口味与香味判断

美味咖啡的酸味像柑橘类水果般的清爽，没有强烈的酸味；苦味是柔和的苦味，没有像烟味或焦味般的苦味。

二、咖啡的保存

烘焙过的咖啡豆及咖啡粉末很容易与空气中的氧气产生氧化作用，使得所含的油质劣化，芳香味亦挥发消失，再经过温度、湿度、日光等因素影响会加速变质。尤其是经过多次处理的低咖啡因豆，氧化作用进行得更快。

怎样正确保存咖啡呢？

（一）速溶咖啡保存法

（1）开封时使用，锡封纸不要去除。

（2）取出咖啡后，立即盖好锡封纸及盖子。盖子旋紧，不要留空隙。

（3）舀咖啡的咖啡匙擦拭干净，勿留水分。

（4）咖啡罐存放在干冷处，勿放日照处。

（5）尽可能在 3~4 个月内食用完毕。

（二）烘焙咖啡豆保存法

（1）咖啡豆在真空包装状态下的保存期限，真空罐 24~28 个月，柔性胶膜真空包装为 12 个月。

（2）购买回家的咖啡豆要存放在密封的容器内，可放入冰箱内冷藏。

（3）购买时最好选择透气袋。透气袋在密封的包装上多一个单向透气孔，能让豆子或咖啡粉产生的气体排得出，但外面的空气却进不去。

第四节　安全科学喝咖啡

一、如何冲泡－、煮咖啡

（一）水与咖啡比例

咖啡的使用分量必须足够，太少淡而无味，太多则苦涩。咖啡的标准用量是：用两平匙（约 15 克）咖啡豆（粉）煮一杯约 180 毫升的咖啡。

（二）煮咖啡时间

煮咖啡时芳香类物质就聚集在表面，形成泡沫。咖啡的香味在很大程度上取决于泡沫的密度。烧开后咖啡继续沸腾，会导致泡沫被破坏，芳香类物质随蒸汽挥发掉。因此咖啡烧开后不宜再煮。

（三）冲泡咖啡的温度

一般而言，冲咖啡的适合水温在 90℃ 左右，避免使用刚沸腾的滚烫开水来冲煮咖啡。过高的水温会把咖啡的油质变坏，使咖啡变苦，而水温过低冲泡的咖啡会又酸又涩。所以水烧开后，静置 1~2 分钟再冲煮咖啡。

二、喝咖啡的量

喝茶和喝咖啡是我们提倡的，为喝水的第二等级。但我们并没有暗示咖啡像水一样无害。咖啡因能够提神醒脑、能带来柔和的愉悦感，但过量也会对人体有危害作用。

人们常问，喝多少咖啡才算过量？一些咖啡消费大国，人们平均每天要摄取 250~600 毫克的咖啡因。其实，一般人体一天消耗 300 毫克的咖啡因是不会产生副作用的。一杯大约 150 毫升的咖啡中，咖啡因的含量一般平均为：研磨过滤的咖啡 115~150 毫克，速溶咖啡 40~105 毫克。因此，通常我们喝 150 毫升的研磨咖啡 2~3 杯便可，速溶咖啡可以喝到 3~4 杯也没问题。不常喝咖啡的人，应减量。

注意：孕妇、老年妇女要限量，失眠者、焦虑症患者慎服，12 岁以下儿童喝咖啡及其饮料要严格限制。

三、喝咖啡的时机

（一）早上或上午喝咖啡精神好

咖啡因半衰期很短，一般只需要 4~5 小时，就可以消耗体内一半咖啡，8~10 小时之后体内咖啡消耗 75%。所以，最好是早上喝咖啡，即使是喝咖啡提神，也不要晚于下午 4 点，不然可能对某些人造成失眠，甚至影响隔天的精神状态。也不宜饭前喝咖啡，否则会影响人体对铁、钙等矿物质元素的吸收。

（二）等咖啡稍凉下来再喝

有研究表明常吃 70℃以上高温食物，则罹患食道癌的概率将大增。但是咖啡趁热喝，才够香够美，如果太凉了再饮用，因为咖啡凉了泡沫也会遭到破坏，影响咖啡的芳香味。所以饮用咖啡的最佳温度是 60℃。另外，冷咖啡在 6℃时味道最值得回味。

四、咖啡怎么加糖

有的人喜欢纯粹苦涩的咖啡，有的人喜欢咖啡加牛奶，而有的人喜欢咖啡加糖，还有的人喜欢两样都加。

确实，饮咖啡时，适当放点糖如方糖、白砂糖、细粒冰糖、黑砂糖、咖啡糖，便可开启我们更丰富的咖啡味觉之旅。

在饮咖啡时，怎么选择糖和加糖呢？

（1）白砂糖、糖粉（比砂糖更细的糖粉）、方糖（精制糖加水，而后将它凝固成块状）均属于一种精制糖，易于溶解。

（2）冰糖是白糖在一定条件下，通过重结晶后形成的。冰糖呈透明结晶状，甜味较淡，且不易溶解。

（3）黑砂糖，精炼程度不高，杂质较多，保留了较多的维生素及矿物质，营养丰富。

（4）咖啡糖，专门用于咖啡的糖，为咖啡色的砂糖或方糖。与其他的糖比较，咖啡糖留在舌头上的甜味更持久。

最近，美国居民膳食指南委员会指出，为了您的健康，咖啡中不宜加糖。如您为了口感，选择了加糖，放入5~8克便可。若放糖过多，喝咖啡不是提神了，反而会使人无精打采，甚至使人感到十分疲倦。

五、咖啡怎么加奶

在很久以前，咖啡里是加牛奶的。加牛奶的作用一是好看，二是保温，三是可以使饮料的味道变得更好，而且还可以中和掉天然咖啡的许多令人不快的效应。

营养学研究表明，咖啡中的咖啡因具有较轻的利尿作用，可以促进小肠中钙的分泌，增加尿中钙质的排泄。如果您平时食物中本来就缺乏摄取足够的钙，或是不经常动的人，尤其是进入更年期的女性，因缺少雌激素造成钙质流失，以上这些情况再加上喝大量的咖啡饮料，可能造成骨质疏松。

骨质疏松是一种隐匿性很强的疾病，初发病时毫无征兆，只有很严重时才会出现疼痛，甚至骨折。防止骨质疏松的方法是在咖啡中加奶，因为一杯牛奶所提供的钙质，足以抵消8杯含咖啡因的咖啡所带来的负面效果。

怎么加奶呢？最好的办法是加全脂牛奶，放2/3的咖啡，倒1/3的牛奶。

六、美酒加咖啡好喝么

"美酒加咖啡，一杯再一杯，如果你也是心儿碎，陪你喝一杯……"邓丽君唱的这首《美酒加咖啡》歌曲描绘的情调，曾令很多人沉醉其中。在现实生活中美酒加咖啡是不少人聚会时喜欢的一种庆贺方式。实际上，酒与咖啡同饮是非常不科学的。酒中的酒精，咖啡中的咖啡因均为刺激物，进入人体后有协同作用。如果酒后再喝咖啡，会加重对大脑的伤害，极大地增加心血管负担，导致头痛、头晕、胸闷，甚至诱发心血管疾病、情绪失控等。所以，酒与咖啡不可同饮，即使酒后要喝咖啡，也要间隔 2~3 小时。

七、咖啡伴侣要亲近之还是疏远之

20 世纪 60 年代，雀巢公司为咖啡开发出了非牛奶的伴侣，我们把它命名为咖啡伴侣。它主要是用一种牛奶中的成分——酪蛋白，加上氢化植物油等成分做成的。如今，因酪蛋白价格高，许多厂家用大豆蛋白替代酪蛋白。

咖啡伴侣是咖啡最亲密的朋友吗？

咖啡伴侣主要的作用是改善咖啡冲剂的口感，如赋予"奶感"。单从改善口感的作用来说，咖啡伴侣和牛奶没有明显区别。当然，相对于牛奶和奶粉，咖啡伴侣低蛋白、高脂肪的特点，不符合现代人的健康追求。最新美国《居民膳食指南》也不建议咖啡中加咖啡伴侣。

同时我们也应注意到，咖啡伴侣所含氢化植物油含有反式脂肪酸，比饱和脂肪酸更危险，容易增加人们患心脑血管疾病的概率。但是，咖啡伴侣中的氢化植物油是一种极度氢化油，其反式脂肪酸含量极低，一般为1%以下，对人体还是安全的。

总之，喝加咖啡伴侣的咖啡，口感好，且安全，但不一定很健康，我们要亲近咖啡伴侣，还是疏远咖啡伴侣，就在于你的选择了。

八、运动后不宜喝咖啡饮料

运动后许多人喜欢喝红牛、可乐等含咖啡因的饮料来补充水分和提神，这样做是不科学的。

其实，咖啡因是一种利尿剂，喝完咖啡会使你有小便的冲动，但我们不要担心喝咖啡饮料会引起体内脱水。另外，含咖啡因的饮料重点在于提神、醒脑、抗疲劳等。这都有赖于咖啡因的"功劳"，但并不能增加身体的运动能力，也不能改善机体疲劳的恢复。

所以，咖啡饮料不能作为运动后补充水分的最佳选择。

第五节 小常识

一、世界各地是怎么品尝咖啡的

喝咖啡，在很多国家或地区，是一种特有的生活方式、工作方式及特有的情感世界。

在阿拉伯地区生产咖啡和饮用咖啡的历史古老而悠久。阿拉伯人喝咖啡时很庄重，也很讲究品饮咖啡的礼仪和程式，他们有一套传统的喝咖啡的形式，很像中国人的茶艺和日本的茶道。

在欧美，咖啡文化可以说是一种很成熟的文化形式了。奥地利的维也纳，咖啡与音乐、华尔兹舞并称"维也纳三宝"。意大利人对咖啡情有独钟，起床后做的第一件事就是马上煮上一杯咖啡。法国人喝咖啡讲究的不是咖啡本身的品质和味道，而是饮用咖啡的环境和情调。美国是世界上咖啡消量最大的国家。美国人几乎时时处处都在喝咖啡，不论在家里、学校、办公室、公共场合，还是其他任何地方，咖啡的香气随处可闻。

在亚洲一些茶文化国度中，咖啡也越来越受欢迎。目前，日本已取代德国成为世界第二大咖啡消费国，韩国也已成为咖啡消费大国。中国人喝咖啡的习惯从 20 世纪 90 年代以后开始，很多都市人甚至对咖啡产生了依赖。

"上班族"
喜欢喝咖啡

二、喝高浓度咖啡并不能提神

不少人考试前会熬夜复习，通过一杯又一杯高浓度咖啡来刺激大脑和神经，以求提神解困。其实这样做是不科学的。

人饮用高浓度的咖啡后肾上腺素骤增，心跳频率加快，血压明显升高，并出现紧张不安、焦躁、耳鸣以及肢体不自主地颤抖等异常现象，时间一长还会影响健康。心律不齐、心动过速者、冠心病、高血压患者饮用高浓度咖啡会加重病情。

有研究者认为，喝过多高浓度的咖啡可能会削弱大脑对模糊的或混乱的刺激的快速反应能力。这样不但不提神，反而降低了神经系统的机能。

三、脱咖啡因的咖啡也不可放心大胆地喝

如果你的咖啡罐上写的是"脱咖啡因咖啡"，不要以为你喝的只是带色的水。脱咖啡因咖啡并非不含咖啡因，几乎所有脱咖啡因咖啡都会含有一些咖啡因，只是含量更低一些。

脱咖啡因的咖啡仍含有普通咖啡三种刺激物中的其他两种：可可碱和茶碱。所以，喝过多的脱咖啡因的咖啡，照样兴奋心脏、干扰正常睡眠。

另外，要特别小心，将咖啡因从咖啡中提取出来需要一种化学药品，这种化学药品对人体健康也极为不利。

所以，脱咖啡因的咖啡并不能放心大胆地喝。

四、哪些食品含有咖啡因

目前，人类在大约 60 种植物中发现了咖啡因，其中最为人知的便是茶和咖啡。那么还有哪些食品含有咖啡因呢？

部分食品中咖啡因的含量对比表

食品	咖啡因的含量
可口可乐 350 毫升	46 毫克
红牛 250 毫升	80 毫克
热可可 150 毫升	10 毫克
速溶咖啡 150 毫升	40~105 毫克
浓咖啡 150 毫升	30~50 毫克
过滤咖啡 150 毫升	110~150 毫克
脱咖啡因的咖啡 150 毫升	0.3 毫克
茶 150 毫升	20~100 毫克
绿茶 150 毫升	20~30 毫克
功克力蛋糕 1 片	20~30 毫克
黑功克力 28 克	5~35 毫克
咖啡因片剂 1 片	50~200 毫克

第十六章　牛　奶

　　牛奶，营养丰富、易于吸收、物美价廉、食用方便，是最"接近完美的食品"，人称"白色血液"。然而"毒牛奶"事件一下子让人们对牛奶产生了"敬畏"，并对牛奶里的成分多了许多关注。目前市面上的牛奶产品很多，琳琅满目，但良莠不齐，我们怎样才能选择适合自己喝的牛奶呢？

第一节　牛奶的营养价值

一、牛奶有"白色血液"之美誉

牛奶是一种非常古老的食品。牛奶营养丰富，能给人们带来健康是不容置疑的，被誉为"白色血液"。

《千金食疗》记载：牛奶味甘、性微寒，有清热通便、生津止渴之功效。温服，还有补虚、健脾、养胃的作用。

现代医学研究表明，牛奶中蛋白质含量平均为3%，生物学价值为85，属优质蛋白；脂肪含量约为3%，呈较小的微粒分散于乳浆中，易消化吸收；乳糖含量约为3.4%，乳糖是最容易消化吸收的糖类。牛奶中的矿物质和微量元素都处于溶解状态，而且各种矿物质的含量比例，特别是钙、磷的比例比较合适，很容易消化吸收。

另外，牛奶中还含有免疫蛋白、活性酶及活性肽等生物活性物质。这些物质对人体生长发育、提高免疫力等有非常重要的作用。

二、人奶、羊奶、牛奶营养分析

（一）牛奶和人奶的营养区别

人奶是婴儿成长唯一最自然、最安全、最完整的天然食物。

中医认为，人奶，性平，味甘咸。李时珍形容人乳为"乳汁仙家酒"，有补血、充液、填精、化气、生肌、安神、益智、长筋骨、利关节、壮脾养胃、聪耳明目等多种功效，可谓非凡之物。

人奶与牛奶的营养对比：

（1）蛋白质：虽然母乳中蛋白质含量约为牛乳的1/3，但蛋白质构成最完美、最有利于婴儿吸收，其中母乳中牛磺酸含量高于牛乳，而牛磺酸对于婴儿脑发育的影响非常重要。

（2）脂肪：在脂肪含量上，母乳和牛乳相比，二者总脂肪含量相近，但在构成上人乳以多不饱和脂肪酸为主，尤其亚油酸含量比牛乳高，这也对婴儿大脑的发育非常重要。

（3）矿物质、维生素：人奶中钙和磷的比例为2:1，更适合于婴儿的需要。牛奶中磷略高，钙磷之比为1.2:1。人乳和牛乳中铁含量都不高，但人乳中铁的生物利用率远比牛奶高。人乳中铜和锌的含量也比牛乳高，且锌的生物利用率也优于牛乳。人乳中的维生素 A、维生素 B 和维生素 C 一般比牛乳高。

（4）乳糖：人奶中乳糖含量高达 7%，高于牛奶，牛奶在喂养婴儿时必须加麦芽糊精进行补充。

综合起来看，牛奶营养是无法与人奶媲美的。牛奶不能替代母乳喂养。

（二）羊奶与牛奶的营养区别

羊奶在国际营养学界被称为"奶中之王"，在欧洲一些国家，羊奶及其制品的价格比牛奶高一倍以上。我国民间流传着一句俗语"羊食百草，其乳滋补。"

中医学认为，羊乳，性温、味甘，可益五脏、补肾虚、益精气、养心肺、治消渴、疗虚劳，利皮肤、润毛发，和小肠、利大肠等。

羊奶与牛奶的营养对比：

（1）蛋白质：羊奶的蛋白质约为牛奶的一半，但蛋白质的结构优于牛奶。如羊奶、牛奶、人乳三者的酪蛋白与乳清蛋白之比大致为 75:25（羊奶）、85:15（牛奶）、60:40（人乳）。酪蛋白在胃酸的作用下可形成较大的凝固物，其含量越高蛋白质消化越低。可见人奶蛋白质的消化率最高，羊奶次之，牛奶最低。

（2）脂肪：羊奶的脂肪结构与母乳相同，碳链短，不饱和脂肪酸含量高，呈良好的乳化状态，相比牛奶而言，羊奶更利于人体吸收，更容易消化。

（3）矿物质、维生素：牛奶和羊奶钙的含量均丰富。但羊奶中维生素 B_{12} 含量低，长期用羊奶喂养应另行补充维生素 B_{12}。

（4）口感：喝羊奶的人较少，是因为很多人闻不惯它的味道，再次羊奶产量明显低于牛奶。随着羊奶脱膻技术的应用和人们对羊奶营养价值的认同，人们消费羊奶会更多。

综合起来看，牛奶、羊奶各有优势，营养价值差不多，如果你是过敏体质则优先选用羊奶。

第二节　液态奶和酸奶的选购

一、生牛奶不能现挤现喝

生牛奶又称"原料牛奶"，是从健康母牛奶乳房中挤出的无任何成分改变的、未添加外源物质、未经过加工的常乳。通常，生牛奶呈乳白色或微黄色，有固有的奶香，且无凝块、无沉淀、无正常视力可见异物。

有许多人都认为，生牛奶最新鲜，且不兑水，更货真价实。所以许多人喜欢买现挤现卖生牛奶喝。

其实，生牛奶新鲜，但不一定卫生。生牛奶送到牛奶公司后，首先要进行一系列的检查，只有在营养素含量、细菌含量、抗生素含量等方面合格的情况下，原料奶才能进入加工过程。

常德海关监管科翟艳伟科长指出，现挤现卖生牛奶没有经过这一道检验程序，甚至有的生牛奶可能患有一些炎症（如乳房炎）及一些人畜共患的传染病（如结核病），会通过未经消毒、加热的牛奶传染给人，这是件很可怕的事。

二、选择低温消毒的牛奶

消毒奶是将新鲜生牛奶经过过滤、加热杀菌、分装出售的饮用奶。市场上销售的消毒奶有"超高温灭菌奶"和"巴氏杀菌奶"两大类。

（一）超高温灭菌奶

超高温灭菌奶是牛奶加工过程中用 $135\sim152℃$ 高温灭菌 $2\sim3$ 秒而制成的，其保质期在半年左右，可常温存放，因此，也称为"常温奶"。

牛奶中含有的免疫蛋白、活性酶及活性肽等生物活性物质，在超高温灭菌中已大量损失。在发达国家，常温奶被称为"罐头牛奶"。

（二）巴氏杀菌奶

巴氏杀菌奶是用 $75\sim85℃$ 的温度缓慢加热杀菌 30 分钟，使牛奶风味和营养物质损失减少到最低程度，但是，需低温储藏，保质期多在 $7\sim14$ 天。

巴氏杀菌奶是更安全、最健康、最营养的牛奶，但是巴氏奶在我国液态奶中所占的份额不到20%。

不管是超高温灭菌奶，还是巴氏杀菌奶，均应呈乳白色或稍带微黄色，有牛乳香味，呈均匀的流体，无沉淀、无凝结、无杂质、无黏稠现象。将奶滴入清水中化不开。

三、酸牛奶的选购

酸牛奶在国内简称为"酸奶"。酸奶是以新鲜的牛奶或复原乳（用水冲调奶粉后制成的牛奶）为原料，经过巴氏杀菌后再添加嗜酸乳杆菌、保加利亚乳酸菌、嗜热链球菌等有益的乳酸菌，经发酵后再冷却灌装的一种牛奶制品。

酸奶营养丰富，容易消化吸收，还可刺激胃酸分泌。乳酸菌在肠道繁殖，可抑制一些腐败菌的繁殖，调整肠道菌丛，防止腐败胺类对人体产生不利的影响。此外，牛奶中的乳糖已被发酵成乳酸，对乳糖不耐受的人，不会出现腹痛、腹泻的现象。因此，酸奶是适宜消化道功能不良、婴幼儿和老年人食用的食品。

（一）酸奶分类

（1）按生产方法：酸奶分为搅拌型与凝固型，二者在口味上略有差异（凝固型酸奶口味更酸些），但营养价值没有区别。

（2）按口味：酸奶主要分为纯酸奶、调味酸奶两类。只用牛奶或复原奶作为原料发酵而成的是纯酸奶；在牛奶或复原奶中加入食糖、调味剂或天然果料等辅料发酵而成的是调味酸奶。

（3）按脂肪含量：高脂酸奶、全脂酸奶、低脂酸奶和脱脂酸奶。

（二）选购提示

（1）感观指标：合格的酸奶凝块均匀、细腻、无气泡，表面可有少量的乳清，呈乳白色或淡黄色，气味清香并且具有弹性，口味酸甜细滑。

酸奶变质后，有的不凝块，呈流质状态；有的酸味过浓或有酒精发酵味；有的冒气泡，有一股霉味；还有的颜色变深黄或发绿。任何变质酸奶都不可食用。

（2）营养浓度：纯酸奶蛋白质含量不低于2.9%，脂肪含量不低于3.1%，非脂乳固体含量不低于 8.1%；风味酸奶蛋白质含量不低于 2.3%，脂肪含量不低于 2.5%。

（3）地点选择：正常情况下，活性菌适宜在 0 ~ 4℃的环境中存活，但随着环境温度的升高其会快速繁殖，快速死亡，酸奶中就没有活性菌了，营养价值也会大大降低。所以酸奶选购地点应在冷藏冰柜中。

（4）用水冲调奶粉后制成的复原酸奶的营养价值会比新鲜的牛奶制成的酸奶略低些。如果奶粉质量高，抗生素含量低，而且奶粉配制时浓度足够大，发酵效果好，那么做出来的酸奶的蛋白质、钙和维生素含量都不会逊色于鲜牛奶制作的酸奶。

第三节　奶粉的选购

一、脱脂奶粉和全脂奶粉优与劣

（一）全脂奶粉

全脂奶粉是将鲜奶消毒后，除去 70% ~ 80% 的水分，采用喷雾干燥法，将奶粉制成雾状微粒而做成的。这样生产的奶粉溶解性好，对蛋白质的性质、奶的色香味及其他营养成分影响很小。其脂肪含量 ≥ 3.1%。

（二）脱脂奶粉

脱脂奶粉生产工艺同全脂奶粉，但原料奶经过了脱脂的过程。由于脱脂使脂溶性维生素 A、维生素 D 也随之流失了。部分脱脂牛奶脂肪含量 1% ~ 2%，全脱脂牛奶脂肪含量 ≤ 0.5%。此种奶粉适合于容易腹泻的儿童及严格要求低脂（少油）膳食的患者。

综合起来看，健康人群最好选择全脂奶粉，如果有特殊要求才考虑选购脱脂奶粉。

二、无法母乳喂养，选择吃配方奶粉

婴幼儿配方奶粉又称人乳化奶粉，该奶粉是以牛奶粉为基础，按照人乳组成的模式和特点，加以调制而成的。配方奶粉的各种营养成分的含量、种类、比例接近母乳。如改变牛奶中酪蛋白的含量和酪蛋白与乳清蛋白的比例，补充乳糖的不足,以适当比例强化维生素 A、维生素 D、维生素 B$_1$、维生素 C、叶酸和微量元素等。

总之,配方奶粉是根据不同阶段婴幼儿的生理特点和营养要求进行改进的奶粉。所以在不能母乳喂养的情况下或奶水不够,应强调吃配方奶粉。

须注意:

(一) 喝配方奶有时间要求

有些家长仍给 5~6 岁或更大的儿童喝配方奶,其实,这对孩子的成长发育并非有益,因为婴幼儿配方奶是针对他们的生理特点配制的,配方奶的营养已达不到 5~6 岁儿童的要求,直接喝鲜奶更好。

(二) 配方奶不能随意添加其他营养物质

还有些家长自作主张,在配方奶里加牛初乳,认为这样营养更好。其实,这相当于改变了配方,对婴幼儿营养吸收是不利的,尤其是蛋白质过量会增加肝肾负担。

三、特殊配制奶粉并非人人适合吃

特殊配制奶粉是根据不同消费者的生理特点和某些地区的饮食习惯或某些地区的食品结构特点,而去除了奶粉中的某些营养物质或强化了某些营养物质(也可能二者兼而有之)的奶粉,如中老年奶粉、高钙奶粉、高铁奶粉、低脂奶粉、糖尿病奶粉、低乳精奶粉、双歧杆菌奶粉等。

常德海关监管科翟艳伟科长不建议人人特意去吃特殊配制奶粉,在营养均衡前题下,特殊配制奶粉可能会造成健康人群营养过剩和自身功能退化。如高钙奶粉是人为添加的钙,首先不会加得太多,加太多会导致蛋白质的沉淀从而影响口味;其次不同于牛奶本身所含的活性钙,不能很好地被人体吸收,因此不主张儿童和老年人吃。

全脂奶粉、脱脂奶粉还是配制奶粉,均应呈乳黄、蛋黄色,而乳白色并发光泽的奶粉是劣质奶粉。用手搓捏奶粉,手感细腻、颗粒均匀细小,用嘴尝,口感细腻、黏牙、溶解慢的是优质奶粉。

第四节　安全科学喝牛奶

一、喝牛奶并非多多益善

牛奶千万不要把它当水喝,过量喝牛奶也会有损身体健康。国外研究表明,每天喝牛奶超过700毫升,甚至达到1000毫升,这就是过量饮用,是不妥当的,会对人体有害。

婴儿人工喂养时,每日每公斤体重约需加糖牛奶量和另需加水的量分别为110毫升、40毫升,牛奶总量最好不要超过600毫升,超过部分可用辅食如蔬菜、水果、鸡蛋等替代。1岁内的婴儿不宜喂养酸奶。

1~3岁的幼儿,如果已经停了母乳,那每天仍然应该饮用500毫升左右,不少于350毫升的牛奶。3岁以后,仍然应该让儿童养成每天饮用至少250毫升牛奶的习惯,并维持终生。酸奶每天不超过300毫升就足矣。鱼和肉都不喜欢吃的儿童,可适当增加牛奶用量。

另外,有如下病症者不适宜喝牛奶:牛奶过敏(喝牛奶后出现面色潮红、湿疹、哮喘、慢性中耳炎、扁桃体炎等)、返流性食管炎、腹腔和胃切除手术后、肠道易激综合症等病患者。

二、牛奶怎么加热、加水、加糖

(一)加热

有人喜欢把牛奶加热喝,牛奶加热后会改变牛奶酪蛋白性质,凝块变小,比冷牛奶更容易消化,而且加热的牛奶还含有利于放松和睡眠的色氨酸。

1. 液态牛奶

一般买来的液态牛奶都可常温直接饮用,除非现挤的生牛奶需要高温消毒。

通常,液态牛奶加热温度要求并不高,70℃时用3分钟,60℃时用6分钟即可。如果用微波炉的高火,加热1分钟左右就行了。

2. 配方奶粉

配方奶粉温水冲泡就可,妥善储存的奶粉在冲调时注意手和器具的卫生,冲好后尽快饮用。用奶粉罐上建议的40℃来冲泡更好。如果做不到前面这些，那么用70℃以上的水冲泡奶粉更安全。

3. 酸牛奶

酸牛奶不能加热喝，当酸奶加热至60℃以上时，活性乳酸杆菌等营养物质破坏，口味也会发生变化。可在室温下放置半小时或用40℃温热水烫的方法加热酸奶。

（二）加水

这主要是针对牛奶粉，一般来说全脂奶粉调配成奶液时，若按体积比例，通常按1:4的比例调配(1匙奶粉加4匙水)。现在市场上出售的奶粉种类很多，适应人群及配方也不同，应按包装上的说明进行冲调为宜。

冲调婴儿奶粉浓度更要精确，应该按照包装上的说明冲调，不要随意改变冲调比例。婴幼儿喝过浓牛奶，会引起腹泻、便秘、食欲不振，还会引起急性出血性小肠炎。

冲调婴儿奶粉时要注意先加水，后加奶粉，如先加奶粉，后加水，仍加到原定刻度，奶就加浓了。

（三）加糖

有人感觉牛奶太腥，可加糖改善口感。一般按每100毫升奶加糖5~8克则可。如果要喝甜牛奶，最好等牛奶温度凉到40~50℃再放糖。

婴幼儿配方奶粉是不需要加糖的。

三、牛奶添加米汤、果汁适宜么

（一）牛奶添加米汤营养翻倍

牛奶不但可以添加米汤，而且牛奶与米汤还有相补、协同作用。米汤表面一层浓稠液体是米油，李时珍说米油是"人参汤"，它和人参一样具有大补元气的作用。纯牛奶是婴儿所不能充分消化的，在没有专门制作婴儿配方奶粉的情况下，牛奶中加入一定量的米汤，对4个月以上的婴儿来说，的确有调整营养素比例的好作用。

如果是成年人的话，牛奶加米汤，能降低某些人的乳糖不耐受反应，而且味道还不错，大米蛋白质和牛奶蛋白质在一定程度上可互补，牛奶中的钙和维生素 A、D 是米汤中所不足的。

（二）牛奶加果汁不影响两者的吸收

餐桌上，牛奶中加入橘子汁或边喝牛奶边喝橘子汁，是很正常的事了，却有人说这样喝有大问题。

实验表明，柠檬汁、橘子汁等含有高果酸的果汁，遇到牛奶中的蛋白质，会产生沉淀。但实际上这种变性对人体基本上没有危害。因为牛奶喝到胃中也会和胃酸发生反应。只是少数消化能力差的人，会引起肠胃不适。

四、牛奶冲兑茶水适宜么

喝咸奶茶是蒙古族人的传统饮茶习俗，在牧区，他们习惯于"一日三餐喝奶茶"。英国人则喜欢在休闲时喝红茶加点奶。

奶茶可以去油腻、助消化、益思提神、利尿解毒、消除疲劳，也适合于急慢性肠炎、胃炎及十二指肠溃疡等病人饮用。

但是，最近德国的研究人员证实，牛奶中的蛋白质（主要是酪蛋白）在混入茶水后，会降低茶中有益成分儿茶酸的浓度。另外，茶叶中有一种反营养物质鞣酸可能与牛奶中的钙发生反应，影响钙吸收。

但我们不要担心，中国农业大学范志红教授指出，茶叶确实存在一些反营养物质，但是茶与牛奶即使不同时饮用，鞣酸进入人体之后也可能与人体本身的矿物质发生沉淀反应，与是否和牛奶同时饮用毫无关系，只要多喝点牛奶，就可以弥补所损失的少量钙质。

所以说，喝牛奶冲兑点茶不碍事。

五、牛初乳功效不能同等于人初乳

宝宝出生六个月后母乳免疫的因子少了许多，年青的父母往往会选择喂食牛初乳来增强宝宝免疫力，其实这样做是不科学的。

牛初乳是母牛产下第一胎小牛前三天的乳汁，产量极为有限。市面上绝大部分牛初乳产品不是真正的牛初乳。

中国医学科学院博士生导师丁宗一教授，在他主编的《中国儿童营养喂养》一书中指出，牛初乳可以提高"牛"宝宝免疫力，但不能提高"人"宝宝免疫力，因为人与牛的免疫谱并不相同。同时也指出，如果拿牛初乳来喂养婴儿，使婴儿不能及时获取他们正常生长所需的营养，会导致婴儿营养不良。2012年9月1日，我国卫生部明确提出婴幼儿配方食品中不得添加牛初乳。

如果孩子已经长大了，可以吃常规食物，就不必要喝牛初乳。牛初乳并非必需品，长期食用风险未评估。

六、甜炼乳、牛奶片、奶酪不能完全替代牛奶

（一）甜炼乳含糖量太高

餐桌上常会上一道点心，馒头沾甜炼乳，深受人们喜爱。那么甜炼乳是什么东西呢？

甜炼乳是在鲜牛奶中加入15%以上的蔗糖，再蒸发至原容量的40%的一种牛奶制品。成品中蔗糖含量为40%～45%。甜炼乳的特点是可贮存较长时间。

有人受"凡是浓缩的都是精华"的影响，便以甜炼乳代替牛奶，这样做显然不科学。甜炼乳含糖量极高，只可作为甜食佐餐食用。新鲜牛奶才更营养更健康。

（二）香甜牛奶片有隐患

商家们宣称一板牛奶片营养价值等同于一杯鲜奶，许多父母相信了，让自家的孩子选择了比牛奶味道更香浓、甜美的牛奶片。

国家对牛奶片的生产及成分并没有一个统一的规定，也就是说，牛奶片的质量很难有保证。

为了让牛奶片吃起来更香，部分商家还在奶片中添加了香精和防腐剂等添加剂。

因此，牛奶片不仅不能替代牛奶，而且多吃反而对身体有害。

（三）奶酪不含脂肪和盐，不敢苟同

奶酪也叫乳干、干酪、乳饼，或从英语(cheese)直译作芝士、起士或起司，蒙古族人也称其为奶豆腐。

奶酪是在原料乳中加入适量的乳酸菌发酵剂或凝乳酶（其性质与常见的酸牛奶有相似之处），使蛋白质发生凝固，并加盐、压榨排除乳清之后的产品。制作1公斤的奶酪大约需要10公斤牛乳。

奶酪就营养而言是浓缩的牛奶，大多数乳糖随乳清排出，是乳糖不耐症患者可供选择的奶制品之一。但是奶酪中脂肪和盐的含量都大大高于液态的牛奶和酸奶。

所以奶酪好吃，也不宜贪吃。

注意：市面上最常见的是再制奶酪，口感好，受消费者欢迎。但再制奶酪是在少量奶酪（≥15%）的基础上，加入大量其他物质（如乳化盐、酸味剂、大豆磷脂、防腐剂等）生产的，其营养价值远不及奶酪。

七、早餐奶、乳饮料不能当牛奶喝

（一）早餐奶

我国目前还没有专门的早餐奶国家标准，早餐奶的配料就比较复杂了，加水、白砂糖、麦精、花生、蛋粉等，还有稳定剂、铁强化剂及香精等，蛋白质含量明显低于普通牛奶。

早餐奶只是"普通牛奶加白糖"且味道更好一点而已。

（二）乳饮料

乳饮料除了鲜牛奶以外，一般还有水、甜味剂、果味剂等。乳饮料中牛奶的含量不低于30%，水的含量不得高于70%。

乳饮料其营养价值当然无法与纯牛奶相提并论。

八、对牛奶的乳糖不耐受者的建议

牛奶营养丰富，但许多人却无福享用，喝了反而会腹泻、胀气。那是因为这些人体内缺少足够的乳糖酶去分解牛奶中的乳糖所致，我们称之为乳糖不耐受症。在中国人中有80%以上缺乏乳糖酶。

喝牛奶出现乳糖不耐受症状而又非常喜欢喝牛奶的朋友怎么办呢？请注意以下几点：

（1）少量多次，逐渐增加饮用量，使胃肠慢慢适应牛奶。

（2）避免空腹喝牛奶，配上主食，让牛奶在胃肠道的停留时间长一点，以便更好地消化。

（3）改喝酸牛奶或舒化奶。酸奶发酵会使牛奶20%～30%的乳糖被分解，舒化奶则是利用乳糖酶将乳糖部分分解。

第五节　小常识

一、喝牛奶上火，添加奶伴侣清火不对

我们发现，断奶后喝牛奶的婴幼儿，脸上或身上会长小红疹或拉肚子，喝母乳却很少发生此现象。所以，人们理所当然地认为，这是喝牛奶导致的"上火"结果。所以，市面上就有一种"奶伴侣"——以葡萄糖（或冰糖、蜂蜜等）为主要成分，添加有清火的菊花、莲芯、金银花等中药材而制成。

其实，有些婴幼儿喝牛奶后，脸上或身上会长小红疹，并出现消化不良现象，这是因为有些宝宝对牛奶蛋白质过敏，或对牛奶中的乳糖不耐受，或因牛奶中酪蛋白含量高不易消化，出现了湿疹、胀气、腹泻等类似上火的症状。

牛奶味甘、性微寒，本身有清热通便作用，而奶伴侣是以葡萄糖为主要成分的高糖饮料，且奶伴侣中营养物质的含量也无国家标准。所以奶伴侣并非是喝牛奶的好伴侣。

所以，喝牛奶上火，添加奶伴侣清火不对。

二、牛奶送服药品不当

有人用牛奶送服药品，这是不科学的。牛奶及其奶制品中，均含有丰富的钙、铁等离子，牛奶中的钙离子可与四环素族、异烟肼化合生成络合物或螯合物，致使药物不易被胃肠道吸收，减弱抗菌作用；钙离子与磷酸盐类、硫酸盐类制剂生成溶解度较小的磷酸钙、硫酸钙沉淀，使其疗效降低。

人们在服用降压药、强心药、含铁药物、抗精神病药物等药物时与服牛奶的间隔时间不宜过短，更不宜同服，应相隔1个半小时为宜。

三、牛奶浴美容功效

现代都市许多女士喜欢享受牛奶浴，古罗马人每日用在牛奶里浸泡过的面包擦脸，认为这样会使皮肤光滑白嫩，让人显得年轻貌美。

确实，牛奶丰富的脂肪、蛋白质、维生素、矿物质，特别是含有较多 B 族维生素，它们能滋润肌肤，保护表皮，防裂、防皱，使皮肤光滑白嫩。

如用牛奶擦脸时，牛奶中的乳清蛋白有消除面部皱纹的作用；洗牛奶浴时，牛奶为皮肤提供封闭性油脂，形成薄膜以防皮肤水分蒸发。可以说牛奶是"天然的护肤品"，有的化妆品中还含有牛奶或奶制品的成分。

注意：牛奶浴后一定要洗干净，因为奶浴形成油脂膜的同时，也可以把毛孔堵塞，有可能继发皮肤感染。

四、珍珠奶茶的奶有多少

珍珠奶茶最早出现在中国台湾地区，除了茶水和牛奶混合，最大的特点是加入了"珍珠"。所谓珍珠，其实是用木薯粉制成的白色、晶莹的小丸子。

谁会相信，目前我们市面上绝大部分珍珠奶茶竟然一点奶、一点茶的成分也没有，多是用奶精、色素、香精和木薯粉（指奶茶中的珍珠）及白开水兑制。它含有大量的对身体健康会产生危害的糖、饱和脂肪和反式脂肪酸。

然而，用奶精、色素、香精兑制出来的珍珠奶茶，却又香又滑，口感比牛奶和奶粉冲剂都好，非常吸引儿童和青年人。然而，兑制出来的珍珠奶茶口感再好，毕竟无奶，尤其是对孩子来说，还是尽量少喝为妙。

五、何谓"三聚奶"

三聚奶是指在鲜牛奶和奶粉中添加"三聚氰胺"，用它来冒充蛋白质，提高牛奶蛋白质浓度的奶。

三聚氰胺是一种三嗪类含氮杂环有机化合物，系重要的氮杂环有机化工原料，简称"三胺"，俗称"蜜胺"、"蛋白精"。

然而，三聚氰胺是一种低毒的化工原料。三聚氰胺进入人体后，发生取代反应（水解），生成三聚氰酸，三聚氰酸和三聚氰胺形成大的网状结构，造成结石。

所以，三聚奶是有毒奶，决不能食用。有关部门应加强监管，坚决杜绝三聚奶上市。

等值奶类食品交换表

食物	重量（克）	食物	重量（克）
奶粉	20	牛奶、羊奶	160
脱脂奶粉	25	无糖酸奶	130
奶酪	25		

* 每交换份：热量约 377 千焦、蛋白质 5 克、脂肪 5 克、碳水化合物 6 克。

第十七章 豆 浆

　　豆浆是中国的传统饮品，有近两千年的历史。但是，我们对喝豆浆还存在着许多认识误区，有的人认为牛奶比豆浆营养价值高，有的人认为高脂血症、痛风及肥胖病人不适合喝豆浆，甚至有的人还认为男人喝豆浆会女性化……果真如此吗？我们怎么安全科学地喝豆浆呢？

第一节 豆浆的营养价值

一、豆浆有植物奶之美誉

豆浆是将大豆用水泡后磨碎、过滤、煮沸而成的。相传西汉淮南王刘安是个孝子，其母患病期间，刘安每天用泡好的黄豆磨豆浆给母亲喝，刘母的病很快就好了，从此豆浆就渐渐在民间流行开来。

豆浆是中国人民喜爱的一种饮品，老少皆宜，在欧美享有"植物奶"的美誉。

中医认为，豆浆性平味甘，有补虚润燥、清肺化痰之功效。

现代医学研究表明，豆浆含有丰富的植物蛋白，卵磷脂，维生素 B_1、B_2，烟酸和铁、钙等矿物质，尤其是铁的含量，比其他任何乳类都丰富。豆浆还含有丰富的保健功能物质大豆多肽、大豆磷脂、大豆低聚糖、大豆异黄酮等。

以喝热豆浆的方式补充植物蛋白，可以使人的抗病能力增强，有效防治气喘病及老年痴呆症的发生。豆浆也是防治高血脂、高血压、动脉硬化等疾病的理想食品。豆浆还可调节中老年妇女的内分泌系统，减轻并改善更年期症状，延缓衰老，减少青少年女性面部青春痘、暗疮的发生，使皮肤白皙润泽。

二、女人、男人喝豆浆好处多

（一）女人喝豆浆好处多

女性衰老和雌激素减少有关，而豆浆中的大豆异黄酮、大豆蛋白、卵磷脂等，是公认的天然雌激素补充剂。

中老年女人喝豆浆，可调节内分泌、延缓衰老；青年女性喝豆浆，则美白养颜，淡化暗疮。另外还可预防危害女性健康的癌症如子宫癌、乳腺癌等。

另外，豆浆含铁比牛奶高许多，对贫血病人的调养作用比牛奶要强。

（二）男人喝豆浆好处也多

豆浆是一个很弱的诱导雌激素提高的物质，但它本身并不是雌激素。其作用远没有想象中的那么强，不会引起男人女性化，也不会导致人早熟。大豆异黄酮对男性同样非常有益，能够降低男人前列腺癌的发生风险。

豆浆被营养学家誉为"21世纪的营养保健液"，对不同年龄、不同性别的人群都有很好的保健作用。

第二节 如何自制豆浆

一、传统豆浆的自制

豆浆的传统制法十分简单，一般是先把黄豆用水浸泡发胀，再磨细过滤，煮沸即可饮用。

我们选择使用家用豆浆机，可以非常简便地进行上述操作。做豆浆前，要将坏黄豆、虫咬黄豆挑出来，再将豆子清洗干净后充分浸泡。因豆子的质地更为致密，吸水缓慢，所以豆子的浸泡时间一般在 8 小时左右，夏季在 6 小时，冬季 10 小时以上比较合适。豆子浸泡时间短了，则出浆率不高，豆子浸泡时间过长，豆子会变馊。

然后把浸泡好的豆子放在粉碎机里打，一般黄豆 30 ~ 50 克，水 400 毫升（容量可根据个人需要随意增减），再用干净的沙布把豆汁挤出来，把豆汁煮开就成豆浆了。

须说明，浸泡后的豆子不会导致营养都流失。大豆的蛋白质、脂肪、总糖等方面，经过 8 小时浸泡后的大豆与未浸泡的大豆相比，没有显著差异。

也许，大豆表皮中的植酸、单宁、草酸、花青素、黄酮等会溶出一点，这些既有抗营养成分，也有抗氧化物质，功与过可相抵。

二、花样豆浆的自制

除了传统的黄豆浆外，豆浆还有很多花样，红枣、枸杞、绿豆、百合等都可以成为豆浆的配料，这样可使豆浆营养更丰富、更可口。

（1）花生豆奶。配料：黄豆、花生各 45 克，牛奶 200 克，水 800 毫升。有润肤、清肺、补虚之功效。

（2）芝麻蜂蜜豆浆。配料：黄豆 70 克，黑芝麻 20 克，蜂蜜 40 克，水 800 毫升。有养颜润肤、乌发养发之功效。

（3）红枣枸杞豆浆。配料：黄豆 45 克，红枣（去核）15 克，枸杞 10 克，水 600 毫升。有补虚益气、安神补肾、改善心肌营养之功效。

（4）红枣莲子豆浆。配料：黄豆 45 克，红枣（去核）15 克，莲子肉 15 克，水 600 毫升。有滋阴益气、养血安神、补脾胃之功效。

（5）五豆豆浆。配料：黄豆 30 克，黑豆 10 克，青豆 10 克，豌豆 10 克，花生米 10 克，水 800 毫升。有降脂降压、强筋健脾、保护心血管之功效。

以上制作方式，将各成分与浸泡过的大豆放入豆浆机，加入水，打碎煮熟，再用豆浆滤网过滤后即可食用。

（6）豆浆米粥。配料：黄豆 85 克，大米 50 克，水 800 毫升。有养颜润肺、清肺气之功效。

制作：先制作好豆浆，再将豆浆与米（可浸泡半个小时）一起放入锅内，慢火熬煮到黏稠状即可。

第三节　选购和保存豆浆

一、豆浆的选购

好豆浆，应有一股浓浓的豆香味，浓度高，略凉时表面有一层油皮，口感爽滑。

劣质豆浆，非常稀淡，有的使用添加剂和面粉来增强浓度，营养含量低，均质效果差，口感不好。

变质的豆浆，会分层，甚至起絮状沉淀，严重的就像"豆花"一样，甚至发酸发臭。

二、豆浆的保存

豆浆打多了，喝不完，弃之可惜，但是久存则会变质或者营养丢失。确实，豆浆属于高蛋白，食物营养价值比较高，但同时也是细菌繁殖的极好营养源，尤其是夏季。通常要求，豆浆最好在做出后 2 小时内喝完。

保存豆浆的方法很简单，做到下列两个条件可保存 4~6 小时。

其一，选择盛豆浆的杯子要保温效果好，密封效果好，如太空瓶及严实的保温杯。

其二，盛豆浆前杯子一定要消毒，甚少杯子要用沸开水烫一下。当然，豆浆也一定要热的，沸腾的滚烫豆浆更好。

如果豆浆打得太多，你可以等豆浆在室温下自然冷却后，再把它放进冰箱里。密封好的豆浆在冰箱的冷藏室可以保存好几天。

第四节 安全科学喝豆浆

一、喝豆浆要适量

鲜豆浆四季都可饮用。春秋饮豆浆，滋阴润燥，调和阴阳；夏饮豆浆，消热防暑，生津解渴；冬饮豆浆，祛寒暖胃，滋养进补。

中国居民平衡膳食宝塔要求天天食用大豆制品，每天30~50克，即一个健康人每天食用稀释10倍的豆浆的量为300~500毫升。

豆浆的浓度不要过高，一次喝豆浆过多，容易引起蛋白质消化不良，出现腹胀、腹泻等不适症状。特别是那些体质瘦弱、怕冷、消化不良、容易腹胀、腹泻以及缺乏维生素A所致眼睛干涩的人群，则要减少喝豆浆。

二、注意豆浆假沸现象

当生豆浆加热到80~90℃的时候，会出现大量的白色泡沫，很多人误以为此时豆浆已经煮熟，但实际上这是一种"假沸"现象，此时的温度不足以破坏豆浆中的抗营养物质。

豆浆中的抗营养物质，如皂角素能引起恶心，呕吐，消化不良；还有一些酶和其他物质，如胰蛋白酶抑制剂，能降低人体对蛋白质的消化能力；植物凝集素会破坏红血球的输氧能力。

经过烧熟煮透，这些抗营养物质都会全部破坏，使豆浆对人体没有害处。如果饮用豆浆后出现恶心、腹痛、呕吐、腹泻、厌食、乏力等，应立即就医。

三、正确的煮豆浆方法

正确的煮豆浆方法应该是，在出现"假沸"现象后，必须用匙充分搅拌，继续加热至100℃的高温下煮沸3~5分钟，或者沸腾之后再用小火加热10分钟，直至泡沫完全消失。这样可保证抗营养物质破坏率达到90%以上。

有些人为了保险起见，将豆浆反复煮好几遍，这样虽然去除了豆浆中的有害物质，同时也造成了营养物质流失。

因此，煮豆浆要恰到好处，控制好加热时间。

四、豆浆煮鸡蛋可以吃

许多人早餐时喜欢吃豆浆煮鸡蛋，这样既营养又方便。然而有文章指出，豆浆煮鸡蛋不科学，因为豆浆中有一种特殊物质叫胰蛋白酶抑制剂，与鸡蛋中的黏液性蛋白相结合，影响蛋白质的消化吸收。

确实，豆浆中含有胰蛋白酶抑制剂，它会妨碍人体对蛋白质的吸收，还可以造成腹胀、腹痛与腹泻。然而，胰蛋白酶抑制剂不耐热，豆浆经过充分加热后，这种物质基本上遭到破坏，此时再和鸡蛋一起吃就没问题了。

特别强调，不能用熟豆浆"冲"鸡蛋，虽然这样鸡蛋特别嫩，且口感好，但是其营养成分的消化吸收率并不是特别高，还有可能存在卫生问题。

五、油条就豆浆是美食陷阱

油条是一种长条形中空的油炸面食，口感松脆有韧劲，是中国传统早点之一。油条在我国有几千年的历史，各种年龄段的人都喜欢吃油条，其中许多人从小就在长辈的带领下，习惯了油条加豆浆的口味，这更是感情和文化的依恋。

油条加豆浆从口味上讲确实是美食，从营养上来分析，油条淀粉和油脂多，蛋白质含量不高，膳食纤维极少，而豆浆含大豆蛋白、抗氧化物质和膳食纤维，这样完全可以补油条营养上的不足。

但是，我们不要忽视了，油条是高温油炸食品，一根 25 克（半两）油条含油量达到 6 克，食物经过高温油炸之后，热量增大，营养成分也大大破坏，还会产生致癌物质。

另外，传统的油条配方里都要添加明矾和小苏打，这两样东西混在一起会发生反应，产生氢氧化铝，重金属铝对机体的危害巨大。

因此，油条就豆浆不是美食，豆浆最好不要与油条搭配。如果你好这一口，最好选择不添加明矾的无铝油条，一星期不宜超过一次，只是调剂一下口味。

六、婴儿能不能喝豆浆

婴儿能不能喝豆浆，说法不一。确实，豆浆中蛋氨酸含量低，矿物质也缺乏，并且能量不足。豆浆也无法替代母乳以及配方奶粉。

不过一些婴儿患有乳糖不耐受症、半乳糖血症，或者有对牛奶蛋白过敏等情况，这时就需要饮用豆制代乳品了。这是以大豆粉为基础，加入糖、植物油、骨粉、蛋黄、盐、维生素等配制而成的一种代乳品，其营养成分热量近似牛奶，基本能满足婴儿的需求，同时要注意补充鱼肝油、多晒太阳。如果婴儿到了添加辅食的时候，注意补充蛋黄、动物血、鱼泥、菜泥、水果泥等食品，以满足其对各种营养物质的需要。

如果婴儿是以母乳或配方牛奶为主，到了 4~6 个月时也可以食用豆腐类食品和喝豆浆类饮料了。

喝豆浆时要从少到多，一点一点地添加。如果宝宝出现腹胀、排气或腹泻，就要先控制饮用量，待宝宝肠道适应之后再逐渐增加。通常 1 岁以内的婴儿每天可以喝 50~70 毫升的豆浆，1 岁以上的幼儿可以喝 125 毫升左右。

七、乳腺增生、乳腺癌患者不必禁喝豆浆

众所周知，乳腺增生、乳腺癌、子宫肌瘤等疾病与雌激素物质紊乱有关系。而大豆中含有一种天然的类似女性荷尔蒙物质的大豆异黄酮。所以人们习以为常地认为喝豆浆相当于摄取雌激素，会加重上述疾病。

其实不然，豆浆中含的大豆异黄酮植物雌激素，只有动物雌激素活性的千分之一，何况大豆异黄酮为类雌激素，而非雌激素。大豆异黄酮有双向调节作用。当人体雌激素不足时，大豆异黄酮在机体调控下，能改善女性的内分泌，起到与雌激素一样的作用。当人体雌激素充足时，大豆异黄酮会替代体内雌激素，发挥弱雌激素效应，反而有助于降低体内雌激素的作用水平。

长沙市第一医院妇产科主任医师刘丽文指出，患有乳腺增生、乳腺癌、子宫肌瘤等疾病的女性，完全可以适当喝豆浆及豆制品。

八、痛风病人也可喝豆浆

食物当中含嘌呤太高的话，痛风病人应该回避。这绝对是正确的。大豆中的嘌呤是偏高的，是瘦牛肉的 1.5 ~ 2 倍。所以，人们普通认为痛风病人不能喝豆浆或吃豆制品。

然而，我们是否认识到大豆制品及豆浆中的嘌呤究竟有多高呢？

确实，大豆的嘌呤是偏高，然而豆浆或豆制品的加工、制作、烹饪过程中，有相当一部分嘌呤会溶解于水中而被去除了，而豆浆制成时，则还要放 8~10 倍的水，100 克豆浆中嘌呤含量不到 30 毫克，已经属于低嘌呤食品了。

另外，豆浆或豆制品与肉类中的嘌呤组成种类也有很大的差别，豆浆中

主要成分腺嘌呤转化生成尿酸的步骤繁琐，速率较低，而肉类中所含次黄嘌呤可直接经过黄嘌呤代谢成尿酸，相对直接。

所以，痛风病人可以大胆地喝或吃豆浆或大豆制品，控制一下量就可以了。

第五节　小常识

一、牛奶与豆浆营养各有特点

为了增加少年儿童体质，许多营养专家提倡每天喝一袋牛奶，很少有人会提出每天至少保持一杯豆浆。许多人也会认为牛奶营养价值高于豆浆。果真如此吗？

（一）从营养成分分析来看

1. 蛋白质

一般牛奶蛋白质含量为 3%，豆浆为 1.5%，豆浆含量只是牛奶的一半。浓豆浆，也就 2%。牛奶蛋白质高于豆浆。

2. 脂肪

牛奶里，脂肪还带胆固醇。豆浆一点胆固醇都没有，只有抑制胆固醇吸收的豆固醇。

3. 矿物质

牛奶的钙是豆浆的五倍以上。

4. 维生素

豆浆的维生素牛奶全有。牛奶里有维生素 AD 及维生素 B_{12}，豆浆里没有。但维生素 E、维生素 K，豆浆里多，牛奶里少。

5. 纤维

豆浆里有纤维，牛奶里没有纤维。

6. 保健成分

豆浆中含有大豆多肽、大豆磷脂、大豆低聚糖、大豆异黄酮等多种具有保健功能的物质，能抗衰老、抗癌、保护心血管，这是牛奶不具备的优势。

（二）从营养的吸收分析来看

牛奶含有丰富的乳糖，有些人的胃肠消化液中不含水解乳糖的乳糖酶，因此吃了牛奶会出现腹胀、腹泻等现象，这种现象叫牛奶不适症或牛奶不耐症。牛奶里含的乳糖，全世界有三分之二的人不能吸收，在亚洲黄种人中有70%不吸收乳糖。对牛奶吸收量最大的人群是白种人。

豆浆虽不含乳糖，但部分人对豆浆中低聚糖和抗营养因子敏感，喝豆浆后容易产生腹胀和产气反应。但只要消化吸收功能正常，轻微反应对健康并无明显危害。喝豆浆时可以控制数量，逐渐增加，待适应后肠道不适反应即可消除。

综合上述，牛奶、豆浆不妨都吃点，不要顾此失彼。每天一袋牛奶、一大碗豆浆是不错的选择。

二、豆奶与豆浆营养价值的对比

豆奶和豆浆都是以黄豆为主要原料制成的饮料，但豆奶是用现代化设备加工出来的，大豆经浸泡、磨碎、过滤、调制、超高温加热、脱臭、高压均质、冷却等加工过程制成的均质、奶样、乳白色的液体，即豆奶。

豆奶因经高温处理，使其本来含有的一些具抗癌功效的特殊营养因子如皂甙等受到破坏而丢失，十分可惜。

但豆奶比豆浆仍具有以下优点：

（1）豆奶没有豆浆那种豆腥味。

（2）豆奶中的大豆颗粒细化，久放不会发生沉淀现象。

（3）豆奶在加工过程中，可根据市场需要配上牛奶、咖啡、可可、椰汁等营养剂。

（4）豆奶经过高压杀菌消毒，在瓶装、密封的情况下可延长保鲜时间。

三、豆浆粉营养价值不如传统豆浆

豆浆粉主要来源于大豆，制作工艺简单地讲就是将大豆制成豆浆，杀菌后浓缩，最后经干燥而成。

因为大豆中含有的膳食纤维和低聚糖不能溶解，所以得到的豆浆粉也不易速溶。为此，市售的豆浆粉会添加大量麦芽糊精、淀粉等物质。

麦芽糊精是通过淀粉裂解得到的比淀粉分子小、比蔗糖分子大的糖类。

在豆浆粉中添加了麦芽糊精，可以使豆浆中的不溶解物质均一稳定地分布，而且起到增稠的作用，给人"豆浆很浓"的错觉。

另外，麦芽糊精是由淀粉水解得到的比淀粉分子小、比蔗糖分子大的糖类，所以比淀粉更容易被人体水解消化吸收，这对控制血糖很不利，值得糖尿病人注意。

醇豆浆就是"豆浆粉 + 水 + 反式脂肪酸 + 麦芽糊精"制成的。

四、大豆蛋白粉是为缺乏蛋白质者补充的

大豆蛋白粉，是以大豆为原料，经压榨或溶剂提取脱脂后得到的富含大豆蛋白质的粉状产品，蛋白质含量 50% ~ 65%。人们通常将大豆蛋白粉作为保健功能性食品送人。

其实不管是植物类蛋白粉，还是动物类蛋白粉，其用途是为缺乏蛋白质的人补充蛋白质的。对于健康人而言，只要坚持正常饮食，蛋白质缺乏这种情况一般不会发生。所以说，单独的某种"营养粉"不是人类自然生活中的基本食物。

另外，蛋白粉的蛋白质纯度太高，长期食用容易加重肝肾负担。特别是儿童和老年人要注意。

五、豆渣并非无用之物

在豆浆的制作过程中，会生成大量的豆渣。这些豆渣口感和味道都不好，让人难以下咽。过去由于缺乏认识及了解，常用豆渣来喂猪，实在太可惜。

其实，小小豆渣作用蛮大，实际上豆渣内含有极丰富的纤维素、半纤维素和木素。豆渣纤维有促进肠子蠕动、通便的作用。

湖南有一传统豆制产品"霉豆渣"，是以豆渣为原料，在一定工艺条件下发酵而制成的。霉豆渣游离氨基酸含量高，味道鲜美。

看来，豆渣并非无用，而是你不知道怎么用而已。

第十八章 酒

　　酒，既是一种神奇的饮品，又是人类文化的结晶。酒在各国都有丰富多彩、引人入胜的文化内涵，从帝王将相、才子佳人到风花雪月、情仇爱恨都有酒的故事。谨记酒也是"穿肠毒药"，酒喝多了绝对是对健康有害的。世界卫生组织统计，全球每年有330万人因酒而死亡。酒自问世以来，人们对它的评价历来就是毁誉各半。怎样科学喝酒呢？

第一节 酒的营养价值

一、酒有"百药之长"之美称

酒有 5 000 余年历史，文字出现以前，远古的岩画上已有酒具的图案。在秦汉时期，酒已具有独特的文化内涵，有履践伦理功能和祭祀的功能。

酒与医还是一家，繁体汉字"醫"中的"殳"表示针灸、按摩、热敷这些方法，底下是个"酉"字，指装酒的容器，引申为酒，就是说酒也是一个内服药。

《本草纲目》称酒能行气活血，通经活络，携药性至病所，还能调节情志，开胃健脾。古人还喜欢将药材浸泡在酒中饮用以加强药效，酒乃"百药之长"。

现代医学许多研究表明，适量饮酒可以降低患心脏病的风险，并有延长寿命等许多益处；而加拿大学者在《酒精与药物研究》期刊上发表的一项研究称，适度饮酒对健康并没有什么好处。

但有个观念有点意思，美国哈佛大学医学院对 268 名男性进行跟踪调查发现，常与朋友小聚适度饮酒者，比滴酒不沾者更长寿。这显示一个重要观点，朋友在一起喝酒可交流感情，消除忧愁，长寿要素里好人缘、好心态排第一。

二、酒是"空白能量"，更是"穿肠毒药"

酒的主要成分是乙醇，营养价值主要是提供热能。白酒含热量极高，其他营养成分基本没有，可以说白酒仅为"空白能量"而已。被称为液体面包的啤酒，其所含热量也不可低估，1 升啤酒的热量，相当于 1 个大面包（约100 克）。

虽然，有大量报告显示适量饮酒可降低心血管病危险，然而适量饮酒所产生的健康效益因人而异，不能一概而论。著名心血管专家胡大一教授认为用红酒来调节血脂，其作用也是很有限的。

那些长期口服安眠药、关节镇痛药，或有抑郁症、胃肠道疾病的人适量饮酒也不是不可以。

如果你过量饮酒，就危险了。俗话说得好，"酒是穿肠毒药"。饮酒过量会增加高血压、中风、心脏病、肿瘤、脂肪肝、痛风的危险性，已发现妇女饮酒可使乳腺癌发病危险性增加 10%。另外，长期大量饮酒，易产生个体对酒精依赖，一旦成瘾，10 人就有 9 人无法脱瘾。

所以世界卫生组织把"少量饮酒有益于身体健康"的观念改为"酒越少越好"。医生一般不主张用饮酒来保护身体。

一项发表于英国权威医学杂志《柳叶刀》的研究文章中，向公众给出了酒精的安全摄入量——0，也就是说，对于酒精摄入，根本就无"安全"可言。

几种常见酒的能量

名称	酒精量（克/100克）	能量（千焦/100克）
啤酒	3.4	159
葡萄酒	8.9	280
黄酒	10.2	276
38 度白酒	31.6	929
52 度白酒	44.4	1301
56 度白酒	48.2	1623

三、过度饮酒的 10 个坏处

中国医旅健产业联盟整理了过度饮酒的 10 个坏处：

第一，酒精在人体内 90% 以上是通过肝脏代谢的，其代谢产物及它所造成的肝细胞代谢紊乱，是引起酒精性肝损伤的主因。过度饮酒直接伤肝，易患酒精肝、肝炎、肝硬化。肝脏损伤后，视力下降，身体解毒能力也下降，造成免疫力下降，容易感染其他疾病和肿瘤。

第二，一次超量饮酒就会引发急性胃炎的不适症状，而连续大量摄取酒精，势必会引起更严重的慢性胃炎和胃溃疡。所以过度饮酒伤胃，胃的消化功能不好导致人的体质就会变差，身体容易感染其他疾病。

第三，过度饮酒易引发高血压、心血管疾病、中风和胰腺炎。

第四，过度饮酒会伤肾，易患前列腺炎，影响性功能和生育能力。即便成功受孕，也有可能生出畸形儿或智力不好的孩子。

第五，过度饮酒损伤人的神经系统。酗酒的人对酒成瘾，造成慢性酒精中毒，会出现大脑功能障碍和意识障碍，脾气变得暴躁，精神异常，定向力差，记忆力减退。

第六，过度饮酒伤容貌。酗酒的人容貌憔悴，皮肤也显老。

第七，过度饮酒的后果之一就是造成味觉障碍。研究显示，过量饮酒者比适度饮酒者患上口腔、咽喉部癌症的发生率要高出两倍。

第八，过度饮酒会引起心肌纤维变性，失去弹性，心脏变大，胆固醇增高，不仅引发心肌炎，而且动脉硬化、冠心病患病概率远远高于适度饮酒者。

第九，过度饮酒是造成股骨头坏死的最常见的原因之一。

第十，过度饮酒又酒驾易发生交通事故。有数据显示，中国一年有近10万人被车祸夺去生命，其中60%的车祸是酒驾引起的。

第二节　酒的分类

一、酒分三大类（蒸馏酒、发酵酒和配制酒）

酒的种类繁多，从工艺学和食品卫生学的角度大致可分为三类，即蒸馏酒、发酵酒和配制酒。

（1）蒸馏酒又称为白酒，是以粮食、薯类和糖蜜为主要原料，在固态或液态下经糊化、糖化、发酵和蒸馏而成的酒。

蒸馏酒中可能存在甲醇、杂醇油、醛类、氰化物、铅和锰等有害物质。国家对上述有害物质均规定了限量标准。

（2）发酵酒是以糖和淀粉为原料，经糖化和发酵，但不需蒸馏而成的酒，包括啤酒、黄酒和果酒等。

发酵酒中存在的有害物质有 N-二甲基亚硝胺、黄曲霉毒素 B_1，以及二氧化硫残留及微生物污染物。

（3）配制酒也称露酒，是以发酵酒和蒸馏酒为酒基，经添加可食用的辅料配制而成。

二、中国蒸馏酒（白酒）的分类及特征

中国传统酒类丰富，然而国人对白酒情有独钟，每年消耗量呈逐年增高趋势。

白酒俗称白干，有高粱酒、烧酒、二锅头等。一般酒精度数在 50～60 度为高度白酒，低度白酒在 35 度以下。由于白酒中所含的芳香物质不同，白酒可划分为 5 种香型：

（一）酱香型

又称茅型。以贵州茅台酒为代表。具有酱香、细腻、醇厚、回味长久等特点。

（二）清香型

又称汾型。以山西汾酒为代表。具有清香、醇甜、柔和等特点。

（三）浓香型

又称泸型。以四川五粮液为代表。具有芳香绵甜、香味谐调等特点。浓香型白酒在白酒中所占比例最大。

（四）米香型

以广西桂林三花酒为代表。具有蜜香、清雅、绵柔等特点。

（五）复香型

具有各自独特的生产工艺和口感风味，其主体香型尚未确定。如贵州董酒、陕西西凤酒等。

三、世界著名蒸馏酒（白酒）及其特点

我们把国外蒸馏酒俗称为洋酒，主要有白兰地、威士忌、朗姆酒、伏特加、金酒，它们与中国白酒齐名，被誉为世界著名六大蒸馏酒。

（一）白兰地

白兰地以水果为原料经过发酵蒸馏贮藏后酿造而成。白兰地通常以葡萄为原料，若是以其他水果为原料制成的，则在白兰地前冠以水果的名称，如苹果白兰地、樱桃白兰地、梨子白兰地等。

在白兰地国家标准中将白兰地分为 4 个等级：

（1）特级（X.O）酒龄为 20~50 年。

（2）优级（V.S.O.P）酒龄为 6~20 年。

（3）一级（V.O）最低酒龄为 3 年。

（4）二级（三星和 V.S）最低酒龄为 2 年。

（二）威士忌

威士忌以麦芽和谷类为原料，美国的波旁威士忌则主要以玉米为原料（玉米占 51%~75%）。

苏格兰、爱尔兰、加拿大和美国等 4 个地区的产品知名度最高。

（三）朗姆酒

朗姆酒是以甘蔗糖蜜为原料生产的一种蒸馏酒。

原产地在古巴，口感甜润、芬芳馥郁。

（四）伏特加

伏特加是以马铃薯、玉米等为原料，用重复蒸馏、精炼过滤的方法除去酒精中所含的异物、杂质，成为一种纯净、有很高酒精浓度的饮料。

伏特加是北欧和俄罗斯人常喝的酒。

（五）金酒

金酒又名杜松子酒，以大麦、黑麦、谷物为原料，经粉碎、糖化、发酵、蒸馏、调配而成。金酒最先由荷兰生产，在英国大量生产后闻名于世。

四、葡萄酒的分类及分级

葡萄酒是以葡萄果实为原料，发酵而酿造的饮料果酒。也有以梨、橘、荔枝、甘蔗、山楂、杨梅为原料酿造的果酒。我国用葡萄酿酒的历史悠久，汉代西域地区就以酿造葡萄酒驰名。

（一）葡萄酒的分类

1. 按加工方法

酿造葡萄酒（又称原汁葡萄酒或静止葡萄酒）、加香葡萄酒、起泡葡萄酒和蒸馏葡萄酒。

2. 按糖分含量

"干"型，含糖量≤4.0克/升以下，口感不甜；"半干"型，含糖量为4.1~12克/升，口感极微弱的甜味；"半甜"型，含糖量为12.1~50克/升，口感较甜；"甜"型，含糖量为50.1克/升以上，口感味甜。

3. 按色泽分

按色泽可以分为红葡萄酒、玫瑰红葡萄酒和白葡萄酒。但白葡萄酒在酿制过程中的槲皮酮（此种物质以抗氧化剂与血小板抑制剂的双重"身份"保护血管的弹性与血液畅通）则丧失殆尽，故几乎无保护心脏的作用。而红葡萄酒在酿制过程中槲皮酮则无损害。

（二）葡萄酒的分级

美国和澳大利亚等国家，大多只是在葡萄酒分类和葡萄品种方面有规范，而在制酒或酒款质量方面没有规范。而欧盟各国对葡萄酒还进行等级之分，如法国葡萄酒由低到高分为3个级别。

（1）非法定产区酒（VDF），属普通的、没有产区提示的葡萄酒。

（2）地区餐酒（IGP），属中档葡萄酒，产品的原料、生产、包装等只有一部分是在原产地完成的。

（3）法定产区酒（AOP），属高档葡萄酒，其产品的原料、生产、包装等都是在原产地完成的，都要受到监控。

五、啤酒的分类及特征

啤酒是一种含二氧化碳的低度酒精饮料，也叫麦酒。啤酒是从西方传过来的，以大麦芽和啤酒花为主要原料，再加水、淀粉、酵母等辅料，经酵母发酵而制成。

啤酒怎么分类呢？

（一）按啤酒酒精度

（1）一般啤酒酒精含量在3.5%~5.0%；

（2）含酒精2.5%~3.5%的称为淡啤酒；

（3）1%~2.5%含量的称为低醇啤酒；

（4）1%以下的酒精含量则称为无醇啤酒。

（二）按除菌方式

根据啤酒除菌方式不同分为熟啤与生啤。

1.熟啤酒

熟啤酒是在原液基础上采用巴氏灭菌或瞬时高温灭菌方式生产出来的，虽然失去了啤酒的新鲜口味，但啤酒更卫生，保质期也更长。

2.生啤酒

生啤酒是指啤酒酿好后只在常温下进行一下膜除菌过滤生产出来的啤酒。生啤酒保持了最原始的口味，并富含酵母菌、活性酶等多种营养成分。

生啤酒又有纯生啤酒和普通生啤酒之分。纯生啤酒是采用无菌膜过滤技术，滤除了酵母菌和杂菌而生产出来的。其保质期可与熟啤相当，达到180天。普通生啤酒如扎啤，采用的是硅藻土过滤，只能滤掉酵母菌，杂菌不能被滤掉，其保质期一般在3~7天。

六、黄酒有何特征

黄酒，是中国最古老的饮料酒种，也是中国特有的酿造酒，有"液体蛋糕"之称。黄酒多以糯米为原料，也可用粳米、籼米、黍米和玉米、小麦为原料，蒸熟后加入专门的酒曲和酒药，糖化、发酵后，压榨去渣、高温杀菌，陈酿一段时间再饮用。

黄酒酒精含量一般为 14～20 度，颜色黄亮，香气浓郁，含有糖、氨基酸等多种营养成分，具有相当高的热量，能促进新陈代谢，具有一定的营养价值。

黄酒酒色黄而莹澈，香气浓而沉郁，味道醇而不离，色、香、味三者俱臻上乘。由于酿酒工艺和所加的辅料不同，黄酒品种甚多，风格各异。

黄酒主要产于中国长江下游一带，以浙江绍兴的产品最著名。主要品种有加饭酒、元红酒、善酿和花雕酒等。

七、配制酒有何特征

配制酒是以发酵酒、蒸馏酒或者食用酒精为酒基，加入可食用的花、果、动植物或中草药，或以食品添加剂为呈色、呈香及呈味物质，采用浸泡、煮沸、复蒸等不同工艺加工而成的改变了其原酒基风格的酒。配制酒是酒类里面一个特殊的品种，不能专属于那个酒的类别，是混合的酒品。

在我国用中药材配制的酒称为药酒。常见的药酒有补气类（人参、黄芪）、补阳类（鹿茸、海马）、活血类（红花、丹参）、通络类（乌梢蛇、鸡血藤）等。当然，不是所有中药材均适合配制成药酒，清热类（黄芩、黄连）、解表药（麻黄、薄荷）、矿石类（紫石英、灵磁石）、毒性药（马钱子、川乌）就不适合泡药酒。

鸡尾酒是欧美上流社会招待客人时最普遍的饮料，是以朗姆酒、琴酒、龙舌兰、伏特加、威士忌等烈酒或是葡萄酒作为基酒，再配以果汁、蛋清、苦精、牛奶、咖啡、可可、糖等其他辅助材料，加以搅拌或摇晃而成的一种饮料，最后还可用柠檬片、水果或薄荷叶作为装饰物。

第三节　酒的选购和保存

一、好酒应该从色、香、味、格四个方面去鉴别

色：指酒的颜色方面应该给人以色泽悦目、晶莹剔透的感觉。色泽浑浊的酒就不能作为好酒，饮用时应该多加注意，以防中毒。

香：指酒的气味应具有独特纯正的香气，香而不艳、香而不俗、香而不燥，回味悠长，饮后能在口中留有余香。

味：指酒的口味应给人以丰满、完整的感觉，没有邪杂味、辛辣味。

只有在色、香、味三方面做到和谐统一，其色悦目、其香幽雅、其味柔顺，这样的酒才是好酒。

格：指酒的风格品位或典型性即酒的个性，不一样的酒具有不一样的风格口味，给人的感觉也都不相同。

二、假酒和劣质酒的鉴定

（一）白酒识别

1.色泽和口味

传统粮食酿造酒，香而不呛，微苦而不涩，粮香、酒香、糟香明显。

非纯粮酿造的酒精勾兑酒，口感不丰满，香气、口味比较淡薄。如果喝少量白酒仍感到头疼和辣嗓子的基本为劣质白酒。

工业酒精勾兑的假酒含有大量的甲醇，可导致眩晕、头痛、视力模糊、耳鸣甚至失明、死亡。

2.实验法

粮食酿造的优质白酒，有少许的淀粉类的杂质，遇烧碱液（氢氧化钠）会变色，通常变为黄色，如不变色的可能为工业酒精勾兑酒，即假酒。

当然，这种方法有很大的局限性。要测定甲醇含量，在产品质量检验所用气相色谱检测的方法更准确。

（二）红酒识别

1.色泽和口味

对着光线看，干红葡萄酒因不同品种会呈现紫红、深红、宝石红等绚丽色彩，而变质酒则是黯淡无色的。优质葡萄酒应具有果香、醇香、发酵酒香、清香，变质的酒则会有酸味、硫磺味和异味。

2.实验法

把食用碱和水，接照大约1∶5的用量，调成水溶液，滴入红酒中与红酒中的天然色素花色苷发生化学反应，变蓝则为葡萄酒，不变色就是假冒葡萄酒。

还有一种简单的办法,滴一滴酒在一块白布上,如果是天然的红葡萄酒,白布上的色素一般难以洗掉,而人工添加的化学色素则较容易清洗。

(三)啤酒识别

1.色泽

优质啤酒呈浅黄色带绿,清亮透明,无明显悬浮物。劣质啤酒无光或失光,有明显悬浮物和沉淀物。

2.泡沫

优质啤酒倒入杯中时起泡力强,泡沫达 1/2 ~ 2/3 杯高,洁白细腻。劣质啤酒倒入杯中稍有泡沫但消散很快,有的根本不起泡沫;起泡者泡沫粗黄,不挂杯。

3.口味

优质啤酒口味纯正,酒香明显,酒质清冽,苦味细腻,无后苦。劣质啤酒无酒花香气,有怪异气味,主要表现为氧化味(面包味)、馊饭味、铁腥味、霉烂味等。

三、自酿葡萄酒存在安全隐患

在葡萄的生长旺季,很多人会到葡萄园去摘葡萄,甚至买些葡萄来酿酒,既享受劳动情趣,同时也品尝葡萄酒的美味。

大多数情况下,只要将葡萄冲洗干净,将所有接触到葡萄酒的材料进行严格消毒,这样酿好的葡萄酒大多是没什么问题的,可以放心饮用。

然而,自酿葡萄酒却存在风险,因为葡萄酒在酿制过程中会生成甲醇、杂醇油等不利于人体健康的物质。酿酒厂能有效监控和降低有害物质的生成,然而在家庭自酿葡萄酒,却没有很好的办法监控和除去它。

所以,您最好不要随便选购自酿葡萄酒。如果您饮用自酿葡萄酒后有任何不适,请及早就医。

四、酒怎么保存

(一)白酒的保存

瓶装白酒应选择存放在较为干燥、清洁、通风较好的地方,避免阳光直射。环境温度不宜超过30℃。容器封口要严密,防止漏酒和"跑度"。

（二）黄酒的保存

黄酒的包装容器以陶坛和泥头封口为最佳，这种古老的包装有利于黄酒的老熟和提高香气，使其贮存后越陈越香。保存黄酒的环境以阴凉、干燥，温度在 4 ~ 15℃为适宜。

（三）啤酒的保存

保存啤酒的温度，一般在 0 ~ 12℃为适宜，熟啤酒温度可在 4 ~ 20℃。保存啤酒的场所要保持阴暗、凉爽、清洁、卫生，避免光线直射。要减少震动次数，以避免发生浑浊现象。

（四）葡萄酒的保存

一瓶上好的葡萄酒储存不当就变成了廉价的醋。保存葡萄酒要牢记三大存放要素 —— 温度、湿度、光线。

葡萄酒应储藏在 10 ~ 15℃、大约 70% 的湿度环境中。葡萄酒最好水平放置，应放在黑暗的环境中，不应受阳光直射。

（五）药酒的保存

有些泡制药酒的成分由于长期贮存和受温度、阳光等的影响，常常会从酒中离析出来，而产生轻微浑浊的药物沉淀，这并不说明酒已变质或失去饮用价值。如果发现有异味就不能再饮用了。

五、剩酒保存方式

（一）喝剩的啤酒

把瓶子封严实不漏气，如用软木塞塞好，尽量里面不要进空气，可放在冰箱里冷藏 1~2 天。生啤特别是扎啤不宜储藏。

（二）喝剩的葡萄酒

把软木塞倒过来，尽力全部塞进瓶口，然后立即放入冰箱，竖着放在门上，温度必须控制在 3℃以下。你也可以买个葡萄酒抽真空器和真空塞，把葡萄酒里面的空气抽光，以减缓氧化，可以在 15~20℃的环境里放置 7~10 天。

（三）喝剩的白酒或黄酒

必须把瓶口封严，可以用保鲜膜或塑料袋把瓶口缠紧。最好可将蜡融化，并滴于瓶口处。

六、酒是否越陈越香

我们知道酒经过一定时间的储存之后，会变得香醇，美味可口，这是因为酒中含有多种有机酸，储存过程中，醇类物质就会与有机酸发生化学反应，产生一种具有各自的特殊香气的酯类物质，所以我们普遍认为，"酒是陈的香"。

事实并非如此：

1. 黄酒、果酒、啤酒、药酒与其他商品一样都有保质期

葡萄酒拥有与人类相似的生命历程，从诞生、成长、成熟、衰退到死亡，几乎所有的白葡萄酒都是即饮型产品，大多数红葡萄酒是为半年内饮用酿造的，过了这个期限则口感每况愈下。高品质红葡萄酒，能保持5~10年，仅少数红葡萄酒具有较强的陈年潜力，且需储藏在恰当的环境中。贮存一百年以上的葡萄酒，通常淡而无味，这种酒只能收藏，进博物馆了。

2. 白酒没注明保质期，并不意味着白酒存放的时间越长越好

普通香型的高度瓶装白酒到5年以后，口味变淡，香味会减弱；15~25度的保质期可为1年，25~32度的保质期可为2年。而酱香型的白酒保质时间比一般普通香型白酒长一点。

当然，如果你盛酒容器封口严密，储存得当，保质期可延长。

第四节 安全科学喝酒

一、饮酒还是越少越好

现代医学的创始人古希腊的希波克拉底给酒定了量：一杯酒是健康，两杯酒是快乐，三杯酒就是放纵。

根据病理学资料分析，每天每公斤体重如果消耗1克酒精，对肝的损害是在安全范围内。中国营养学会建议，成年男性一天饮用酒的酒精量不超过25克，而成年女性不超过15克。孕妇、儿童和青少年禁止饮酒。

怎么计算酒精量呢？酒精量（克）＝饮酒量（毫升）×酒精含量（%）×0.8（酒精比重）。这样简单算出成年男性一天最多可喝高度白酒1两，葡萄酒3两，啤酒1瓶，女性则减半。

二、掌握安全的饮酒方式

（一）喝酒的时间选择

按生物钟来说，人体内的各种酶一般在下午活性较高，因此在晚餐时适量饮酒对身体损伤较小。所以下午到晚上喝酒相对比较安全，现在好多人中午甚至早晨也喝，非常不利于健康。

（二）喝酒时的行为方式

饮必小咽、勿强饮、勿混饮，忌边饮酒边吸烟，忌空腹饮酒。饮酒之前吃些食物，特别是糖尿病患者，如果空腹大量饮酒可导致低血糖的发生。

（三）喝酒时的精神状态

当人心情舒畅、愉悦时对酒精的分解能力相对较强，可饮用少量或适量的酒。心情烦躁、郁闷、孤独时最好不要喝酒。

（四）喝酒时的生理状态

女性比男性更易受到酒精的影响，故应少喝；患病时应当禁酒或遵医嘱，以免加重病情或增加新的疾病；肥胖人群身体疾病隐患较大，加上酒精产生热量较高，会进一步促进体重增加，所以不宜饮酒。患有酒精过敏的人也应避免饮酒。

（五）白酒和黄酒加温后喝

白酒、黄酒一般是在室温下饮用，但是，稍稍加温后再饮，口味较为柔和，香气也浓郁，邪杂味消失。更重要的是在较高的温度下，酒中的一些低沸点的有害成分，如乙醛、甲醇等挥发掉了。当然，酒的加热时间不宜太久，以免乙醇挥发得太多，再好的酒也没味了。

一般温酒以不烫口为宜，这个温度在45~50℃。

（六）剧烈运动后不宜喝酒

剧烈运动后人的身体机能会处于高水平状态，此时喝酒会使身体更快地吸收酒精成分而进入血液，对肝、胃等器官的危害就会比平时更甚。长期如此可引发脂肪肝、肝硬化、胃炎、胃溃疡等疾病。

运动后喝啤酒会使血液中的尿酸急剧增加，使关节受到很大的刺激，引发炎症，诱发痛风的发生等。

三、把握喝酒的安全阈值

关于喝酒，有人根据饮酒者血液中的酒精浓度逐步增加，精辟而生动地描述饮酒后的 4 种状态：首先是好展示、炫耀自己，孔雀状态；然后，精神亢奋、语言傲慢，狮子状态；接着是行为古怪，作弄戏谑，猴子状态；最后为嗜睡、昏睡的蠢猪状态。

临床上将急性酒精中毒分为三期：

1. 兴奋期

精神亢奋、夸夸其谈、易激惹，可有行为失控。

2. 共济失调期

出现肌肉运动不协调、言语不清且行为古怪，可伴有呕吐、嗜睡。

3. 抑制期

表现昏睡、瞳孔散大、体温降低，如果持续时间长会危及生命。

所以，真正最佳饮酒状态，通常是血液中酒精浓度为 20 毫克 /100 毫升以内，此时饮者心情好、精神爽，有欢快感。如果觉得不过瘾，也可再喝一点，稍感兴奋便足矣！

四、喝酒既不助性，也不御寒

（一）喝酒不助性

酒能助性，似乎成为很多男人追求刺激的法宝。确实，偶尔少量饮酒，可以降低大脑皮层的性抑制，可增强性欲、性快感，又因为性器官敏感度的减弱，做爱时间明显长于平日。

然而，酒喝多了，过性生活时，会让男人受到伤害，也会让女人哭泣。醉酒后，大脑意识并不十分清醒，性中枢也处于抑制状态，性欲会因此受到一定程度的影响，勃起状态也不会达到最佳。

另外，醉酒后意识不完全受自己控制，性爱时不会过多考虑伴侣感受，甚至一些性爱动作容易出现意外。这样对双方的感情都会造成伤害。长期饮酒过量还使男人阳痿，女人性冷淡。

（二）喝酒不御寒

天气寒冷时，一些人常用饮酒来御寒。其实饮酒会使人更加寒冷。

饮酒会加快心跳，促进血液循环，使毛细血管扩张、充血，随之把体内的热量带到皮肤表面，使人觉得似乎全身暖和。但这是饮酒后的暂时现象。体内热量大量的散发，人很快就会觉得更冷了。当热量散失后，就会出现局部尤其是远端肢体更加寒冷，这时容易发生感冒和冻伤。

另一方面，酒精随着血液循环进入中枢神经系统，对中枢神经系统起着麻醉作用，使人体对外界环境刺激的敏感性降低，因而对寒冷的反应不敏感。

所以说，饮酒御寒不可取。

五、喝酒既不解忧愁，也不助睡眠

（一）喝酒不解愁

"对酒当歌，人生几何。譬如朝露，去日苦多。慨当以慷，忧思难忘。何以解忧，惟有杜康。"曹操的千古名句，读起来让人荡气回肠。喝酒真能解忧愁吗？

事实上，举杯消愁愁更愁，何来一醉解千愁。人在身体和情绪不佳的情况下最好不要喝酒。人动怒时，肝气上逆，面红耳赤，头痛头晕，如再饮酒，乙醇的作用一发挥，肝火会更甚。

交流、沟通才是解愁的有效手段。

（二）喝酒不助眠

许多人认为，有失眠的人睡前喝点酒能帮助入睡，既不用吃药，还能解除失眠困扰。

实际上，并非如此。中南大学湘雅二医院老年医学科罗荧荃副教授指出，人们对酒精的承受力和反应也不同，饮酒后会表现出不同的状态。有人喝了酒反而精神兴奋，难以入眠；有人喝了酒会对神经产生抑制作用，表现为昏昏欲睡，但睡眠质量非常差，浅睡眠时间延长，中途醒来次数增多，使睡眠变得断断续续。

此外，失眠者睡前长期喝酒会造成酒精依赖，甚至还会引起抑郁症、焦虑症、躁狂症等不良心境。

当然，对于睡眠正常的人来说，晚餐时喝一点酒，对睡眠是无害的，但是也不宜餐后马上入睡。

六、醉酒危害等同于肝炎

中南大学湘雅三医院移植中心万齐全副教授指出："酒醉一次，等于得一次急性肝炎。"这说明醉酒危害等同于肝炎。

民间有许多解酒醉土方，那都不靠谱，临床上尚未研制出可以提高酒量及快速解除醉酒的理想药物。另外有些人喝完酒后，采用抠喉咙催吐解酒。虽然可通过排出部分酒精起到一定的解酒作用，但是剧烈呕吐会导致腹内压增高，除易引起消化道出血外，甚至会引发急性胰腺炎等急症。

唯一有效的"解药"是少饮酒。在日常生活中人们要注意以下几点：

（1）喝酒前，先喝点奶酪或牛奶，吃些水果，或富含蛋白质的食物以及新鲜蔬菜，这样能起到延缓酒精的吸收、保护胃黏膜的作用。

（2）如果醉酒者处于昏迷状态，呼吸极度抑制时，会危害生命，此时要急送医院，用肌注或静滴"纳络酮"催醒效果好。但要区别是不是糖尿病患者空腹喝酒导致的低血糖昏迷。

七、喝茶、喝咖啡均无醒酒作用

（一）喝茶不解酒醉

自古以来，不少饮酒之人常常喜欢酒后喝茶，以为喝茶可以解酒。其实不然，酒后喝茶对身体极为有害。

李时珍说："酒后饮茶，伤肾脏。"绿茶性寒，随酒引入肾脏，为停毒之水。

现代医学也证实，酒后饮茶伤害肾脏。饮酒后，酒中乙醇会通过胃肠道进入血液，然后在肝脏中转化为乙醛，乙醛再转化为乙酸，乙酸再分解成二氧化碳和水排出体外。若在酒后饮茶，茶中的茶碱可以迅速对肾起到利尿作用，从而促进尚未分解的乙醛过早地进入肾脏，乙醛对肾会产生一定的刺激作用。再之，浓茶中所含咖啡因有兴奋中枢神经的作用，对喝完酒处于兴奋状态的人更不利。

（二）喝咖啡不能醒酒

咖啡同茶一样，均含有兴奋中枢神经的咖啡因。对喝酒后处于兴奋状态人，此时再喝咖啡，会进一步使人亢奋进而导致情绪失控，还增加心血管负担等。

另外，如果您喝多了，喝醉了，昏昏入睡了，也不要喝咖啡。有人认为，咖啡中咖啡因的兴奋功效可以抑制酒精的镇定效果，起到醒酒作用。其实，咖啡对血液中的酒精含量毫无影响。如果您已经醉了，那么无论喝多少咖啡或其他饮料都不会让您清醒过来。

八、能喝酒的女人，和男人比本身伤害更大

社会上有一种很流行的说法，能喝酒的女人比男人更能豪饮，酒场上巾帼不让须眉。

但美国科学家的最新研究发现，这种说法完全错误，酒对女性伤害更大，并且女性酗酒更容易使脑子变得迟钝。

如果男性和女性喝同样的酒，女性要比男性更容易出现酒精中毒症状。研究还发现，对于酗酒者来说，酒对女性综合认知能力的损伤大于男性。科研人员对酗酒男性和酗酒女性进行了对比研究，结果发现，女性酗酒者在视觉记忆、认知灵活度和空间概念等方面都比男性酗酒者差。此外，一旦酗酒，女性要比男性更容易对酒精产生心理上和生理上的依赖性。

所以，告诫所有酗酒的女性，为了你们的健康，戒酒吧！

九、酒量与脸红、脸白没有关系

有的人认为，喝了酒面不改色或者越喝脸越白的人酒量大，喝了酒面红如关公的人酒量一定不大。其实，这些观点都是错误的，一个人的酒量大小，和喝酒脸红脸白没有关系。

一个人的酒量大小靠的是人体对酒精的吸收与代谢能力，90% 的酒精通过肝脏代谢，5% 通过呼吸排出，另 5% 通过尿液排出。肝脏有分解酒精的两种酶 —— 乙醇脱氢酶和乙醛脱氢酶，这才是决定你酒量大小的关键。

乙醇脱氢酶是决定你的酒量的主要酶，大多数中国人的乙醇脱氢酶基本没问题，且极少数人对酒精很难快速分解，导致酒精在体内蓄积，血液携氧能力下降，脸越来越白。

乙醛脱氢酶是决定你脸红和酒精中毒的主要酶。中国人的乙醛脱氢酶以杂合子居多，就是指所有的酶中只有一部分有活性，只有两成人属于乙醛脱氢酶特别活跃的人群。喝酒的人越喝脸越红，是因为乙醛蓄积，造成血管扩张所致，说明你的乙醛脱氢酶活性不够。酒量也不能"练"出来，经常饮酒者只是能够让其大脑和器官逐渐适应酒精带来的刺激而已。

十、酒为百药之长，但不宜用酒送药

酒有百药之长之说，这是因为酒能行气活血、通经活络、携药性至病所，如霍香正气水其辅料就含有酒精。

有些中药材浸泡在酒中饮，用以加强药效。但我们不能在喝酒后立即服药，更不能用酒去服药。酒与下列药物的相互作用不应忽视：

1. 乙醛蓄积综合征发生

如服用了甲硝唑、痢特灵、头孢菌素类抗菌消炎药的患者，喝酒后可出现头晕、恶心、气促、胸闷等一系列症状。

2. 降糖药的用量很难掌握

酒精可增加胰岛素的分泌，其次是乙醇作为肝脏药酶诱导剂，可加速降糖药的代谢，降低疗效，这种综合作用的结果，使降糖药的用量很难掌握。

3. 对胃肠有较大刺激

喝酒后同时服用阿司匹林、消炎痛、扶他林等非甾体抗炎剂可加重消化道刺激性，诱发或加重溃疡，甚至有出血的可能。

另外，酒精还与血管扩张药、利尿药、镇静药有相互作用，也要引起高度重视。

第五节　小常识

一、喝红酒后，嘴唇发紫发黑是正常现象

有些人喝完红葡萄酒后，嘴唇和牙齿变黑，担心是酒的品质问题。其实这种情况属于正常现象。

常德海关监管科翟艳伟科长指出，之所以出现嘴唇、牙齿发黑现象，是因为红酒中含有单宁、花色素苷。因人的舌头、牙齿和嘴唇有一层粘膜组织容易吸附色素，色素积累多了，嘴唇发紫发黑的现象就会出现。

所以，只要是喝红葡萄酒，特别是时间比较长和量比较多的情况下，出现这种状况是很正常的。

二、蛇酒要科学炮制，否则会成毒药

蛇酒治疗疾病在我国有悠久的历史，两千多年前的《神农本草经》中就有蛇类入药的记载。蛇酒具有镇痛、镇静、活血化瘀的作用。

蛇的种类比较多，但是真正入药的蛇并不多。常见入药的蛇，有游蛇科的乌梢蛇、蝰科的五步蛇、眼镜蛇科的银环蛇等。上述入药的蛇有个特点，均为毒蛇。毒蛇泡酒应格外谨慎，讲究严格的科学炮制，制酒时先要去头、去尾、去毒囊，且要用大于60度的高度白酒。

然而民间还有许多人，直接把毒活蛇（连肉带皮带脑袋）放入酒中炮制，认为喝蛇酒，就是要喝它的毒液，还认为越毒的蛇越养生。其实，喝了用毒蛇直接去泡的药酒后，毒蛇的毒物通过消化道吸收后会发生慢性中毒，甚至酿成恶果。所以活毒蛇泡的药酒既不能轻易内服，也不能外用。

另外，其他动物泡酒也要进行炮制，如蝎子尾尖有个毒腺，去掉后既可食用也可药用。

三、甜酒并不是滋补孕产妇的良方

甜酒又称米酒、甜曲酒和沸汁酒，是用大米（白米）作为原料，再加白曲（米曲作糖化发酵剂）和白水酿造而成的酒。甜酒是汉民族的特产之一，有悠久的饮用历史。

甜酒酿造时间较短，保温发酵24小时即成，酒色混浊呈白色，且酒精度低，一般为2~4度。甜酒味道偏甜，营养与黄酒相近，男女老少都爱喝。

人们普遍用甜酒煮荷包蛋或加入部分红糖，给产妇和老年人滋补身体，在农村人们用来招待远来的客人。所以人们一般不认为甜酒是真正意义上的酒，而是把它当作好喝的甜饮料。

一些地方有给孕妇喝糯米甜酒的习惯，认为其具有补母体、壮胎儿的作用。其实这样做是很危险的，糯米甜酒虽然只含有少量酒精，但也会对孕妇和胎儿造成损害。

四、 白酒、啤酒不能替代料酒调味

有的人在做菜时喜欢用白酒、啤酒作调味品，其实这样不科学，因白酒的酒精浓度最低也有 20 度左右，最高有 60 度左右，酒类中的主要成分乙醇含量很高，乙醇有很强的渗透性和挥发性。如果烹调菜肴的时候，用乙醇含量过高的白酒就会破坏菜肴的原味，滋味当然就不好。

啤酒的酒精浓度在 3.5 度左右，而且其中有很大一部分是二氧化碳气体。二氧化碳气体的挥发性很大，尤其是受热以后。如果烹调时向菜里加入啤酒的话，酒精还没溶解腥膻味就已经挥发掉了。当然"啤酒煮鸭"这道菜还是值得肯定的。

其实，我们厨房里有一种专门的酒类调味品叫料酒。料酒是在黄酒的基础上发展起来的一个新品种，它是用 30% ~ 50% 的黄酒做原料，另外再加入一些香料和调味料做成的。炒菜时放料酒不仅味道好，而且价格还比较便宜。

五、 白酒不能代替医用酒精消毒

日常生活中，常见一些人用白酒来替代医用酒精擦洗伤口，以此达到灭菌消毒的目的。

事实上，医用灭菌酒精浓度为 75%，此浓度的酒精与细菌的渗透压近似，能渗入细菌内部，使细菌蛋白脱水、变性凝固，从而杀死细菌。而浓度低于 70% 的酒精，渗透性低，达不到彻底灭菌消毒的目的。一般白酒的酒精含量均在 65% 以下，因此，白酒消毒的能力是有限的。

虽然白酒起不到消毒的作用，但它具有挥发性的特点，在临床上可将 40% ~ 50% 的白酒倒入手中，按摩劳累或运动受损的肌肉与关节，可促进肌肉与关节组织的血液循环。

六、饮酒驾驶和醉酒驾驶

（一）饮酒驾驶

当车辆驾驶人员血液中的酒精含量大于或等于 20 毫克 /100 毫升、小于 80 毫克 /100 毫升时驾车为饮酒驾车。初步估算，相当于当事人饮了一杯啤酒后再开车就算饮酒驾车了。

（二）醉酒驾驶

驾驶人员血液中的酒精含量大于或者等于 80 毫克 /100 毫升时开车即为醉酒驾车。据专家估算，当事人饮了三两低度白酒或者两瓶啤酒后开车，就应该是醉酒驾车了。

发达国家，饮酒驾车的标准一般都是血液中的酒精含量小于 10 毫克 /100 毫升。比如，瑞典规定饮酒驾车的酒精含量为 2 毫克 /100 毫升，德国为 3 毫克 /100 毫升，美国为 8 毫克 /100 毫升。瑞典对法定超过酒精浓度开车的司机处罚很严，重者将坐牢两年，轻者被扣驾驶证一年。

（三）药物、食物引起"酒驾"

酒心巧克力、蛋黄派、豆腐乳及甜酒均含有酒精。荔枝、葡萄等水果含糖量高，外部有果皮包裹。它们从果树上被采摘下来以后，光合作用急剧减小，水果内部细胞缺氧，开始增加其无氧呼吸的速度，由此产生酒精。另外，酒有"百药之长"美誉，有些牌子的藿香正气水口服液就含有酒精。吃以上食品或服用这些药物后马上开车，就有可能通过吹气检测酒精含量被查出"酒驾"。

蛋黄派、豆腐乳、荔枝、葡萄等水果食物因素导致的"酒驾"可能为"假性酒驾"，当事人只需申请休息几分钟或十几分钟，再次吹气检测酒精含量，就不会"被酒驾"。抽取血液进行血液中酒精含量的检测可进一步明确。

服用含有酒精的藿香正气水口服液及喝了甜酒饮料，驾驶员就不要开车了，查出来是真酒驾。